知识产权管理研究丛书
中细软知识产权管理研究出版基金资助
国家自然科学基金资助项目“穿越专利丛林的技术研发与专利策略研究”

# 从专利丛林到专利陷阱：兴起与应对

张米尔 李海鹏 著

科学出版社
北京

## 内容简介

本书是作者团队针对专利丛林和专利陷阱，围绕其成因、表现形式与管理应对，经过为期近十年的研究工作得出的相关研究成果。本书首先系统介绍全球专利体系的新格局，论述专利丛林和专利陷阱兴起的背景；其次介绍专利分析工具和早期的专利丛林，揭示了专利丛林的兴起、演进和影响；然后针对专利陷阱的兴起与演进及专利诉讼，分析专利陷阱的兴起、典型案例和生成机制，为困扰多年的难题提供破解思路；并就专利陷阱的主体类型、专利地图和技术联系分析，专利申请特征和专利动态特征等内容，介绍了作者团队研究工作取得的相关成果。

本书适合企业、高校、科研机构和政府的管理者、技术开发和管理人员、教师和学生等阅读参考。

**图书在版编目(CIP)数据**

从专利丛林到专利陷阱：兴起与应对 / 张米尔，李海鹏著. — 北京：科学出版社，2021.3

（知识产权管理研究丛书）

ISBN 978-7-03-067228-5

Ⅰ. ①从… Ⅱ. ①张… ②李… Ⅲ. ①专利-研究 Ⅳ. ①G306

中国版本图书馆 CIP 数据核字（2020）第 250996 号

责任编辑：莫永国 / 责任校对：彭 映

责任印制：罗 科 / 封面设计：墨创文化

科学出版社出版

北京东黄城根北街16号

邮政编码：100717

http://www.sciencep.com

四川煤田地质制图印刷厂印刷

科学出版社发行 各地新华书店经销

*

2021 年 3 月第 一 版 开本：787×1092 1/16

2021 年 3 月第一次印刷 印张：13 3/4

字数：320 000

**定价：149.00 元**

（如有印装质量问题，我社负责调换）

张米尔，大连理工大学经济管理学院教授、博士生导师，研究方向为创新管理、知识产权和产业转型。担任中国技术经济学会副秘书长、知识产权专委会副理事长、中国科学学与科技政策研究会数字创新专委会副主任等职。获首届中国技术经济青年创新奖，入选教育部“新世纪优秀人才支持计划”，辽宁省“百千万人才工程”百人层次，国家知识产权局“全国专利信息领军人才”。

# 丛书编委会

# “知识产权管理研究丛书”序一

## 创新驱动发展战略需要知识产权“双轮”驱动

人类经济增长的源泉均来自知识的重大突破，包括技术革命和制度创新。这些突破被人类称为划时代的里程碑，如石器、青铜、铁、蒸汽机、计算机，以及封建、资本、企业、跨国公司等。现代社会并存着各种经济发展模式，如不同密集程度的资源型、资金型、技术型、劳动力型等。其中，数字技术所主导的信息与远程通信技术极大地提高了新知识在世界范围的传播和扩散速度，人类社会作为一个整体，其生活方式的更新速度大大加快，周期大大缩短。这促进了经济全球化、规则一体化的进程。在统一市场的调配下，以创新型国家引领的全球化产业链，以及按照知识、技术含量为标准的产业上下游分工模式，已成为当代占统治地位的国际经济发展模式。主要依靠技术与制度创新作为经济增长手段的“创新驱动发展”模式，已经成为人类迄今为止最高层级的经济发展形态。

在中国，“创新驱动发展战略”是十一届三中全会确立的以经济建设为中心的正确路线的继续。其不仅意味着中国经济增长方式的转型，而且表明中国正朝着高阶经济发展形态努力，事关中华民族的伟大复兴。据统计，目前世界上大约有 20 多个创新型国家。中国要建成创新型国家，并非循规蹈矩依赖西方国家的现有路径，复制已有的模式可以奏效。“创新驱动发展战略”的设计本身就是一个创新，需要经过考察、学习、比较、判断、选择、综合、设计、修正、试错、纠错等手段，量体裁衣，开拓新路，才可实现。

创新是人的本能。制度是孕育、涵养一切技术、艺术，决定人的创新与劳动激情能否有效发挥以及发挥程度的土壤和温床。一个国家创造财富的能力既取决于它的技术水平，也取决于借助于创新体系将技术转化为财富的能力。国家创新体系是一个包括技术、各种制度、机制等要素的复杂系统，其整合、匹配所形成的创造财富的能力是由其短板决定的。中国的短板是知识产权法治相对落后，没有发挥市场对资源配置的决定作用，对科技成果运用不当，保护不力，就可能不能完全适应技术的高速进步和与时俱进的经济发展，拖了经济发展的后腿。中国的短板还在于创新主体的知识产权管理行为“异化”和知识产权管理能力“弱化”。前者如部分企业的专利申请行为与其市场竞争需要脱节，商标“驰名”曾出现的乱象等；后者如企业知识产权积累与发展战略的错位，知识产权运营和保护能力还无法保障企业经营安全等。知识产权法治和知识产权管理的双重短板，使得中国企业在全球竞争中抢滩涉水时难以获得知识产权“炮火”的有力支持。从这个意义上说，中国的知识产权法治建设和知识产权管理能力提升，是漫漫“长征”，还有很长的路要走。

“创新驱动发展战略”的实施，需要“知识产权强国”的有力支撑，需要知识产权法治建设和知识产权管理实践“双轮”驱动。当前，中国知识产权法治建设和管理实践领域存在一系列问题，亟待从不同角度开展理论研究，厘清关系。比如创新与守成的关系、知识产权与民法的关系、知识产权领域政府和市场的关系、成文法与判例法的关系、全球化与本土化的关系、知识产权司法保护与行政执法的关系、知识产权司法体制改革问题、转型时期的知识产权教育问题、知识产权与技术及经济的关系以及社会利益的多元化与知识产权学者立场问题。既然知识产权法学的兴起是人们思考和研究知识产权制度发展诉求的理论产物，那么，对知识产权管理实践提出的理论问题的积极回应，是否也可以视为知识产权管理成为工商管理新兴学科发展方向的契机？只要顺应时代发展的需求，并付诸持续的努力，涓滴意念也是有可能汇成奔涌江河的。

由电子科技大学中细软知识产权管理研究中心学术委员会和科学出版社共同策划的“知识产权管理研究丛书”，正是对实施“创新驱动发展战略”和建设“知识产权强国”的积极回应。期待该丛书著作的出版，有助于推动中国的知识产权管理理论探索和实践总结。

是为序。

刘春田

中国人民大学知识产权学院教授、院长

2016年秋

# “知识产权管理研究丛书”序二

## 抓住与世界同步“机会窗”，推动中国知识产权管理实践与理论发展

近四十年来，如果说是改革开放和加入世界贸易组织的需要，使得知识产权制度这个舶来品在中国生根发芽，那么，“创新驱动发展战略”的实施和“大众创业、万众创新”局面的形成，正促使知识产权制度在中华大地上开花结果，持续推动着中国特色知识产权制度的内生和知识产权管理实践的发展。中国知识产权管理实践和理论探索迎来了前所未有的、与世界同步发展的“机会窗”。

世界银行统计数据表明，近年来二十国集团主要国家和地区研究与开发(research and development，R&D)占 GDP 比重总体呈明显增加趋势。其中，中国的 R&D 费用占 GDP 的比重先后超过意大利、英国和加拿大，已经达到欧盟的整体水平。与此相一致，中国的知识产权创造能力也得到持续提升。世界知识产权组织(WIPO)统计数据显示，加入世界贸易组织以后，中国国家知识产权局受理的发明专利申请量十二年间增幅达到十三倍，年均增长近四分之一，先后超过韩国、欧盟、日本和美国，自 2011 年起连续五年居世界第一。同时，来自中国的《专利合作条约》(PCT)专利申请也先后超过英国、法国、韩国和德国，仅次于美国和日本，位居全球 PCT 专利申请第三位。此外，中国原国家工商行政管理总局商标局受理的商标申请更是连续十四年全球排名第一。由此可见，随着 R&D 占 GDP 比重的增加和社会主义市场经济的发展，特别是企业技术创新和市场拓展的全球化，中国专利和商标等知识产权创造活动已经位列世界主要国家之一。

当知识产权积累到一定量级之后，如何有效萃取知识产权资源的商业价值，有力支撑企业或组织赢得创新所得和持续竞争优势，就成为创新主体的紧迫任务。在这一实际背景下，中国关于知识产权创造、运营、保护和治理等知识产权管理系统的实践探讨和理论研究也就明显活跃起来，而且正在吸引着世界知识产权界的目光和国际国内其他专业领域的关注。比如，中国专利信息年会、中美知识产权高峰论坛、中欧知识产权论坛、金砖国家知识产权论坛、上海知识产权国际论坛、亚太知识产权峰会，等等，业已成为中外政府、企业界、学术界广泛交流与沟通的平台；同时，诸多创新、战略、金融等管理经济领域的重要国际国内学术会议，也将知识产权的相关议题纳入，显现出知识产权在其他专业领域的渗透能力和重要程度的提升。中国知识产权管理实践和理论探索的活跃，既表现出知识产权制度具有很强的时代性，比如，面对互联网技术和商业模式的变革，面对基因和蛋白质等现代生物技术带来的管理经济和社会伦理挑战，等等，需要世界各国知识产权界共同面对；同时也表明，相对于物力资源、财务资源、人力资源等企业资源的管理理论而言，有关知识产权资源的管理理论方兴未艾，除专利许可等特定领域外，欧美知识产权管理理

论也还处于建构和发展时期。随着中国在世界技术进步和经济发展中地位的提高，特别是中国融入全球经济的步伐加快和程度加深，中国的知识产权事业已经成为世界知识产权的重要组成部分，中国政府、企业界和学术界急需也有机会通过共同努力，抓住与世界同步的“机会窗”，推动中国知识产权管理实践和理论发展。

正是基于上述认知和考量，经与科学出版社协商，拟出版“知识产权管理研究丛书”，以期为建设“知识产权强国”事业尽绵薄之力。丛书选题不仅涉及知识产权管理基础理论的探索，而且关注中国知识产权管理实践的总结；不仅涉及知识产权管理理论框架的建构，而且面向创新创业给出知识产权管理的“工具箱”；不仅涉及知识产权管理一般理论分析，而且关注战略性新兴产业技术领域的知识产权管理专题研究。丛书著作作者的共同特点是，既有知识产权法基础，也有理工或经济管理背景。感谢丛书编委会各位委员，在百忙之中抽出时间审阅书稿，提出中肯的建设性意见；感谢中细软知识产权管理研究出版基金共襄盛举，使“知识产权管理研究丛书”的著作得以陆续与读者见面。

是为序。

朱雪忠

同济大学知识产权学院教授、院长

2016 年初夏

# “知识产权管理研究丛书”序三

## 支持知识产权管理理论探索是中细软的重要社会责任

变者，法之至也。《孟子·公孙丑下》曰：“彼一时，此一时也。”《孙子兵法》曰：“兵无常势，水无常形，能因敌变化而取胜者，谓之神！”商业竞争亦复如是。

与农业社会和工业社会相异，自从人类社会迈入信息时代，以知识产权为代表的无形资产在企业资产结构中的比重就与日俱增，知识产权业已成为企业、产业乃至国家的战略性资源和竞争“利器”。美国 Ocean Tomo 对标准普尔 500 指数里的上市公司资产结构统计结果显示，上述公司的资产结构越来越“轻量”化。比如，1975 年上述公司无形资产占企业总资产的比重仅为 17%，1995 年即已上升至 68%，2015 年更是上升至 84%。可见，以知识产权为代表的无形资产价值潜力已然超过厂房、土地等有形资产，“知本”概念逐渐深入人心。环环相扣的知识产权布局，不仅是国际商业“大鳄”在竞争对手面前树立起的一道道屏障，而且也在社会公众心中埋下了知识产权文化种子。无论是传统产业代表，如通用、IBM、丰田、飞利浦，还是新经济产业代表，如谷歌、甲骨文、苹果等，都深谙“知本”运作之道，攻防兼备，在一次次知识产权竞争和交易中获取高额利润。诸多商业实践表明，谁在全球竞争中拥有领先于对手的专利技术和品牌商标等知识产权，谁就有可能掌握商业竞争主动话语权和规则制定权。

在过去三十余年里，作为“后来者”的中国制造企业如华为、中兴通讯、TCL、联想等，一次次在外国领先企业的知识产权“围追阻截”中突围，以“奋斗者”的姿态践行着他们的商业使命，并在“跟跑”欧美和日韩企业的追赶过程中逐渐积累起相应的知识产权能力和竞争优势。当前，全球新一轮科技革命和产业变革蓄势待发，互联网、云计算、人工智能、石墨烯新材料等为代表的新兴技术蓬勃发展，中国企业迎来了与欧美和日韩企业“并跑”甚至“领跑机会窗”。面对新的发展“机会窗”，如何顺应党中央和国务院实施“创新驱动发展战略”和建设“知识产权强国”的时代要求，切实有效地积累知识产权数量、提升知识产权质量和萃取知识产权价值，通过构建知识产权优势参与甚至引领全球新兴商业生态发展，并在这一过程中获得可持续竞争优势，是中国已有的“在位”企业和“新生代”企业需要共同面对的课题。中国企业在世界商业舞台上的角色转换，向知识产权制度和知识产权管理提出了诸多新的理论诉求，急需学界积极回应并展开正面的研究。

受惠于近年来中国企业的创新和商业实践，中国知识产权服务行业迎来了前所未有的发展机遇。就中细软而言，以 2002 年创立的中华商标超市网为起点，中细软现已发展成为中国领先的大型综合性知识产权科技服务云平台，致力于为中国创新提供系统解决方案和信息服务，即借助互联网技术、云计算技术、人工智能技术等手段，为企业、科研机构、大学、个人的知识产权创造、运用、保护提供高质量的系统解决方案。截至 2015 年 12 月 31 日，中细软拥有专业知识产权服务人员 1200 余人，全年营业收入超过 3 亿元人民币。公司总部位于北京市房山区中细软科技产业园，在圣地亚哥、成都、洛阳、天津和深圳等地拥有子公司。反躬自思，中细软的成长和发展，离不开国内外优秀学者的鼎力相助。早在 2004 年，中华商标超市网的优化设计和改版就得到电子科技大学老师们的大力支持；2006 年，中华商标超市网第三次改版上线，业务量大幅提升。2010 年 1 月，中细软开发的知识产权管理软件正式面世；同年 6 月，中华专利超市网正式上线。2013 年，中细软闲置商标盘活量已经连续十年居全国第一。

在公司持续发展的同时，管理层一直在思考如何以实际行动回馈中国知识产权管理理论研究和人才培养。机缘巧合，2014 年 12 月，电子科技大学中细软知识产权管理研究中心成立。今年年初，研究中心学术委员会与科学出版社共同策划“知识产权管理研究丛书”，得到了知识产权法学界和经济管理学界诸位前辈和老师的大力支持，刘春田教授、朱雪忠教授、陈向东教授、范晓波教授、顾新教授、黄灿教授、李雨峰教授、童文锋教授、王岩教授、银路教授、曾磊研究员、张米尔教授、朱谢群教授等欣然应允出任丛书编委会委员，从著作选题到审稿都作出积极的卓越贡献。借此机会谨向电子科技大学中细软知识产权管理研究中心学术委员会和丛书编委会各位学者表达深深的谢意！

立身以立学为先，立学以读书为本。衷心希望科学出版社陆续出版的“知识产权管理研究丛书”能够有助于各行业人士加深对知识产权管理的理解，为中国富强崛起、企业辉煌超越共谋前程！

孔军民

北京中细软网络科技有限公司创始人、董事长

2016 年秋日

# 前　　言

近年来，全球专利体系正经历着深刻的结构性变化，在专利数量持续快速增长的繁荣表象下，专利本身正发生着微妙的异化，专利从保护发明创造的制度安排逐步演变为竞争工具。早在2006年前后，我针对这一趋势开始了相关研究工作；2008年，获得国家自然科学基金项目“创新驱动的自主标准创立机制与产业化模式研究”、教育部新世纪优秀人才支持计划项目“自主标准产业化的影响因素与实现途径研究”的资助后，我针对专利和标准的互动关系开展了研究。在传统意义上，专利和技术标准是相互分离的，但随着技术创新周期的缩短和技术构成的复杂化，技术标准逐步突破传统技术规范的范畴，向吸纳一定专利技术的方向发展，专利与技术标准间的关系趋于紧密；面对专利与技术标准的日趋融合，领先企业通过主导标准引领产业发展，为产品的市场准入限定条件，进而凭借相关专利实现更大利益。这一趋势正改变着竞争规则和产业格局，并对全球专利体系产生深远的影响，成为专利丛林(patent thicket)和专利陷阱(patent trap)的重要成因。

2010年1月～2011年1月，在国家留学基金管理委员会的资助下，我赴斯坦福大学学术访问，有幸得到James O. Leckie教授和James G. March教授的指导。斯坦福大学是硅谷的发源地，校内的斯坦福研究园就是硅谷的源头，斯坦福大学的校友和教工也创立了数以千计的高技术企业；利用这一便利条件，我得以深入相关企业开展实地调研，取得宝贵的第一手资料。正是在调研过程中，了解到专利丛林和专利陷阱对企业的影响日益凸显，而专利诉讼正从传统的保护知识产权的法律手段演变为竞争格局和牟利手段，而硅谷正是专利陷阱和专利丛林的重灾区。2011年回国后，我即选定专利陷阱和专利丛林为研究对象，相继申请并获批了国家自然科学基金项目“技术追赶中的专利陷阱及其应对策略研究”“穿越专利丛林的技术研发与专利策略研究”，在国家自然科学基金项目的持续资助下，针对专利丛林和专利陷阱，围绕其成因、表现形式与管理应对，开展了为期近十年的研究工作。

我们的研究表明，在技术标准与专利日益融合的背景下，专利和专利诉讼演变为竞争工具，全球专利体系随之发生深刻变化，而专利丛林和专利陷阱正是这一变化的逻辑结果和表现形式。专利丛林和专利陷阱既有区别，又有内在的联系；专利丛林是指大量专利重叠交织形成的专利群，类似生长茂盛、相互纠缠的灌木丛，因此也被形象地称为专利丛林。专利陷阱通常指专利持有人密集布置相关专利，导致对方开展技术创新难以绕过这些专利，被迫交纳高昂许可费；通过故意模糊或者隐藏权利要求，诱使对方无意中侵犯其专利权，进而提起诉讼并高额索赔。从历史演进来看，专利丛林出现在先，而专利陷阱出现在后，专利陷阱是专利丛林的后续发展；二者的区别在于主动性和攻击性，专利陷阱比专利丛林表现出更为显著的主动性和攻击性；实际上，我们的近期研究表明，专利陷阱的主动性和攻击性还在增强，并逐步演变为专利战。

本书共分为八章，第一章是全球专利体系的新格局，论述专利丛林和专利陷阱兴起的背景；第二章是专利分析工具：专利地图及其应用，介绍为应对专利数量爆发式增长，弥补传统专利分析的短板而兴起的专利地图分析方法；第三章是早期的专利丛林，揭示专利丛林的兴起、演进和影响；第四章是专利陷阱的兴起与演进，分析专利陷阱的兴起、典型案例和生成机制；第五章是专利诉讼：量化研究的突破口，由于专利陷阱具有隐蔽性，以往难以开展定量研究，这也是制约研究深入推进的难点所在，我们发现专利陷阱的重要表现是触发专利诉讼；因此，以专利诉讼为突破口，为困扰多年的难题提供破解思路。第六章是专利陷阱的主体类型，通过对专利陷阱的量化分类研究，为应对专利陷阱提供结构化方法；防范专利陷阱的思路是多元的，我们选择的研究路径是开展专利预警分析，在第七章和第八章，分别就面向专利预警的专利地图和技术联系分析，基于专利特征的专利预警，介绍了研究工作取得的相关成果。

从开始学术研究工作以来，我一直秉承致力解决中国企业管理面临的紧迫问题的工作原则，深知企业界对可操作的结构化管理方法的紧迫需求。因此，在本书撰写过程，一方面要满足学术严谨性的要求；另一方面力求行文的可读性，把研究提出的结构化管理方法作为重点论述的内容。因此，本书作为学术专著，可供从事学术研究的学者和研究生了解该领域的研究进展，对于从事实务工作的企业界和管理部门人士也有参考价值。本书由我和博士生李海鹏撰写完成，也是我指导的多位博士生、硕士生共同参与努力的成果，他们是国伟、冯永琴、张美珍、游洋、姜福红、朱媛、孟珊珊、李雪娜、胡素雅等。需要说明的是，我们的研究还只是尚未完结的探索；同时，演进中的全球专利体系也不断带来新问题和新挑战；囿于作者的水平，一定存在不少疏漏，我们期待读者的批评指正。

在专著付梓之际，我首先感谢国家自然科学基金委员会对研究工作的持续资助，保证了我们能够在此方向深入开展多年研究工作；我还要感谢北京中细软公司对学术专著出版的大力支持，以及电子科技大学中细软知识产权研究中心对系列专著出版的认真筹划和精心组织。

2020 年 11 月于大连理工大学

# 目　录


第一章　全球专利体系的新格局……1

1.1　标准与专利的日益融合……1

1.1.1　技术标准及其必要专利……1

1.1.2　标准联盟与专利池……4

1.1.3　专利池演进及专利申请……8

1.2　专利体系的快速膨胀……13

1.2.1　专利数量快速增长……13

1.2.2　低质量专利泛滥……16

1.2.3　外围专利的涌现……21

1.3　专利国际化的深入发展……27

1.3.1　专利地域性与专利国际化……27

1.3.2　专利国际化质量评价……29

1.3.3　资助政策的推波助澜……34

第二章　专利分析工具：专利地图及其应用……37

2.1　引言……37

2.1.1　基本概念……37

2.1.2　分析软件……38

2.1.3　作用与优势……39

2.2　专利地图分析流程……40

2.2.1　主题确定……41

2.2.2　数据收集……41

2.2.3　数据整理……44

2.2.4　地图制作……44

2.2.5　地图分析……45

2.3　动植物新品种技术领域的专利地图……45

2.3.1　研究对象与数据来源……45

2.3.2　美国专利地图的绘制……49

2.3.3　中国专利地图的绘制……51

2.3.4　专利地图的解读……52

第三章　早期的专利丛林……54

3.1　专利丛林的概念、兴起及影响……54

3.1.1 专利丛林的概念……54
3.1.2 专利丛林的兴起……55
3.1.3 专利丛林的影响……56
3.2 页岩气专利丛林……59
3.2.1 储备与开采……59
3.2.2 关键技术分析……60
3.2.3 中美页岩气技术演进……62
3.2.4 中美页岩气专利地图……65
3.3 专利丛林的测度、演进过程和阶段特征……69
3.3.1 专利丛林的测度……69
3.3.2 研究样本的选择……73
3.3.3 专利丛林的演进……75
3.3.4 专利丛林的阶段特征……77
**第四章 专利陷阱的兴起与演进**……79
4.1 专利陷阱的兴起……79
4.1.1 发起主体的变化……79
4.1.2 表现形式的变化……80
4.1.3 专利陷阱的效果与影响……81
4.2 专利陷阱的典型案例分析……83
4.2.1 设置专利陷阱……83
4.2.2 发起专利诉讼……85
4.2.3 赔偿和禁令……85
4.2.4 向全球蔓延……87
4.2.5 案例总结……88
4.3 专利陷阱的生成机制……89
4.3.1 专利价值的深度挖掘……89
4.3.2 法律体系缺陷被利用……90
4.3.3 专利诉讼成为牟利手段……91
**第五章 专利诉讼：量化研究的突破口**……92
5.1 专利诉讼的历史与现状……92
5.1.1 美国的专利诉讼……92
5.1.2 中国的专利诉讼……94
5.1.3 专利诉讼的趋势……98
5.2 专利陷阱与专利诉讼……101
5.2.1 专利诉讼的异化……101
5.2.2 专利诉讼产生的系列影响……102

5.2.3 诉讼数据的应用 ……103
5.3 专利申请与专利诉讼的相互作用 ……104
5.3.1 研究设计 ……104
5.3.2 数据检验 ……106
5.3.3 结果分析 ……108
**第六章 专利陷阱的主体类型** ……110
6.1 诉讼主体类型的划分 ……110
6.1.1 研究设计 ……110
6.1.2 专利诉讼的社会网络 ……114
6.1.3 诉讼主体的层次聚类 ……117
6.1.4 重点类型的诉讼主体 ……120
6.2 NPE 成为重要的诉讼主体 ……121
6.2.1 NPE 的基本概念 ……121
6.2.2 NPE 的专利运营模式 ……123
6.2.3 NPE 发起诉讼的数量 ……124
6.2.4 专利诉讼的收益 ……127
6.2.5 NPE 的地域分布 ……131
6.3 主体类型分析的应用 ……134
6.3.1 应用背景 ……135
6.3.2 分析模型 ……135
6.3.3 类型分析 ……136
**第七章 面向专利预警的专利地图和技术联系分析** ……145
7.1 专利预警的概念、方法与发展 ……145
7.1.1 专利预警的概念与分类 ……145
7.1.2 专利预警的方法 ……146
7.1.3 专利预警的发展 ……147
7.2 面向专利预警的专利地图分析 ……148
7.2.1 分析工具与数据来源 ……148
7.2.2 专利地图的绘制 ……149
7.2.3 专利地图的应用 ……150
7.3 面向专利预警的技术联系分析 ……152
7.3.1 技术联系的测度 ……152
7.3.2 技术联系与专利诉讼 ……155
7.3.3 面向专利预警的应用 ……156
**第八章 基于专利特征的专利预警** ……161
8.1 专利特征与专利预警 ……161

8.1.1 现有专利预警的局限……161
8.1.2 专利特征分析……162
8.1.3 专利特征与专利诉讼……163
8.2 基于专利申请特征的专利预警……163
8.2.1 专利的申请特征……164
8.2.2 专利诉讼相关的关键申请特征……169
8.2.3 关键申请特征在专利预警的应用……174
8.3 基于专利动态特征的专利预警……174
8.3.1 专利的动态特征……175
8.3.2 专利诉讼相关的关键动态特征……178
8.3.3 关键动态特征在专利预警的应用……183
参考文献……185
彩图版……197

# 第一章　全球专利体系的新格局

进入 21 世纪，全球专利体系呈现出新格局：标准与专利日益融合，在专利基础上创立技术标准，专利权人积极进行专利申请，导致全球范围的专利数量快速增多，引发了专利体系的快速增长。在经济全球化背景下，专利国际化深入发展，不断改变全球专利体系的格局，加速了专利丛林的兴起和快速蔓延。

## 1.1　标准与专利的日益融合

近年来，标准与专利日益融合，在标准的演进过程中，行业领先企业会通过组建标准联盟，弱化领先企业之间的竞争行为，减少产业技术选择的多样性，同时也打压了联盟外企业的发展，由标准联盟诱发的技术垄断成为一种新垄断形式。在专利基础上创立标准，积极进行专利申请，在由必要专利构成的专利池中掺入非必要专利，这导致专利数量快速增多，进而引发专利体系的快速膨胀。

### 1.1.1　技术标准及其必要专利

国际标准化组织(International Organization for Standardization，ISO)与国际电工委员会(International Electrotechnical Commission，IEC)共同发布了《ISO/IEC 指南 2：1996》，其对标准的定义为，“为了在一定的范围内获得最佳秩序，对活动或其结果规定共同的和重复使用的规则、导则或特性的文件，该文件经协商一致制定并经一个公认机构的批准”；原国家质量监督检验检疫总局(现国家市场监督管理总局)(2002)在中国国家标准 GB/T 20000.1—2002《标准化工作指南第一部分：标准化和相关活动的通用词汇》等同采用了 ISO/IEC 的定义。

世界贸易组织/技术性贸易壁垒协定(Agreement on Technical Barriers to Trade of the World Trade Organization，WTO/TBT)是 WTO 管辖协议之一，专门协调国际贸易中有关技术法规、标准和合格评定方面的问题。该协定规定，标准是被公认机构批准的、非强制性的、为通用或反复使用的目的，为产品或其加工或生产方法提供规则、指南或特性的文件。标准也可包括或专门规定用于产品、加工或生产方法的术语、符号、包装、标志或标签要求(李春田，2007)。

上述定义从不同侧面揭示了标准的含义。首先，制定标准的出发点是获得最佳秩序和促进最佳共同效益，也是评价标准的重要依据。其次，制定标准的对象已扩展到无法枚举的程度，因此，对象的内涵缩小为重复性事物。然后，标准必须由能代表各方面利益，并为社会所公认的权威机构批准，方能为各方所接受。最后，标准的属性是规范性文件，是属于公共物品。

技术标准是标准的一个分类，技术标准是对标准化领域需协调统一的技术事项所制定的标准。按照ISO(2004)定义，技术标准是一种或一系列具有强制性要求或者指导性功能，内容含有细节性技术要求和有关技术方案的文件，其目的是使相关产品或服务达到一定的安全标准或市场准入要求。技术标准是以科学、技术和实践经验的综合成果为基础，经有关方面协调一致，由公认机构批准、以特定形式发布，作为社会生产、建设以及商品流通中共同遵守的技术准则和依据，是目前数量最多与影响最广泛的一类标准。

根据制定主体和过程，技术标准可划分为正式标准(de jure standard)和事实标准(de facto standard)。正式标准由政府部门或者标准化组织制定，是相关组织内的成员协商一致的结果；事实标准通常是由企业创立的，在竞争过程中，由市场选择确立其主导和优势地位，从而形成事实标准。在技术标准与技术专利日益融合的趋势下，联盟标准逐渐成为事实标准的新形态。联盟标准是由标准的倡导者组建标准联盟，通过标准联盟共同创立的技术标准，典型代表是DVD标准联盟制定的DVD格式标准。

私有协议作为技术标准的一种新形态，是由单个企业开发，确定其特定产品的技术性能，且不公开细节的技术规范。在技术发展迅速的产业领域，通常是正式标准会滞后于技术发展，为明确产品性能，保证产品间的兼容性，先期进入的领先企业将会自主开发必要的技术规范，即私有协议；随着市场扩张，这些技术规范逐步被用户所接受，新进入企业为保证产品兼容性，也不得不遵循这些技术规范。在这一背景下，由领先企业制定的私有协议超越了企业的范畴，起到技术标准的作用，成为产业发展的事实标准。私有协议典型代表是思科的一系列路由协议，因此，私有协议被确立为事实标准后，也成为领先企业打压对手的重要手段。

从知识产权属性的角度而言，正式标准是特定技术领域的技术规范，具有公共物品的属性。标准联盟普遍采用专利池来管理相关专利，联盟成员通过交叉许可免费使用专利池中的专利，其他企业必须缴纳许可费才能使用，因此，标准联盟制定的技术标准属于典型的俱乐部物品。私有协议是由单个企业自主开发制定的，支撑其实现的技术专利或技术诀窍为该企业所拥有；因此，私有协议属于典型的私有物品。私有协议的产生要求少数企业拥有绝对技术优势与市场力量。然而，随着技术构成日益复杂与经济全球化不断加深，私有协议的建立与发展日益困难；在标准化领域内，涉及专利的技术标准主要为正式标准与标准联盟创立的技术标准。

技术标准由标准化组织制定，标准化组织是以一系列规则来约束相关行动者的协商活动，规定标准化的工作程序、协商论证的合法性以及共识的价值。其中，国际标准化组织(International Organization for Standardization，ISO)、国际电工委员会(International Electrotechnical Commission，IEC)和国际电信联盟(International Telecommunications Union，ITU)是最具代表性与影响力的三大国际标准组织。长期以来，欧盟在传统的国际标准化组织中，居于主导地位。其中，以最具有影响力的国际标准化组织为例，该组织通过技术委员会下设的秘书处负责标准起草的管理、组织和日常工作(表1.1)。

在市场全球化背景下，企业之间的分工协作日益密切，技术标准作为企业提供产品或服务的技术规范，成为有效保证各厂商提供符合彼此要求、相互兼容的产品(服务)的技术基础，高技术企业的竞争正由产品竞争发展成为标准竞争，掌握标准意味着掌握技术走向与经济利益，标准竞争日趋激烈。当竞争双方都认为将在标准战中胜出或者市场需求多样性很强时，双方将展开激烈的争夺，其他情况则会选择联合；当竞争一方实力强而另一方实力弱，弱的一方毫无选择的必须服从强的一方。当政府对市场作用结果不满意，或具有一定政治目的时，政府也将参与标准的制定。

表 1.1 三大国际标准组织

| 国际标准组织 | 英文名称及简称 | 宗旨和任务 |
|---|---|---|
| 国际标准化组织 | International Organization for Standardization，ISO | 促进全球范围的标准化及其有关活动，以利于国际产品与服务的交流，以及在知识、科学、技术和经济活动中发展国际的相互合作 |
| 国际电工委员会 | International Electrotechnical Commission，IEC | 促进电气、电子工程领域中标准化及有关问题的国际合作，增进国际的相互了解 |
| 国际电信联盟 | International Telecommunication Union，ITU | 为保持和发展国际合作，促进各种电信业务的研发和合理使用；促使电信设施的更新和最有效的利用，提高电信服务的效率，增加利用率和尽可能达到大众化、普遍化 |

随着专利与标准的日益融合，越来越多的专利被纳入标准体系，这些专利是实施技术标准无法绕过的技术，可称之为标准必要专利(standard essential patent，SEP)；但是不同组织对其有不同的名称与定义，欧洲电信标准化协会(European Telecommunications Standards Institute，ETSI)将其称为必要专利(essential patent)，3G Patent Platform 将其称为必要专利平台(essential patent platform)，DVB 标准称其为必要专利池(essential patent pool)，MPEG-2 标准称其为必要专利文件夹(essential patent portfolio)。必要专利集合体的形成，不仅通过集中标准相关专利，方便统一技术管理，而且成为衡量标准技术水平的重要标志。

针对技术标准涉及的专利，《共同专利政策实施指南》中规定，标准中涉及专利的范围是指基于发明创造的必要专利或类似的权利，实用新型专利权和其他法定的权利，包括其申请文件。欧洲电信标准化组织对必要专利的认定条件为，在不侵犯该专利情况下，无法在制造、销售、租赁，以及维修、使用或操作设备、获得方法时满足标准要求。原国家质量监督检验检疫总局和国家标准化管理委员会发布的《国家标准涉及专利的处置规则(征求意见稿)》对必要专利的界定为，实施标准时，无法通过采用另一个商业上可行的不侵权的实施方式来避免该专利的某一权利要求被侵犯的专利。

随着技术标准与技术专利的日益融合，越来越多的技术专利被纳入技术标准的体系中，技术标准中技术专利的界定问题，已经引起学术界的关注。Bekkers 等(2009)的研究指出，虽然标准化组织的知识产权政策涵盖了知识产权的所有类型，但迄今为止，专利仍是这一政策中主要涵盖的对象；必要专利涉及的技术是制定技术标准最基础的技术，如果不侵犯该专利，将无法定义与该产品配合使用的其他产品的技术标准，或这种专利降低技术标准的实施成本。Dewatripont 和 Legros(2013)的研究指出，一项技术标准涉及的必要专利，不仅要在法律上是合法的发明专利，即其权利要求不侵犯其他现有的专利，而且要从技术上而言是实施技术标准不可或缺的。

张平和马骁(2005)认为，必要专利是经技术标准体系认定，该技术是技术标准的制定所必不可少的技术，而该技术是一件专利技术且被专利权人所独占。李明星(2009)将技术标准涉及的专利称为“专利技术群”，认为它是基于构建标准而存在的一组专利技术，其核心是一项或几项基本专利(高质量的发明专利)，辅之以相当数量的外围专利(衍生专利)；该项技术的应用必须拥有广泛的市场，足够的市场支撑成为至关重要的条件。任声策和宣国良(2007)研究指出，随着科技不断细化，单个企业开始无法完全持有标准制定需要的所有核心技术，这些核心技术就是技术标准中的必要专利，即经过特定机构(如标准体系中的管理机构及其成员)评估后，认定为技术标准体系所涉及产品或服务所必备的专利技术。

综上，从法律角度而言，技术专利必须是有效专利；从技术角度而言，技术专利又必须是实施技术标准无法绕开的技术或者实施成本最优的技术。为保证专利的必要性，技术专利需要经过专门机构的评估和认定。与专利密切相关的是技术标准，下文中的标准也是围绕技术标准的内容展开，因此将技术标准简称为标准。

### 1.1.2　标准联盟与专利池

1. 标准联盟运作机制

传统意义上，标准是由政府部门或标准化组织制定。而随着技术进步的加速和创新周期的缩短，由行业领先企业结成标准联盟共同创立标准成为标准化领域的重要趋势。标准联盟既是推动技术标准创立的新兴组织，也是推动产业生命周期从早期阶段走向成熟阶段的重要手段。标准联盟的出现有深刻的技术经济背景，是技术进步、市场竞争和企业博弈共同作用的产物。技术标准的创立可分为标准制定阶段和标准推广阶段，在这期间标准联盟都发挥着独特的作用。

在标准制定阶段，标准联盟为标准涉及的专利持有者的合作提供了一种优化机制。当前，新产品嵌入在日益复杂的技术网络中，这大大减少了单个企业完全控制新技术的机会。在标准突破技术规范的范畴，向吸纳先进技术的方向发展的背景下，一项技术标准往往涉及众多专利，面对技术竞争日益激烈、专利数量急剧增加的产业环境，结盟是企业参与标准制定的理性选择。当技术标准被视为互补性专利的组合时，标准联盟能最有效地减少交易费用。

在标准推广阶段，标准联盟的形成有利于产业链的衔接和用户安装基础的确立。标准联盟能综合利用不同产业企业的知识和能力，为衔接这几个产业提供一种更好的解决方案。同时，标准联盟为产业的纵向整合搭建了良好的平台，联盟成员利用团体市场力量迅速为标准建立起一定规模的用户安装基础，使标准得到市场认可。在第二代移动通信标准(global system for mobile communications，GSM)推广过程中，摩托罗拉、爱立信、诺基亚、西门子、阿尔卡特等企业结成标准联盟，获得了巨大的市场优势。标准联盟通过专利的统一运作，节省了大量的谈判时间，为标准的推广赢得先机。

随着标准与专利的日益融合，一项标准可能涉及多个专利权人的技术专利，为高效率地协调联盟成员的利益分配，标准联盟普遍采用了专利池来管理这些知识产权。专利池(patent pool)又称专利联盟、专利联营等，是指两个或两个以上的专利权人达成协议，相互间交叉许可或者向第三方许可其专利的联营性组织。近年来，专利池通常是伴随着标准而建立的，能够有效地加快专利授权，促进新技术的应用。

在典型的专利池中，各成员可以使用专利池中的专利从事其研究和商业活动，成员间通常不必相互支付许可费，而其他专利池外的企业可以通过缴纳专利许可费使用专利池中的专利，在扣除专利池的运营费用后，各成员根据专利池中的持有专利的比例分配收取专利许可费。专利池可以通过整合互补技术、降低交易费用、清除授权障碍、避免昂贵的侵权诉讼等方式，提高经济运行效率。专利池的组成专利之间存在着障碍专利、互补专利和竞争专利三种关系。政策制定者以及经济学家们普遍认为，当专利池中只包括障碍专利和互补专利时，专利权人和消费者都将会从中获益。

专利池在标准联盟运行中扮演重要角色，当创立标准的想法确定后，专利池的建设和标准的制定即被提上日程。一方面，成员向联盟的管理机构提交专利，经过必要的程序评估确认为必要专利，即在实施标准过程中难以替代的专利，然后纳入专利池；另一方面，进行标准的方案论证和文本起草，首先征求成员的意见并对草案进行修订，随后向社会公示并征求意见。随着标准的确立，后续的推广就成为重点；在标准推广过程中，在联盟内，联盟成员可以通过交叉许可获得联盟成员拥有的专利，而联盟外的成员如果应用其中的专利，可通过与专利池的沟通、谈判，通过一站式打包许可，一次性获得标准相关专利的授权，降低了专利许可交易成本，清除了专利授权障碍(图 1.1)。

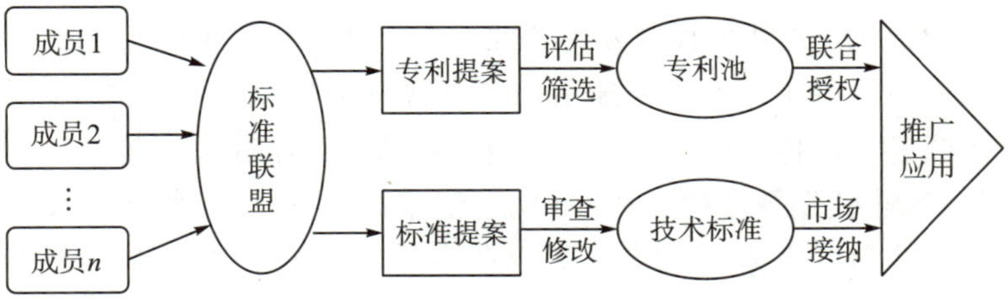


图 1.1　标准联盟制定技术标准的过程

在传统意义上，专利和标准是相对分离的，专利强调保护发明者的个体权益，而标准具有准公共物品的属性，是特定技术领域内的技术规范；但是，随着技术构成的复杂化和技术进步的加速，标准逐步突破传统的技术规范的范畴，向着吸纳一定技术专利的方向发展。随着专利与标准的日益融合，标准为产品的市场准入限定条件，而相关专利持有者可借此获得更大利益，这使得制定技术标准更多是出于商业的动机，标准日益成为市场竞争的战略工具，标准创立者的专利行为与标准演进的相互作用日益显著。

在专利的基础上创立标准，进而引导产业发展，谋求超额利润正成为发达国家和行业领先企业的竞争利器。尤其是当一项标准涉及多家企业的专利，这些企业出于协调竞争和提高收益等因素的考虑，通过组建标准联盟共同创立标准，更加强化了标准作为竞争工具的作用。国际标准化领域的这一变化给处于产业低端，在标准领域缺乏话语权的发展中国家带来了很大压力。对于标准的这一变化趋势必须高度重视，针对中国企业面临的严峻挑战，开展深入的研究工作已显得尤为迫切。

2. 诱发垄断行为机制

标准联盟弱化了行业领先企业间的竞争。标准联盟的大量涌现是由两方面因素共同推动的，一方面，随着技术构成复杂化和技术进步加速，一项新产品往往嵌入在日益复杂的专利网络中，减少了单个企业完全控制某项产品相关专利的机会，现实中通常是领先企业共同拥有这些专利，这些企业将专利汇集在一起，构建支撑技术标准的专利池，这在客观上有助于技术标准的创立；另一方面，也是领先企业为规避标准竞争失败的战略选择，松下和索尼曾在家用录像机标准上，展开一场激烈竞争，最后松下 VHS 标准（非常高的标准，very high standard）大获全胜，索尼损失惨重。因此，越来越多的领先企业在标准创立过程中，倾向于采用标准联盟，造成了标准化领域的所谓“富人俱乐部”。

标准联盟的兴起在国际市场上创造了一种奇妙现象，同行业中长期争斗不休的竞争对手，本该在技术发展前沿展开激烈竞争，现在却可共同构筑专利池，为创立一项标准而并肩作战。在具有网络效应和产品替代程度较大的情况下，标准联盟成为一种稳定均衡组织。专利池的运作规则是成员根据各自在专利池的专利的比例，在完成专利许可后，将收取的许可费分配给成员。因此，标准联盟通过专利池在很大程度上协调了联盟成员间的利益冲突，使得传统的竞争对手可在特定的领域成为利益相关者，这不可避免地弱化了这些企业间的竞争行为。

同行企业间的合作，尤其是行业领先企业的合作在推动标准制定和推广的同时，也为未来的技术垄断埋下了种子。亚当·斯密（2005）曾就同行合作有过精辟论述，“同业中人即使是为了娱乐或者消遣也很少聚在一起，他们谈话的结果往往不是阴谋对付公众，便是筹划抬高价格”。行业领先企业的合作弱化了企业间的竞争，不利于技术长远发展。实际上，索尼、松下、先锋、飞利浦和东芝等企业本是消费电子领域的竞争对手，但其通过 DVD 标准联盟实现了合作，凭借在行业内举足轻重的地位，曾试图维持 DVD 的高价格，正是由于中国企业介入，才迅速拉低了 DVD 的虚高价格，但这也触动了这些企业的根本利益，从而招致了高额的专利收费。

标准联盟减少了技术选择的多样性。在技术的演化进程中，经常出现多项技术方案为争夺主导地位，展开激烈竞争的场面，由领先企业组成的标准联盟凭借整体实力，往往使有利于己的技术方案成为主导设计。主导设计的出现，为技术领域内的产品建立了居于主导地位的单一技术轨道，其他技术轨道则受到市场的排斥，因此会改变企业和产业内的技术创新和竞争状况；其实，主导设计实质上就是标准；而且标准将影响随后出现新的主导设计，企业技术沿着标准规定的轨道发展，与标准相容的企业才有可持续性。在这一过程中，标准联盟凭借组织和技术优势，建立起以自身专利为基础的标准，这实际上起到了规则制定者的作用。

标准联盟同时扮演着规则制定者和产业经营者的双重角色，通过制定有利于己的技术方案，将拥有的专利纳入专利池，成为该领域起关键作用的必要专利。由于必要专利的技术含量高、使用频繁，加之技术自身发展和演进存在着强烈的路径依赖性，其他企业要绕开这些专利进行生产的可能性极小。在日益复杂的技术网络中，技术标准划定的主导设计使得追赶企业面临着难以回避的专利雷区，使得发展中国家企业在技术追赶过程中，往往只能接受现有主导设计，降低追赶企业技术选择的自由度，增强对领先企业的技术依赖，从而在后续的专利许可谈判中处于明显的劣势地位。

标准联盟通常采取联合许可的方式，这进一步降低其他企业技术选择的多样性。联合许可是标准联盟在专利许可上最突出的特点，专利权人通过构建专利池，消除彼此间的竞争关系，以高于任何单独收取的专利使用费，要求被许可人接受。通过联合许可，将专利池中的专利打捆，被许可人只能全盘接收，不能仅就一项或几项专利进行许可；这种方式使被许可人没有任何选择的余地，被迫缴纳高额的专利费。有的协议还包含限制技术改进等条款，不允许被许可人在技术使用时进行改进，这些不合理的条款以合约的方式严重压缩了联盟外企业创新的技术空间。

标准联盟打压了联盟外同行企业的正常发展。标准联盟具有行业领先企业合作的突出特点，在专利许可谈判中处于优势地位，可以以较高的价格对外进行专利许可；尤其在同时有多个专利池的情况下，即使每个专利池收取的许可费合理，但产品最后累积支付的许可费也很高。在DVD收费事件中，由行业领先企业组成的标准联盟通过统一行动，逼迫中国企业缴纳昂贵的专利费，每台DVD缴纳的专利费大约占当时单价的30%，但随着DVD产品价格的大幅下降，没有调整的专利费成为中国企业越来越紧的枷锁。

标准联盟为谋求超额利益，经常在由必要专利构成的专利池中掺入非必要专利。必要专利通过标准可获得更大利益，标准联盟通过搭售行为，将非必要专利收益放大到必要专利的水平。美国司法部(U.S. Department of Justice，DOJ)对标准必要专利的要求是没有替代技术，而很多标准联盟对此进行了变通。3C(中国强制性产品认证，China Compulsory Certification)认为，专利只要对DVD标准有“实用的必要”就可以进入专利池。然而，这样的进入门槛容易受主观解释左右，过分的自由解释极易导致把可替代技术的专利纳入标准中。这样不仅会使标准变得复杂而臃肿，而且通过这一行为标准联盟可以向被许可人收取更多的专利费。

除搭售非必要专利外，标准联盟还采用了多种方式打压联盟外企业的发展。近年来，法院在判定专利池的存在是否违反反垄断法时，关注焦点不再是专利池中的专利是否处于竞争关系，而是专利池的限制性许可条款是否影响下游产品价格的制定。而且标准联盟的专利许可协议都拒绝保证专利的有效性，对任何第三方提出的专利侵权和专利无效，不承担任何责任和义务，这种条款使得被许可人的许可是否合法处于不确定的状态。此外，专利池在专利许可时，往往忽视专利的地域性，被许可人可能为生产国或销售国以外的专利支付不必要的许可费。

总之，在标准涉及的技术专利的许可过程中，标准联盟收取高昂的专利费削弱了联盟以外的同行企业的竞争能力，通过捆绑搭售非必要专利谋求不当收益，借助一系列限制性的条款，扰乱正常的市场竞争秩序。如果这些行为未被及时遏制，就会严重打压联盟外同行企业的正常发展，成为联盟企业谋求垄断地位的重要工具。

在专利与标准日益融合的背景下，领先企业通过组建标准联盟，在专利的基础上创立标准，谋求超额利润正成为国际标准化领域的重要趋势，这也深刻改变着产业竞争的规则。标准联盟在促进标准制定和标准推广的同时，也弱化了领先企业间的竞争行为，减少了产业技术选择的多样性，打压了联盟外企业的发展，由标准联盟诱发的技术垄断成为一种新垄断形式。借助标准力量，联盟企业严重压缩了外部企业创新的技术空间，这给处于产业低端的发展中国家带来很大压力。因此，政策导向和执法层面上要重视知识产权保护，也要正视技术垄断的现实危害，平衡市场参与各方的权益诉求，从而为处于技术追赶地位的中国企业争取自主创新的发展空间。

### 1.1.3　专利池演进及专利申请

1. 专利池的发展

专利池(patent pool)是指两个或两个以上的专利权人达成协议，相互间交叉许可专利或向第三方许可专利的联营性组织，也称为专利联盟等。20 世纪 90 年代以来，随着信息技术的快速发展及技术构成日益复杂，专利池也快速发展。在标准大量引用专利的背景下，标准联盟主要以专利池运营拥有的专利，这简化了标准产业化过程中的专利许可工作，加速了新标准的创立与产业化。

然而在专利池的发展过程中，专利池发起人始终处于有利的市场地位，有可能采取策略性的专利申请行为，将低价值的甚至不相关专利掺入其中，这种行为将增加专利池中的专利数量，进而提高专利的授权费用。当前，专利池已成为新标准创立与产业化的重要技术载体，主要为发达国家企业或组织控制，成为它们引导相关产业技术发展，遏制竞争对手发展的重要工具，亟待开展相关研究工作。

随着技术构成日益复杂化，单个专利主导的时代已过去，出现了多个专利重叠交织形成的专利群，称为专利丛林。专利丛林的出现使企业在技术创新时，必须获得互补性专利和牵制性专利的授权，专利许可交易费急剧增加。专利池有利于消除障碍性专利、促进技术快速发展、节省交易成本、减少专利纠纷及诉讼等。随着标准与专利结合日益紧密，作为标准产业化过程中专利许可的重要载体，专利池在信息通信、微电子、生物制药等产业得到快速发展。

近年来，标准中涉及的专利日益增多，成为国际标准化领域的一个重要趋势。现行的知识产权保护制度，鼓励了发起人将专利纳入标准。专利持有人为利用标准实现市场竞争中的标准垄断，也会主动将专利技术申请为标准技术。由于专利的纳入，厂商实施标准时必须获得相应的专利许可，标准中专利的持有人若拒绝授权其专利，将会阻碍标准的推广。

当一项标准涉及众多专利权人时，其专利许可问题会变得错综复杂，为简化专利许可程序，专利权人往往采用专利池对其专利进行“一站式打包”许可。当标准被视为互补性专利的组合时，专利池也能够有效减少交易费用，专利池在标准创立和产业化过程中均发挥着重要作用。当前，重要的标准下均建立了相应专利池，如 MPEG-2、DVD、WCDMA 等。

随着专利池的快速发展，相关研究开始受到广泛关注，然而，也有学者对专利池的合理性提出了质疑。专利池有可能会通过捆绑搭售非必要专利以进行不合理收费，在新竞争环境下，专利池已不再是简单的专利汇集，而更多的是专利权人所采取的一种专利战略。专利池弱化了池内企业间的竞争，打压了池外同行企业的正常发展。专利池有基于专利数量和质量两种利润分配机制，其均会刺激企业进行战略专利申请。虽有第三方机构对入池专利进行评估，主导企业依然可以利用信息不对称及谈判优势将低价值专利强加其中。

由于专利池的重要性日益凸现，相关研究开始受到学术界关注，取得了积极的研究进展。然而，关于专利池的演进过程中是否存在策略性专利申请行为，依然存在着很多争议。目前，国内外研究主要采用了案例分析和博弈模型；近年来，随着专利池的持续快速发展，已积累了一大批研究样本，有必要、也有可能采用统计分析方法进行深入研究。

2. 专利池的演进

针对研究目的，研究样本的选择应满足两个条件：①技术标准及其专利池已经历完整的演进周期，以便获得完整的时间序列数据；②能够获得准确可靠的相关数据，并最好能通过公开途径获取，以提高研究的可重复性。根据样本选择的要求，选择 MPEG LA 2000 年以来的 MPEG-4 Visual、AVC/H.264 等 6 个专利池为研究样本。

MPEG LA 是全球主流的专利池运营机构，2000 年以来受技术标准创立者的委托管理着 MPEG-4 Visual、AVC/H.264、MPEG-4 System、VC-1、MPEG-2 System、ATSC 这 6 个专利池，均承载着相应的标准，汇集标准涉及的专利，是标准产业化的技术支撑。截至 2010 年 12 月 31 日，6 个专利池中共包含 3674 条技术专利，相关专利数据可通过访问公司网站获取(表 1.2)。

**表 1.2　专利池数据**

| 专利池名称 | 专利池创立/年 | 标准创立/年 | 所有专利数/件 | 美国专利数/件 |
|---|---|---|---|---|
| MPEG-4 Visual | 2002 | 1999 | 1074 | 201 |
| AVC /H.264 | 2003 | 2003 | 1523 | 223 |
| MPEG-4 System | 2003 | 1999 | 68 | 9 |
| VC-1 | 2006 | 2006 | 605 | 155 |
| MPEG-2 System | 2006 | 1996 | 217 | 22 |
| ATSC | 2007 | 1995 | 187 | 78 |
| 总计 | | | 3674 | 688 |

不同国家授权的专利有可能属于同一个专利家族，只是同一技术在不同国家申请了保护。为了避免重复，应对专利数据进行清理。由于大部分专利都会选择在美国申请保护，美国专利具有典型代表性；此外，相比其他国家授权的专利，美国专利包含较完善的引证信息，因此，选择美国专利为研究样本。运用 Aureka 进行专利信息检索，Aureka 是 Thomson Reuters 的在线专利分析系统，能够检索和分析美国、德国、法国、日本等国的专利全文及引用数据。

专利池中专利申请随时间的变化可反映其演进历程。因此，本节以专利池的创立时间为分界点，分析专利池创立前后专利申请数量的变化。各专利池创立时间不一，以专利池创立时间为基年，将专利申请时间转化为相对专利池创立时间的申请时差。通过对 6 个专利池中专利的分别处理，并按申请时差进行叠加，得到专利申请随着申请时差变化的趋势。

专利池的创立前后是专利申请高峰期。专利池创立之前，专利申请数量大幅增长；专利池创立后专利申请数量开始逐渐下降，但仍然有大量专利不断申请加入。标准首个版本发布后，相关核心技术已经基本研发完成，后期只是进行一些修改和完善，因此很少会有重要的创新。在以上的研究样本中，专利池创立均在相关标准首个版本发布之后，专利池创立时间相对标准创立时间的平均时滞为4.83年(图1.2)。

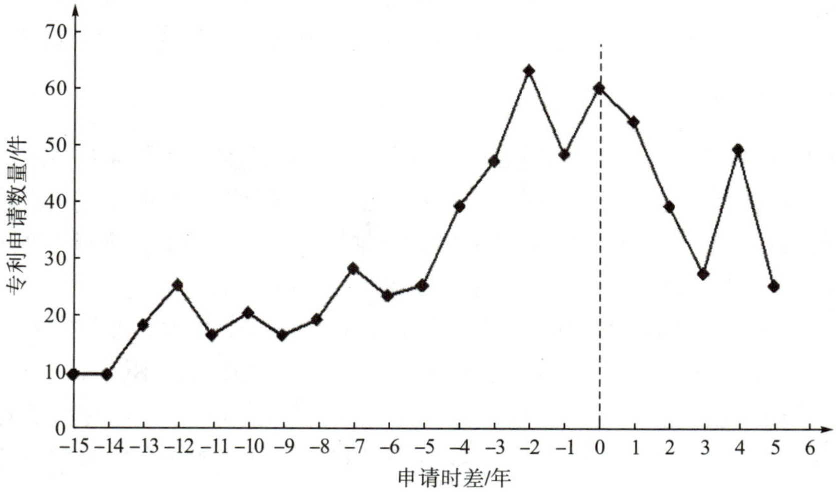


图1.2　专利申请时间序列

以专利池的创立时间为原点，可将专利池的演进划分为两个阶段，专利池的孕育阶段以及专利池的发展阶段。在专利池的孕育阶段，专利池的发起人控制了专利池中所有的必要专利；专利池在成功创立后，随着专利池的发展，会有大量专利不断申请加入其中，这些专利可能是由发起人所申请，也可能由后加入的新成员所申请，表1.3中显示了专利池创立后申请的美国专利的专利权人分布。分析可知，虽然专利池创立后有很多新成员的加入，然而创立后的绝大部分专利依然为发起人所控制，只有极少部分专利为新成员所拥有。专利池发起人由于控制了标准前期的核心专利，拥有更强的谈判筹码，更容易将专利纳入专利池中。

**表1.3　专利池创立后的专利申请**

| 专利池名称 | 发起人/件 | 新成员/件 | 创立后申请的美国专利/件 | 发起人/件 | 新成员/件 |
|---|---|---|---|---|---|
| MPEG-4 Visual | 20 | 9 | 62 | 59 | 3 |
| AVC / H.264 | 17 | 10 | 155 | 137 | 18 |
| MPEG-4 System | 7 | 3 | 0 | 0 | 0 |
| VC-1 | 15 | 3 | 32 | 32 | 0 |
| MPEG-2 System | 8 | 3 | 0 | 0 | 0 |
| ATSC | 7 | 1 | 20 | 20 | 0 |

在专利池的孕育阶段，相关企业会进行大量的专利申请，从而争取成为专利池的发起人。在专利池的发展阶段，发起人为提高在专利池中的专利份额，会不断申请新的专利加入专利池；而专利池外的企业为加入专利池，也会进行相关专利的申请。专利池发起人不

仅控制了专利池孕育阶段所有的专利，在专利池发展阶段申请的绝大部分专利依然为发起人所控制，只有极少部分为新成员所拥有。这些专利可能是专利池演进所必要的，但也可能是专利池成员，特别是发起人所采取的策略性专利申请行为导致的结果，其申请动机及质量都值得质疑。

3. 专利池中专利申请行为

为进一步揭示专利申请行为，可通过分析专利池中专利的质量随着申请时间的变化情况，研究专利池中是否存在着策略性的专利申请行为。如果其中越是后期申请的专利其质量越低，则表明存在策略性的专利申请行为。

为研究专利池中专利质量随时间的变化，首先应选择合适的指标测度专利质量。一直以来，专利被引频次被广泛用作测度专利质量的重要指标。Harhoff 等(1999)通过实地调研发现那些被引频次较高的专利也是专利权人视为价值较高的专利。Giummo(2001)通过对一组德国专利的研究表明被引频次越高的专利，其授权费用也越高。Rysman 和 Simcoe(2008)对比分析标准中必要专利和非标准专利质量时，也采用专利被引频次作为测度指标。因此，可以选择专利被引频次作为专利质量测度指标。同等条件下，越早授权的专利其总共被引频次一般越高，为消除时间因素的影响，选择专利每年的被引频次作为测度指标。

Hall 等(2001)认为由于专利授权时间受专利政策等因素影响，专利申请时间更能代表企业的专利行为。因此，选择专利申请时差作为时间变量。此外，专利每年的被引频次还受诸多其他因素影响。Kortum 和 Lerner(1999)指出由于“日历效应”(calendar effect)的存在，专利在不同年份接受的引用也存在显著差异，特别地，随着近几年专利申请数量迅速增长，专利接受了越来越多的引用。此外，专利在不同阶段接受的被引频次也不同，Rysman 和 Simcoe(2008)通过研究表明，专利授权后 1～2 年被引频次最高。Metha 等(2010)指出不同技术领域专利的引用分布也存在很大差异，计算机和医药领域的专利被引频次显著高于其他技术领域。在分析专利质量随申请时差的变化时，应消除这些因素的影响，以免产生偏差。因此，以专利被引频次为因变量，专利申请时差为自变量，被引年份、IPC(International Patent Classification，国际专利)分类、被引用时专利的年龄为控制变量构建回归模型。

因变量专利被引频次是一个计数变量，取值为非负的整数，且分布很离散，因此不宜采用简单的线性模型进行回归分析。泊松回归模型是一种典型的计数回归模型，广泛应用于专利及专利引用研究中。Hausman 等(1984)认为企业每年被授权的专利数量是随机且独立的事件，服从泊松分布，可以建立泊松回归模型，研究企业授权专利数量与研发投入的相关性。Maurseth 和 Verspagen(2002)以专利被引频次为技术溢出效应的测度指标，建立泊松回归模型，对欧洲技术溢出效应的影响因素进行分析。Metha 等(2010)在利用专利被引频次来测度知识扩散时，也采用了泊松回归模型。Rysman 和 Simcoe(2008)通过建立泊松回归模型，以专利被引频次为指标比较了标准专利和普通专利的质量。为此，构建泊松回归模型进行分析，设定专利 $i$ 在 $t$ 年的被引频次 $\mathrm{cite}_{it}$ 服从均值为 $\mu_{it}$ 的泊松分布

$$p(\mathrm{cite}_{it}=k)=\frac{\mu_{it}^{k}}{k!}\mathrm{e}^{-\mu_{it}} \quad (k=0,1,2,3\cdots) \tag{1.1}$$

式中，$\mu_{it}$ 代表专利 $i$ 在 $t$ 年被引频次的期望值，受引用年份、专利年龄等因素的影响。

相对 $\text{cite}_{it}$，$\mu_{it}$ 是连续变量，更容易建立模型。因此，以 $\mu_{it}$ 为因变量建立模型

$$\mu_{it}=E(\text{cite}_{it})=\exp(\beta_0+\beta_1 l_i+\beta_2 t+\beta_3 a_{it}+\beta_4 c_i) \tag{1.2}$$

式中，$l_i$ 为专利 $i$ 相对专利池创立时间的申请时差，$l_i=b_i-p$；$a_{it}=t-g_i$；$\beta_0$ 为常数项；$b_i$ 为专利 $i$ 的申请年份；$p$ 为专利 $i$ 所在专利池的创立年份；$t$ 为引用年份；$g_i$ 为专利 $i$ 的授权年份；$a_{it}$ 为专利 $i$ 在 $t$ 年的年龄；$c_i$ 为专利 $i$ 的 IPC 分类。

式(1.2)中，对自变量指数化是为保证 $\mu_{it}$ 取值必须为非负数的限制条件。对式(1.2)两边取对数，将其转化为线性表达式。

$$\ln\mu_{it}=\beta_0+\beta_1 l_i+\beta_2 t+\beta_3 a_{it}+\beta_4 c_i \tag{1.3}$$

Aureka 数据库公布了专利每次被引的详细信息，包括引用专利、被引年份等，为开展研究提供了很好的数据来源。通常条件下，专利正式授权后才开始被其他专利引用，因此以专利授权年作为专利被引的时间起点。由于 2010 年授权的专利其被引信息尚未统计完全，以 2009 年前授权的美国专利共 614 条作为研究样本，选择专利从授权年至 2009 年 12 月 31 日的被引数据进行分析。

为获得变量的观测值，首先，借助 Aureka 数据库进行专利信息检索，获取专利观测值；然后，结合 Aureka 数据库与 SPSS 的统计功能，将样本数据改造为以专利引用年为基准的时间序列数据；最后，引入虚拟变量，对定性数据进行测度，使样本数据符合回归分析要求。Aureka 数据库中只提供了专利每次被引的单独记录，未提供专利在特定年份的被引频次。为进行泊松回归，需要以专利授权年为起点，统计专利从授权年到 2009 年间每年的被引频次，并为每一年构建一条记录；在某些年份专利并没有被任何专利引用，也应为该年构建一条记录，当年专利的被引频次取值就为 0。

以 ATSC 专利池中 US6215530B1 为例，该专利于 1996 年申请，2001 年授权，通过检索 Aureka 数据库，得知从 2001 年～2009 年 12 月 31 日，该专利共被引用 15 次。为构建泊松回归数据，需要统计该专利从 2001～2009 年每年的被引频次，并为每年建立一条记录，最后应共有 9 条记录。通过对原始数据的统计，可知该专利在 2001 年被引用了 4 次，2002 年被引用了 4 次，2003 年没有被任何专利引用，依次类推。

数据样本中，所有的专利申请和引用均发生于 1983(包括 1983)年后，因此，以 1983 年为基年，将引用年份 $t$ 调整为相对于基年的数值。样本中专利分别属于 IPC 分类中的 H(电学)、G(物理学)和 B(作业；运输)三大类，为此，将 $c_i$ 设为虚拟变量，属于 H 部 $c_i$ 赋值为 0，属于 G 部赋值为 1，属于 B 部赋值为 2。通过重建 614 条专利的被引数据，最终得到 4158 条，可用于泊松回归的记录。

Stata 和 SAS 等软件均可对泊松回归模型进行估计。鉴于 Stata 具有效率高、速度快的优点，采用 Stata 10 为分析工具，将数据导入 Stata 10，以 $\text{cite}_{it}$ 为因变量，以 $l_i$、$t$、$a_{it}$、$c_i$ 为自变量进行泊松回归，结果如表 1.4 所示。

由显著性概率值 Prob> chi2 =0 可知，整个模型是高度显著的。在 0.05 的显著性水平下，所有相关系数都通过了显著性检验。其中，变量 $l_i$ 的系数估计值为−0.0388，这表明在同等条件下，专利池中越在后期申请的专利，其被引频次的期望值越低，也说明专利的质量越低，这意味着专利池中存在策略专利申请行为。

表 1.4 专利年度被引频次

| 专利 | $cite_{it}$/次 | $a_{it}$/年 | $l_i$/年 | year | $t$/年 | $c_i$ |
|---|---|---|---|---|---|---|
| US6215530B1 | 4 | 0 | −11 | 2001 | 18 | 0 |
| US6215530B1 | 4 | 1 | −11 | 2002 | 19 | 0 |
| US6215530B1 | 0 | 2 | −11 | 2003 | 20 | 0 |
| US6215530B1 | 2 | 3 | −11 | 2004 | 21 | 0 |
| US6215530B1 | 3 | 4 | −11 | 2005 | 22 | 0 |
| US6215530B1 | 1 | 5 | −11 | 2006 | 23 | 0 |
| US6215530B1 | 0 | 6 | −11 | 2007 | 24 | 0 |
| US6215530B1 | 1 | 7 | −11 | 2008 | 25 | 0 |
| US6215530B1 | 0 | 8 | −11 | 2009 | 26 | 0 |

表 1.5 的统计结果显示，专利池的创立前后是专利申请的高峰期，而且在专利池创立后仍然有大量专利加入其中，而这些专利中的绝大部分为专利池的发起人所有；在专利池中，越是后期申请的专利，其质量也越低。这表明，专利池的发起人存在着策略性的专利申请行为，倾向于将自身的一些低价值专利“塞入”专利池；与此同时，专利池发起人的策略性专利申请行为，还将引发专利数量的快速增长，导致专利体系的快速膨胀。

表 1.5 泊松回归结果

| 变量名 | 系数估计值 | 标准差 | $P$ 值 |
|---|---|---|---|
| 常数项 | 2.0277 | 0.1066 | <0.001 |
| $l_i$ | −0.0338 | 0.0045 | <0.001 |
| $t$ | −0.0808 | 0.0045 | <0.001 |
| $a_{it}$ | 0.0240 | 0.0047 | <0.001 |
| $c_i$ | 0.0474 | 0.0218 | 0.026 |

模型显著性检验：LR chi2(4) = 2679.48 显著性概率值 Prob > chi2 =0.000

## 1.2 专利体系的快速膨胀

近年来，全球主要经济体的专利体系快速膨胀，专利数量呈现爆发式增长态势，一方面，专利权人倾向于申请专利；另一方面，随着专利经济价值被深度挖掘，专利从传统的保护手段逐步演变为新兴的竞争工具，也导致专利数量快速增长，这为专利丛林的兴起提供了土壤。

### 1.2.1 专利数量快速增长

专利数量快速增长的源头可追溯到 20 世纪 80 年代，美国“亲专利”(Pro-patent)政策的实施(表 1.6)。当时，美国对外面临着国家竞争力的下滑和其他国家经济快速发展的威胁，为恢复国家竞争力，美国结合本国科技实力的优势，决定强化专利制度，对本国的高科技进行专利保护，法院和政府对专利的态度从反专利(Anti-patent)转变为亲专利(Pro-patent)，并推出多个配套政策。1982 年，美国联邦巡回上诉法院(the United States

Court of Appeals for the Federal Circuit，CAFC）正式成立，其突出特点是执行了“亲专利”的路线（李明德，2003）。

**表 1.6　“亲专利”政策举措**

| 序号 | 举措 |
|---|---|
| 1 | 美国联邦巡回上诉法院的设立 |
| 2 | 美国专利商标局（United States Patent and Trademark Office，USPTO）地位的上升 |
| 3 | 将知识产权作为外贸和外交政策的组成部分 |
| 4 | 扩大专利保护范围 |
| 5 | 支持专利池的相关政策 |
| 6 | 专利技术转让的制度创新 |

根据 1982 年的美国联邦法院改进法（Federal Court Improvement Act），正式设立美国联邦巡回上诉法院，其由原来的美国海关与专利上诉法院（United States Court of Customs and Patent Appeals）与美国索赔法院（United States Court of Claims）的上诉部门合并组成。美国联邦巡回上诉法院的设立是“亲专利”运动中最重要的改革，对美国的专利政策产生了极为深远的影响。

美国联邦巡回上诉法院设立以前，专利上诉案件是由不同联邦地方法院管辖，而各个联邦地方法院的专利倾向不同，同样的案件在不同的法院审理会得到不同的判决，因此专利诉讼当事人的主要任务就是选择一个对自己有利的法院，当时人称“法院选购”。当全国专利案件的上诉案都由联邦巡回上诉法院管辖，而且联邦巡回上诉法院的法官大多数持亲专利的态度，那么从此以后，不仅统一了审判标准，提高了专利诉讼的可预测性，而且降低了当事人的诉讼成本，专利价值得以提高（管煜武和单晓光，2007）。

美国“亲专利”政策的颁布与实施，产生了一系列的负面影响，加剧企业对专利所有权的争夺。在复杂产品的相关产业中，一件产品往往会涉及众多的专利，任何一家企业不可能拥有涉及的所有技术专利。而拥有专利比较多的企业之间，可以通过交叉许可或者建立专利池等的方法，互相使用彼此的专利；而专利数量少的企业，不具有谈判的资本，只能支付高额的专利许可费。为了增加专利谈判筹码，企业开始倾向于大量申请专利，甚至包括一些不必要的外围技术。在专利申请的过程中，企业不仅要付出过多的专利申请和维持费用，还要刻意避免侵犯对方的专利权，导致其创新成本的上升。

近年来，专利的经济价值被深度挖掘，在标准的创立过程中，标准促进了相关的专利申请；标准相关专利权人倾向于结盟，构筑专利池，而专利池的发起人存在着策略性专利申请行为，这也将引发专利数量的快速增长。随着专利从传统的保护手段，逐步演变为新兴的竞争工具，专利权人开始进行专利布局，实施专利战略，积极进行专利申请，以增强自身的竞争实力，这导致专利数量呈现爆发式增长态势。此外，技术构成的日益复杂化，促使企业重视专利整体布局，策略性地围绕一件核心专利申请大量外围专利，这些外围专利对基础专利进行包围，构成交织重叠的专利网，这也助推了专利数量的快速增长。

通过对美国专利商标局的专利统计数据进行检索，图 1.3 得到了美国历年的专利申请和授权数；分析表明，美国授权专利从 1963～1990 年呈现缓慢增长态势，由 48971 件增长至 99077 件，年均增长率为 2.64%；此后开始持续增长，由 1991 年的 106696 件增长至 2018 年的 339992 件，年均增长率为 4.39%。美国申请专利在整体上也呈现增长的态势，由 1963 年的 90982 件增长至 2018 年的 643303 件，年均增长率为 3.62%。

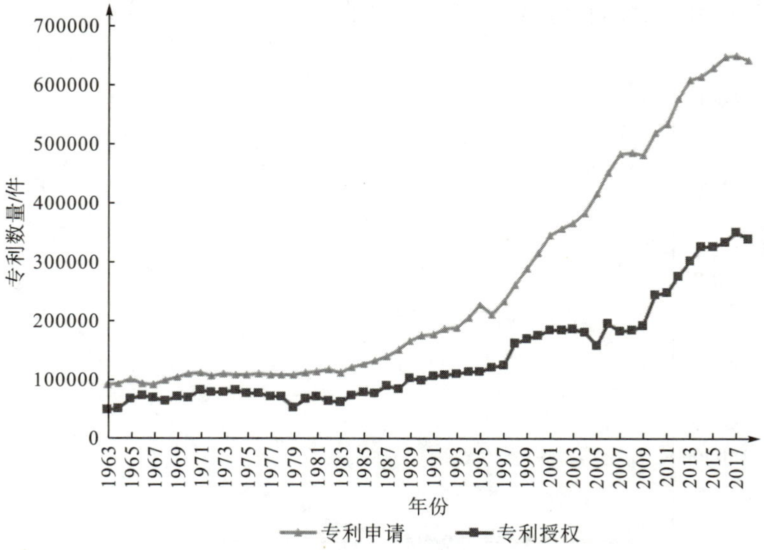

图 1.3　美国专利申请与授权数

通过对中国国家知识产权局进行检索，图 1.4 得到中国历年的专利申请和授权数；数据分析表明，1985 年，我国开始实施专利制度，当年就出现专利申请和专利授权，但在 1985～1999 年的专利授权较少，从 2000 年开始快速增加，由 2000 年的 105345 件增长至 2018 年的 2447460 件，年均增长率达到 19.10%；在 2000～2018 年，中国专利申请数量也呈现出快速增长的态势，年均增长率达到了 19.67%。

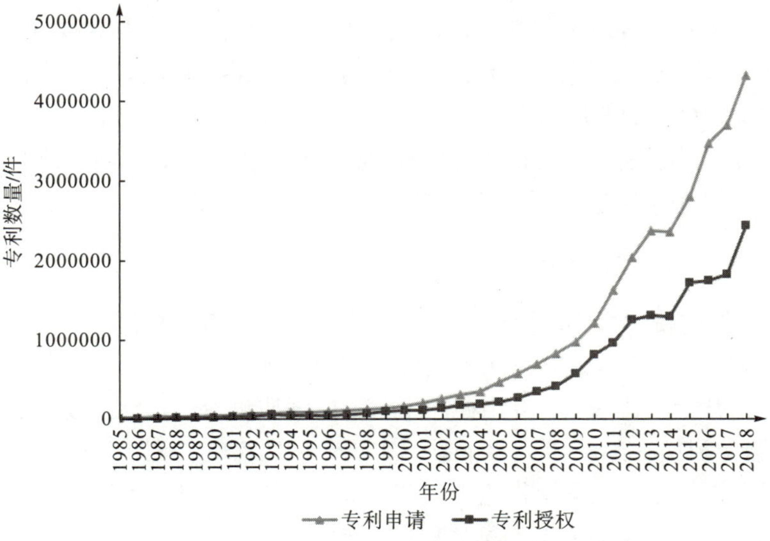

图 1.4　中国专利申请与授权数

考虑到中国有实用新型专利，而美国没有；因此，选择中美发明专利授权数量进行比较研究。1985～1999 年，中国的发明专利授权数量较少，此后呈现快速增长的态势，由 2000 年的 12683 件增长至 2018 年的 432147 件，年均增长率为 21.66%；在 2000～2018 年，美国发明专利授权数量也呈现增长的态势，但年均增长率仅为 3.79%；其中，在 2015 年，中国的发明专利授权数量首次超越美国，位居世界第 1 位(图 1.5)。

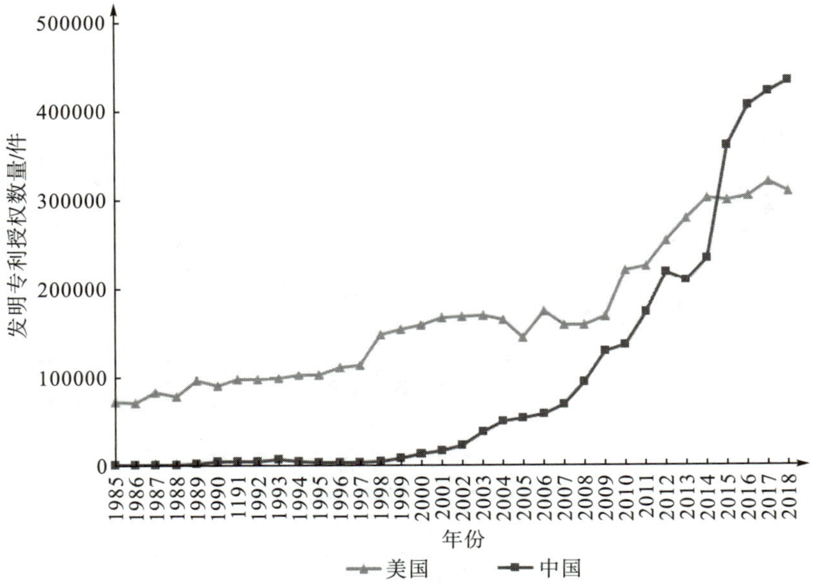


图 1.5　中美发明专利授权数量

### 1.2.2　低质量专利泛滥

近年来，专利数量呈现快速增长的态势，然而，其中存在着大量的低质量专利；与此同时，低质量专利的负面效应日益显现，一方面，大量低质量专利(low quality patents)的出现对后续专利申请构成障碍，由于必须绕开这些低质量专利，技术研发和专利申请受到制约；另一方面，海量的低质量专利给专利管理和科技评价带来了很大困扰，但相关的定量研究工作还很薄弱。因此，在高度重视专利数量增长的同时，必须正视低质量专利带来的一系列问题，其中，紧迫的任务是对低质量专利进行有效识别。

1. 低质量专利的生成及影响

低质量专利生成的主要原因是，专利制度中存在扩大专利保护范围、降低专利授权条件、延长保护期限等问题；这些问题不仅使得发明人倾向于申请专利，也更容易获得专利授权，专利数量开始快速增长，并由此产生大量的低质量专利，也会被称为劣质专利(bad patents)、问题专利(questionable patents)。劣质专利是忽略了明显现有技术，被不当授权的专利，同时美国授予了太多保护范围过宽、质量较低的专利。而问题专利是指权利要求范围超出现有技术，但仍被专利商标局授权的专利。

我国专利数量近年来出现爆发式增长现象，这种现象的产生有两方面的原因，一是由于研发投入快速增长，企业、高校和科研机构的研发能力和科研产出明显提升；二是随着专利重要性的凸显以及政府的鼓励，发明人申请专利的积极性也在提高。然而，专利数量的迅猛增长也产生了负面影响，专利申请量常被视为职称评定和人才选拔的重要指标；高校教师将专利视为满足考核要求的工具，形成追求数量忽略质量的倾向。

当前，大量低质量专利的涌现给技术创新和专利管理带来很大困扰。一方面，低质量专利加剧专利丛林现象的出现，由于已有专利应用于现有产品与服务，新入企业的研发很难绕开专利丛林。专利丛林中的问题专利不仅阻碍技术创新，而且限制潜在竞争者的进入。另一方面，低质量专利的授权诱发更多问题专利，加大了专利审查的压力。由于现有技术信息的缺失，专利审查员更倾向于授权一项本不该授权的技术为专利。

专利质量的评价研究开始受到关注，测度专利质量的评价指标也呈现多样化。将被引用次数作为评价专利质量的指标，可挑选软件行业质量最好的前 50 件专利；为消除引用指标受时间因素的影响，采用每年被引频次研究专利池中专利的质量随时间变化情况；利用专利 h-指数评价专利质量，发现中国企业与跨国公司在专利质量上存在差距；通过评估专利价值分布，认为专利价值越大则维持时间越长；将权利要求数，等同于引用次数作为专利质量指标。

综上所述，由于低质量专利增长及其负面影响凸显，相关研究开始引起学术界关注，并取得积极的研究进展。然而，相关研究主要针对其表现形式、负面影响展开；针对低质量专利识别的研究明显滞后，对专利质量的评价集中于专利引用等指标，但不同于美国专利文献，我国专利文献不包含专利引用，无法将其用于识别低质量专利；此外，专利数据属于海量数据，专利引用指标的计算过于繁复，在实际工作中也难以应用。因此，面对快速增长的低质量专利和海量专利数据，有必要另辟蹊径，研究低质量专利的识别方法，应用于低质量专利的快速筛选。

2. 低质量专利的识别方法

在选择识别指标时，应满足以下识别原则，第一，普适性原则，研究方法应能广泛适用于不同技术领域、地区和国家，以便进行对比和深入的分析；第二，可计算原则，所选指标应能从专利文献中直接获取或通过计算获取对应数据，从而能够对低质量专利进行定量识别；第三，可行性原则，由于专利数据属于海量数据，应尽可能选用简捷的指标作为识别依据，如果设置指标过于复杂，则有可能导致工作量过大。

在满足上述原则基础上，识别指标的选取应首要考虑中国、美国、欧盟及日韩等主要经济体所共有的专利信息，各国都包含专利申请日、授权日、专利权人、分类号、法律状态、权利要求等信息。据此排除专利引证指标，虽然学者对专利引证的研究较为成熟，并运用于评价专利质量；但目前仅美国专利文献的引证信息比较完善，我国专利文献不含引证信息，欧盟等国专利文献也缺乏完善的引证信息。

专利维持是指在专利法定的保护期内，专利权人依法向专利行政部门缴纳规定数量维持费使得专利继续有效的过程。目前，世界各国的专利制度对专利质量的高低未有奖惩措施，因此专利权人不存在刻意维持专利的动机，主要是通过比较未来收益与维持费来决定取舍。为此，通过对相关测评指标的分析比较，采用专利维持时间作为识别低质量专利的指标。而且，各国均可从专利文献中的申请日、授权日和法律状态中获取专利维持时间的相关信息。

在识别指标选定后，需要设定适当的阈值作为筛选标准，本书中的阈值即能够被识别为低质量专利的最低维持时间。如果阈值设定过高，部分由于技术进步加速而失效的专利可能会被误划为低质量专利，使过多专利被筛选出来；如果阈值设定过低，则有可能减弱识别效果，漏掉大部分低质量专利，不能有效地将其从大量专利中分离出来。

专利在我国分为发明专利、实用新型专利和外观设计专利，不同国家对实用新型专利和外观设计专利的保护存在着较大差异，美国、英国的专利体系中甚至不含实用新型专利，但是各国均重视处于核心地位的发明专利，对发明专利的保护年限也趋于一致，中国、美国、欧盟和日韩等专利大国(或地区)对发明专利的保护年限均为20年。因此，本书选取发明专利作为研究对象，阈值的设定也以发明专利的保护年限和维持时间作为分析依据。

专利维持费也是确定阈值需要考虑的关键因素，维持时间越长，所需缴纳的维持费也越高。研究表明，在相同的专利维持条件下，维持届满率与专利质量成正比，维持费的逐渐增长可滤掉一部分低质量专利。按照《中华人民共和国专利法》规定，专利权人需每年缴纳专利维持费，在这种制度下，专利权人可以灵活地选择是否继续维持专利；专利维持费数额呈阶梯式增长，前十五年中每三年增加一个档次，最后五年为一个档次(表1.7)。

**表1.7　中国专利维持费**

| 距离申请时间/年 | 专利维持年费/元 | 维持费届时累计/元 |
|---|---|---|
| 1～3 | 900 | 2700 |
| 4～6 | 1200 | 6300 |
| 7～9 | 2000 | 12300 |
| 10～12 | 4000 | 24300 |
| 13～15 | 6000 | 42300 |
| 16～20 | 8000 | 82300 |

确定阈值首先要考虑到维持时间与专利质量是正相关的，目前发明专利的维持时间上限为20年，阈值应接近20年维持上限三分点的整数值；其次，考虑到我国发明专利的平均维持时间为6.9年，识别低质量专利的阈值应低于这一平均维持时间；最后，考虑到我国专利维持年费的阶梯式特点，即维持时间6年以后维持年费将大幅上调。综上所述，将识别低质量专利的阈值取为6年，即如果某件发明专利在$T<6$时就不再维持，那么就将其识别为低质量专利。

3. 电通信领域低质量专利

针对研究目的，选择样本时需满足以下条件，第一，所选行业是具有典型代表性的技术领域，提高研究的效度；第二，能够从数据库中获取准确可靠的专利信息，以增强研究工作的可重复性，进而提高研究的信度。针对以上选择条件，本书依托于中国专利数据库，选用电通信领域(Telecommunication)的发明专利为研究样本，作为当代主流的技术领域，电通信技术在近年来发展迅猛，其国际专利分类号(IPC)为H04，包括H04B传输、H04H广播通信、H04J多路复用通信、H04K保密通信等11个小类(表1.8)。

表1.8　H04小类

| 大类 | 小类 | 内容 |
|---|---|---|
| H04 | H04B | 传输 |
| | H04H | 广播通信 |
| | H04J | 多路复用通信 |
| | H04K | 保密通信 |
| | H04L | 数字信息的传输，例如电报通信 |
| | H04M | 电话通信 |
| | H04N | 图像通信，如电视 |
| | H04Q | 选择 |
| | H04R | 扬声器、传声器、唱机拾音器或其他声-机电传感器；助听器；扩音系统 |
| | H04S | 立体声系统 |
| | H04W | 无线通信网络 |

按照申请人的国籍，中国专利可分为国内专利和国外专利，国内专利指中国的自然人或法人申请并获授权的专利，国外专利指国外自然人或法人申请并获授权的专利。在电通信技术领域，不仅国内申请人较为活跃，国外申请人也高度重视中国市场，在中国也大量申请专利。通过对比国内外申请人的低质量专利，有助于更为深入地分析低质量专利的构成及变化趋势。

选用专利信息分析系统(patent information analyzing system，PIAS)V3.0作为数据来源，该系统是集专利信息检索、管理与分析为一体的平台工具，系统内整合国家知识产权局网站、企业内部专利检索平台、CNIPR中心资源站点、美国专利商标局、欧洲专利局和日本特许厅六个专利数据库以供下载。由于研究中国专利，需利用发明授权这一著录项目，因此利用CNIPR站点进行数据下载。

登录专利信息分析系统V3.0，进入CNIPR资源下载站点，由于所设阈值为6年，故样本数据从2005年开始向前追溯；为获取较长的时间序列，选取1990年作为统计起点。利用CNIPR网站的搜索功能，逐条统计失效专利终止时的法律状态公告日；以年为单位，计算每条失效专利的维持时间，统计$T<6$的专利数据作为分析依据，这种数据处理方法的最大优点就是可重复性强。

通过运用低质量专利识别方法，筛查出电通信领域发明专利中的低质量专利；结果表明，低质量专利数量增长迅速，尤其是2000年以后增长更为迅速；考虑到发明专利授权数量也在快速增长，有必要对低质量专利所占比例深入分析(表1.9)。

**表 1.9　发明专利及低质量专利**

| 年份 | 发明专利数/件 | | | 低质量专利数/件 | | |
|---|---|---|---|---|---|---|
| | 国内 | 国外 | 总数 | 国内 | 国外 | 总数 |
| 1990 | 23 | 143 | 166 | 21 | 31 | 52 |
| 1991 | 26 | 119 | 145 | 18 | 19 | 37 |
| 1992 | 27 | 156 | 183 | 20 | 47 | 67 |
| 1993 | 30 | 87 | 117 | 25 | 16 | 41 |
| 1994 | 16 | 106 | 122 | 15 | 25 | 40 |
| 1995 | 16 | 91 | 107 | 14 | 14 | 28 |
| 1996 | 22 | 92 | 114 | 15 | 11 | 26 |
| 1997 | 23 | 111 | 134 | 16 | 20 | 36 |
| 1998 | 20 | 144 | 164 | 10 | 25 | 35 |
| 1999 | 31 | 248 | 278 | 22 | 52 | 74 |
| 2000 | 149 | 360 | 509 | 70 | 65 | 135 |
| 2001 | 159 | 660 | 819 | 66 | 187 | 253 |
| 2002 | 109 | 1607 | 1716 | 37 | 394 | 431 |
| 2003 | 511 | 3351 | 3868 | 129 | 719 | 848 |
| 2004 | 1280 | 4844 | 6124 | 309 | 1019 | 1329 |
| 2005 | 1188 | 3963 | 5151 | 248 | 893 | 1141 |

以上的统计数据显示，随着专利授权数量的快速增长，低质量专利数也在大幅增长，由 1990 年的 52 件增至 2005 年的 1141 件，年均增长率为 22.86%；近年来，低质量专利的增长有加快趋势，20 世纪 90 年代的年均增长率为 10.01%；进入 21 世纪，低质量专利开始爆发式增多，年均增长率达到 53.25%。不仅国内低质量专利快速增长，国外低质量专利也在快速增长，并占据很大比重，这说明，国外自然人和法人在中国申请了大量低质量专利，随之而来的负面效应正日益显现，对此必须予以高度重视(图 1.6)。

低质量专利占发明专利的比例维持在 25%上下波动，表明即使在通常认为质量较高的发明专利中，低质量专利仍大量存在；20 世纪 90 年代，国内低质量专利比例远高于国外低质量专利，进入 21 世纪开始下降，逐渐趋近于国外低质量专利的比例，说明国内专利质量正在逐步改善；进一步对专利权人构成的分析表明，高校、科研机构授权专利比例持续减少，而华为、中兴等领先企业逐渐成为该领域主要的专利权人，这是国内低质量专利比例下降的重要原因。

针对专利数量的快速增长以及低质量专利的负面影响，基于专利质量与专利维持相关分析，研究提出定量筛选低质量专利的识别方法和定量指标，可用于快速筛查低质量专利；将该方法应用于电通信技术领域，分析结果表明，即使在通常认为质量较高的发明专利中，低质量专利仍然大量存在，并且数量快速增长；通过研究还发现，该指标不仅可以对低质量专利进行识别，同时，也可以用于评价专利的质量，即低质量专利的比例是专利质量的反向指标，对此有必要进一步深入研究。

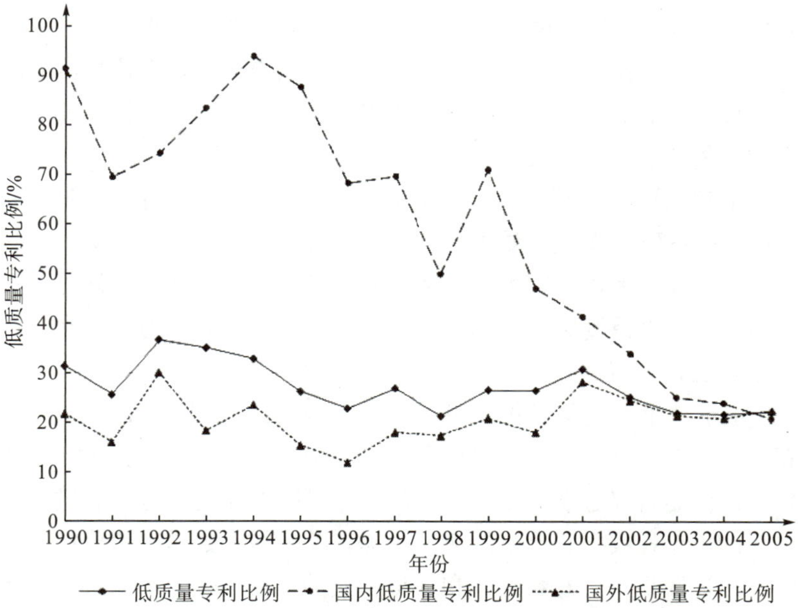


图 1.6 低质量专利时间序列

## 1.2.3 外围专利的涌现

近年来，全球范围的专利数量快速增长，一方面是技术进步引发的，另一方面是由于技术专利逐步从保护手段演变为竞争工具。外围专利(surrounding patent)在全球范围大量涌现，这导致专利泡沫在电子信息、网络通信和生物医药等重要的技术领域中日益泛滥。外围专利给专利管理和科技评价带来新的困扰，对此，必须予以重视并加以解决；面对海量的专利数据，如何有效测度外围专利是亟待研究的问题。

### 1. 外围专利的形成及影响

外围专利是为了保护核心技术或阻碍竞争对手，而围绕基础专利申请的一系列改进型专利。审查质量的下降和可授予专利的领域扩展，降低了申请专利的难度，给外围专利的涌现创造了条件，专利申请数量呈现爆发式增长态势；随着信息技术和网络经济的发展，专利的经济价值逐渐深入挖掘，专利由保护手段逐渐演变为竞争工具，阻碍竞争对手和增加谈判筹码成为企业申请专利的重要原因；外围专利又被称为阻碍型专利(blocking patent)、专利墙(patent wall)或专利篱笆(patent fence)。

外围专利首先出现在电子信息、网络通信和生物医药等领域。在复杂技术领域，一项技术由多件专利共同保护，专利组合的价值要大于单个专利的价值之和，更大的专利组合更能有效阻碍对手。企业围绕竞争对手申请一系列外围专利，遏制基础专利的实施，降低其竞争优势；企业通过迫使竞争对手签订专利交叉许可，获取基础专利的使用权。专利已被视为竞争工具和牟利手段，企业申请专利是为阻碍对手和增加谈判能力，专利成为获取交叉许可的重要筹码。

技术专利的新颖性审查和保护范围界定具有模糊性，客观上加剧了外围专利的泛滥。美国“亲专利”政策降低了对新颖性审查的要求，使得专利申请人可以通过不断修改专利申请书的权利要求，从而大量申请和布局相互关联的外围专利，使得公司所持有的专利能构成交织重叠的专利网；企业依靠大量申请专利可以获得竞争优势，尤其是在累积创新的行业，专利组合的规模不仅会对企业的创新和市场价值产生影响，还会对专利纠纷中的谈判能力产生影响，能够有效降低外部威胁。

外围专利的战略化应用引起了专利泡沫的泛滥，也削弱了专利对创新的保护和激励作用。行业领先企业在标准中掺入大量外围专利，从而诱发技术垄断，以打压追赶企业的正常发展；通过对基础专利大量设置外围专利，迫使竞争对手接受交叉许可，窃取基础专利的创新成果。外围专利将诱发更多专利申请，加剧专利审查的压力，导致专利审查大量积压，不仅耗费稀缺的行政资源，而且给专利管理带来困扰。

综上所述，由于技术专利从保护手段演变为竞争工具，外围专利开始大量涌现并导致专利泡沫泛起，这带来了一系列新的困扰和负面影响，因此外围专利开始受到企业和学术界关注，并取得积极的研究进展。然而，已有研究工作主要是针对生成机制、表现形式以及负面影响展开的，专利数据是典型的海量数据，以往囿于数据库和分析工具的局限，外围专利识别研究明显滞后；随着数据库和分析工具的发展，有必要、也有可能开展面向外围专利的测度研究，以此为开展针对性的对策研究提供必要的分析工具。

### 2. 外围专利的测度方法

技术专利具有数量庞大、增长迅速和内容庞杂等突出特点，面对泛滥的专利泡沫和海量的专利信息，测度外围专利需借助数据分析的技术支持。近年来，专利数据库和分析工具的逐步完善，为外围专利的测度提供了必要的技术支持。

在选择外围专利测度方法时，首先，考虑到各国专利文献的差异性，应尽量利用各国共有的专利信息进行测度；其次，使用的专利数据应该尽量选择专利数据库直接提供，或者能够通过计算获取的专利信息；此外应尽量选择简洁的测度方法，从而快速筛查出外围专利。因此在进行外围专利测度时，应当满足以下原则：第一，普适性原则，应该既能广泛适用于不同国家和地区，又能适用于不同技术领域，进行对比和深入分析；第二，可计算原则，研究方法应能从专利文献中直接获取或通过计算获取对应数据，对外围专利进行定量测度；第三，可行性原则，由于专利数据属于典型的海量数据，应尽可能选用简洁的方法进行测度，避免工作量过大。

近年来，为有效识别外围专利，开展针对性的对策研究，国内外学者开始尝试对外围专利进行定量研究。目前，外围专利的测度方法主要有以下两种。第一种是问卷调查法，直接以问卷形式，调查企业申请专利的动机，以此确定外围专利数量，例如 Giuri 等(2007)研究分析了 PatVal-EU 公司的调查报告；Motohashi(2008)分析了日本专利局(Japan Patent Office，JPO)的知识产权调查报告。其二是专利引证信息分析法，例如，Ziedonis(2004)提出的破碎指数法，通过测度企业专利引用分散化情况，来预测企业面对密集外围专利的可能性。

上述两种测度方法均存在较大的局限性，难以满足现有研究的需求。问卷调查法一般是由政府机构和大型咨询企业主持，不仅人力、资金消耗大，而且耗费时间长，其适用性也比较差，调查结果通常具有较长的时滞。专利引证信息分析法面临的最大问题则是数据来源狭窄，目前只有美国的专利文献包含较完善的引证信息，我国专利文献不含引证信息，欧盟等国专利文献也缺乏完善的引证信息；此外，专利引证指标计算还面临“时间截面”、引证膨胀和行业依附性的问题，计算结果存在偏差(万小丽和朱雪忠，2009)。现有的两种测度方法均难以满足普适性原则和可行性原则，适用性较差，需要开发新的测度方法。

外围专利是围绕基础专利进行申请，并通过专利优先权相互联系的改进型专利，而专利族(patent family)是由相同发明或具有共同点的多个发明组成、通过专利优先权相联系的专利；外围专利包含在专利族中，因此，专利族是研究外围专利的突破口，可考虑利用专利族差异对外围专利进行定量测度。近年来，专利数据库逐渐完善促进了大数据分析方法和工具的进步，降低了获取专利族的难度，为快速测度外围专利提供了可能性。

为测度外围专利，首先要分析外围专利的生成机制。由于专利保护具有地域性，为了防止竞争对手在国外侵犯基础专利，首先在其他的国家(或地区)申请该专利，形成简单专利族(simple patent family)。然后，为防止竞争对手利用外围专利阻碍基础专利实施，通过细微的语言改动或模糊的权利要求，围绕基础专利大量申请改进型专利；这些改进型专利形成交织重叠的外围专利，进而形成扩展专利族(extend patent family)。由此可见，扩展专利族是由简单专利族和外围专利构成的，可通过扩展专利族和简单专利族来测度外围专利。

长期以来，专利检索和分析工具的落后给专利族的检索带来很大困扰。简单专利族主要由汤森路透(Thomson Reuters)旗下的德温特世界专利索引(Derwent World Patents Index，DWPI)数据库提供，而扩展专利族主要由欧洲专利局旗下的国际专利文献中心(International Patent Documentation Center，INPADOC)数据库提供；研究人员需要分别在DWPI数据库和INPADOC数据库对基础专利进行逐项搜索，获取专利族信息；然后在不同国家的专利局数据库下载专利族，才能进行深入分析；专利属于海量数据，因此不兼容专利数据库的跨平台检索过程烦琐。2007年，汤森路透推出Thomson Innovation专利分析平台，逐步集成不同的专利数据库，将先进的检索工具与分析工具相融合，从而提供更全面准确的专利族信息，给快速测度外围专利提供技术支持。

图1.7中基础专利是该专利族中的第一件专利，围绕基础专利逐步申请其他专利。简单专利族与基础专利具有完全相同的权利要求申请，收录的是在不同国家(或地区)申请的相同专利。扩展专利族除了包括简单专利族之外，还收录与基础专利具有部分相同权利要求申请的专利，即基础专利的改进型专利。扩展专利族与简单专利族之间的差异可以反映出改进型专利的数量，即椭圆II与椭圆III之间的圆环。

外围专利是基础专利的改进型专利，因此用扩展专利族与简单专利族的差值代表外围专利的数量是合理的，据此设置外围专利指数。

$$\mathrm{SPI}=\mathrm{IPF}-\mathrm{DPF} \tag{1.4}$$

其中，SPI为外围专利指数；IPF为扩展专利族；DPF为简单专利族。

测度外围专利数量时，首先，依据关键词等检索条件，通过Thomson Innovation专利分析平台获取检索结果，将这些专利作为后续获取专利族的初始专利。然后，对初始专利进行二次检索，利用Thomson Innovation的专利族功能，分别获取扩展专利族及简单专利族数量，并根据申请时间、技术领域等条件进行筛选。最后计算二者的差值，得到外围专利数量，进行深入分析。

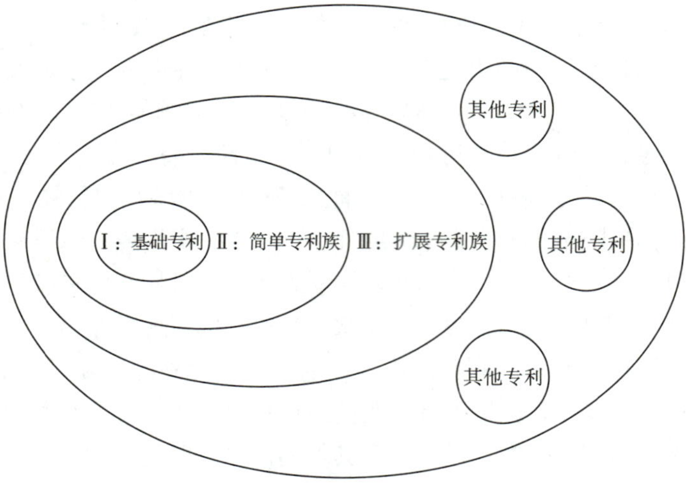


图 1.7　专利族关系示意图

3. 苹果公司的外围专利

针对研究目的，在选择样本时需满足以下条件：第一，所选择样本应处于具有典型代表性的重要技术领域；第二，所选择样本应该是能够反映时代特点，具有广泛影响的企业；第三，所选样本应该是高度重视专利作用，积极进行专利申请的企业，以便进行深入分析，从而揭示可能存在的问题。

基于以上分析，本书选择苹果公司作为研究样本。苹果公司高度重视专利作用，积极进行专利申请，并善于利用专利获取竞争优势。苹果公司所持有的专利集中于计算机应用、计算及计量等领域，是苹果公司最具有代表性的专利，对应的国际专利分类号为 G06。由于专利申请能直接映射企业的专利战略意图，因此选取苹果公司在 G06 领域申请的专利作为样本进行分析(表 1.10)。

**表 1.10　苹果公司外围专利**

| 申请年份 | IPF | DPF | SPI | 外围专利累计数量/件 |
|---|---|---|---|---|
| 1998 | 183 | 49 | 134 | 134 |
| 1999 | 306 | 144 | 162 | 296 |
| 2000 | 239 | 93 | 146 | 442 |
| 2001 | 214 | 118 | 96 | 538 |
| 2002 | 378 | 206 | 172 | 710 |
| 2003 | 573 | 504 | 69 | 779 |
| 2004 | 828 | 694 | 134 | 913 |
| 2005 | 1054 | 930 | 124 | 1037 |
| 2006 | 1560 | 1323 | 237 | 1274 |
| 2007 | 2948 | 2348 | 600 | 1874 |
| 2008 | 2852 | 2361 | 491 | 2365 |
| 2009 | 2339 | 2091 | 248 | 2613 |
| 2010 | 2790 | 2475 | 315 | 2928 |
| 2011 | 2757 | 2360 | 397 | 3325 |
| 2012 | 2338 | 1981 | 357 | 3682 |

本节选用由汤森路透提供的 Thomson Innovation 专利分析平台作为数据来源，检索苹果公司 2003～2012 年在 G06 领域申请的专利，并将这些专利作为后续获取专利族的初始专利；通过专利族功能，逐项检索初始专利的扩展专利族和简单专利族。由于外围专利可能涉及此前申请的基础专利，其时间序列需要向前延长；通过分析检索结果发现，苹果公司 1998 年之前申请的专利甚少；因此截取 1998～2012 年的扩展专利族和简单专利族进行后续分析。

随着乔布斯在 1997 年重回苹果公司，苹果公司开始重视消费电子领域；从 1998 年开始，苹果公司在计算机产品线的基础上增加消费电子产品线，并于 2001 年、2007 年和 2010 年相继推出 iPod、iPhone 和 iPad 等大获成功的产品；2007 年，苹果电脑公司正式更名为苹果公司，这标志着其业务涵盖个人计算机和消费电子领域。由于在消费电子领域面临众多的竞争对手，所以苹果公司高度重视产品开发和商业模式，尤其是关注产品的外观设计与用户体验；在此过程中，将专利作为重要的保护手段和竞争工具，在相关领域大量申请外围专利(图 1.8)。

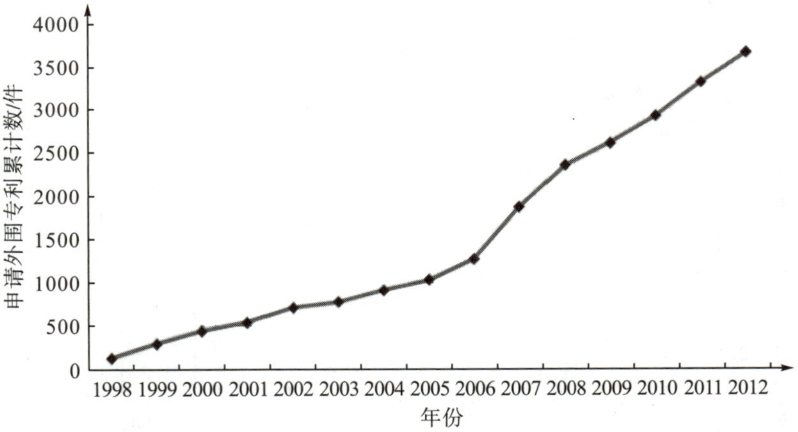


图 1.8　苹果公司外围专利累计数

苹果公司高度重视外围专利，其外围专利申请数量从 1998 年开始迅速增加，年均增长率达 26.7%，截至 2012 年底，累计数量达 3682；研究发现，苹果公司外围专利骤增的时间与新产品推出时间一致，外围专利与公司发展战略高度相关。此外苹果公司将外围专利视为竞争工具，并频繁利用外围专利发起诉讼。随着在消费电子领域取得的巨大成功，苹果公司开始加快进军国际市场的步伐，并成功实现全球化经营，因此有必要对其在全球范围内申请的外围专利进行分析。通过对苹果公司外围专利按照国家(或地区)进行筛选排序，研究其在不同国家(或地区)的分布情况(图 1.9)。

图 1.9 分析表明，苹果公司在美国申请的外围专利最多，其次是英国、中国、澳大利亚和日本；这些地区既是苹果公司主要市场，也是主要竞争对手所在地。一方面，苹果公司密集布置外围专利导致竞争对手难以绕过这些专利开展技术创新；另一方面，苹果公司通过故意模糊或隐藏外围专利的权利要求，诱使竞争对手无意中侵犯这些专利，进而提起诉讼并进行高额索赔。

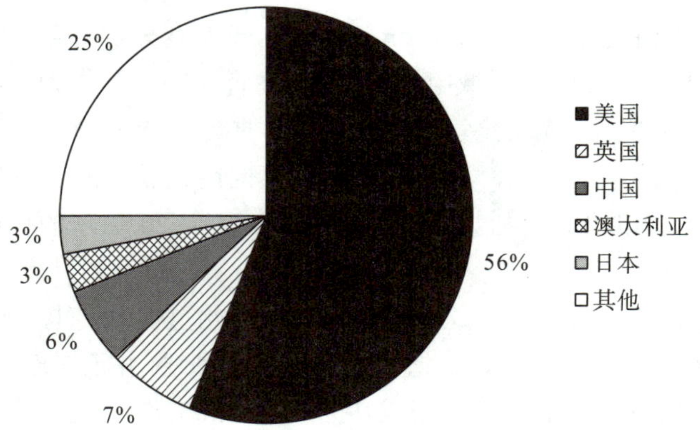


图 1.9　苹果公司外围专利国别分布

2010 年以来，苹果公司向三星电子、诺基亚、HTC 以及摩托罗拉等竞争对手发起专利诉讼，从而达到扩大市场份额，打击竞争对手的目的。近年来，随着苹果公司对中国市场的日益重视，其在华申请的外围专利快速增长，1998～2012 年的年均增长率达到 28.7%，有必要对此展开深入分析(图 1.10)。

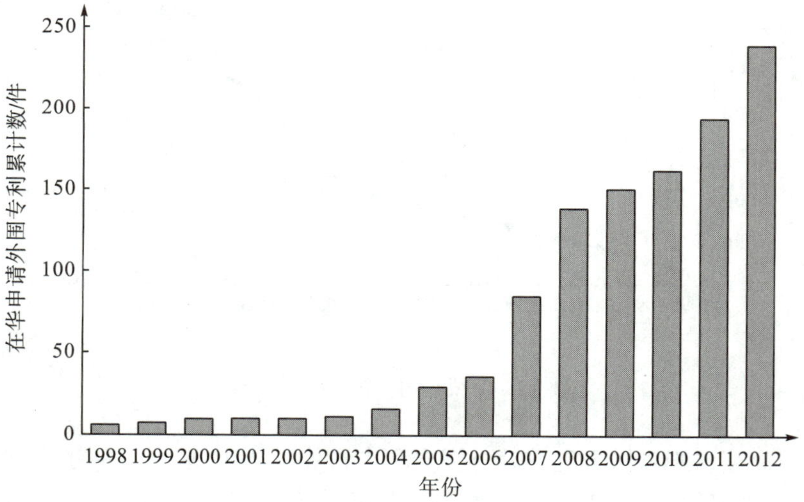


图 1.10　苹果公司在华申请外围专利累计数

分析表明，2003 年以前苹果公司在华申请的外围专利数量增长缓慢，1998～2002 年的年均增长率仅为 12.0%；近年来，随着其产品在中国的持续热销，中国成为仅次于美国和欧洲之后的第三大市场，苹果公司开始高度重视中国市场，开始在华大量申请专利，尤其是外围专利的申请量，2003～2012 年的年均增长率高达 39.4%。作为行业领先者的苹果公司大量申请布局外围专利，不但有助于增强企业技术优势，而且将对处于技术追赶地位的中国企业的产品开发和自主创新产生严重干扰。必须高度警惕苹果公司等国外企业在华布局的外围专利，并研究采取针对性的防范对策。

## 1.3　专利国际化的深入发展

在经济全球化背景下，专利国际化快速发展，正深刻改变全球专利体系的格局，我们研究显示，专利丛林近年来呈现快速蔓延和深入扩展的态势，不仅从美国、日本等向全球范围蔓延，而且从最初的 IT 产业，向其他众多产业扩展。专利国际化的深入发展，加速了专利丛林的兴起和快速蔓延。

### 1.3.1　专利地域性与专利国际化

专利国际化是为调和专利地域性与经济全球化之间的矛盾，通过精简跨国专利申请流程，以实现创造发明在多个国家获得专利保护。专利权是由专利行政部门依照法律规定，根据法定程序赋予专利权人的一种专有权利。它是无形财产权的一种，与有形财产相比，有地域性特征。所谓地域性，是对专利权的空间限制。它是指一个国家或一个地区所授予和保护的专利权仅在该国或地区的范围内有效，对其他国家和地区不发生法律效力，其专利权是不被确认与保护的。如果专利权人希望在其他国家享有专利权，那么，必须依照其他国家的法律另行提出专利申请。除非加入了国际条约及双边协定另有规定之外，任何国家或地区都不承认其他国家或者国际性知识产权机构所授予的专利权。

在经济全球化快速发展的背景下，专利国际化作为调和二者间矛盾的制度创新应运而生。2008 年以来，专利国际化成为我国知识产权战略的重点领域，国家明确提出对外专利申请大幅度增加的发展目标；在国家知识产权战略指导下，国家、省(区、市)各级政府不断推出鼓励资助政策，我国的国际专利申请量持续快速增长；根据世界知识产权组织(WIPO，2020)数据显示，2019 年，中国国家知识产权局的 PCT 申请量已经跃居世界第 1 位；在我国专利国际化快速发展的过程中，如何评价其质量已成为当前需要重视的问题。

专利国际化最早可追溯到《保护工业产权巴黎公约》(Paris Convention for the Protection of Industrial Property，简称《巴黎公约》)的签署，1883 年世界主要工业国家联合签署《巴黎公约》，当时公约上签字的有法国、意大利、荷兰、葡萄牙、西班牙等 11 个国家。《巴黎公约》确立了国民待遇、优先权制度、独立性和强制许可专利等基本性保护原则，其中，首次建立的优先权制度允许已提出专利申请的申请人，在其他成员国再次提起专利申请时，享有优先权，推动了专利国际化的发展，由此降低了国际专利申请的难度，为专利国际化发展奠定了良好的基础；但《巴黎公约》也存在明显不足，导致跨国专利申请数量急剧攀升，造成专利审查严重积压，加剧各国专利管理机构的负担。

为解决跨国专利申请激增与专利管理机构负担重的矛盾，世界知识产权组织和主要国家及团体为此联合制定了《专利合作条约》(Patent Cooperation Treaty，PCT)。该体系是一个国际申请体系，统一了专利权授予前的受理、检索和审查标准(Boeing and Mueller，2016)；旨在建立由统一的国际机构，对全球专利进行管理的“全球专利制度”(唐春，2012)。由于申请流程的优化精简，PCT 体系已发展成为专利国际化的制度基石(表 1.11)。

表 1.11　两个体系的区别

| 对比因素 | 巴黎公约 | PCT |
|---|---|---|
| 保护客体 | 发明、实用新型、外观设计专利 | 发明、实用新型专利 |
| 申请方式 | 一表一国 | 一表多国 |
| 申请效力 | 直接进入各国常规审查 | 国际阶段受理专利申请，之后再进入各个国家进行审查 |
| 申请语言 | 申请材料需用指定语言 | 申请材料可用母语 |

随着经济全球化的深入发展，国际专利申请数呈现出持续增长的态势。相对于《巴黎公约》，通过 PCT 体系进行国际专利申请的增长率更高，且近年来逐渐成为国际专利申请的主要路径。中国于 1994 年正式加入该体系，开始重视专利国际化发展，近年来政府也相继推出资助政策；此后各级政府纷纷开始制定面向国际专利申请的鼓励资助政策；在资助政策的鼓励下，中国申请人积极进行国际专利申请，国际专利申请数呈现快速增长态势。

专利国际化有助于创造发明在多个国家获得专利保护，推动了全球范围内技术的转移。为简化程序而建立国际专利制度是当前的发展趋势，有助于跨国企业在多个国家寻求专利保护。发达国家通过专利国际化，在发展中国家申请并获批专利，获得高额利润。中低收入国家吸引新企业进入市场，中高收入国家鼓励企业进行技术出口，均可以加快发展中国家的技术转移。专利国际化提升了发展中国家的创新效率，发达国家也能在技术转移中获取收益。

专利国际化降低了国际申请难度，推动了全球范围专利保护和专利数量膨胀。发展中国家若提升专利保护强度，会导致发展中国家的专利申请数量降低，此外对研究开发也可能会产生负面影响；在专利国际化深入发展的背景下，加强专利保护力度提高了发展中国家的模仿成本，限制了发展中国家的技术进步。此外，专利国际化还引发全球专利数量膨胀，由跨国专利申请衍生的外围专利在全球范围大量涌现。

专利国际化的深入发展为企业国际专利申请提供便利，也引起企业行为发生相应的变化。研究表明，加强企业的研发投入，能刺激企业增加国际专利申请。发达国家的跨国企业重视在其他国家进行专利布局，注重专利先行，积极进行国际专利申请。亚洲企业，尤其中国企业，在研发投入刺激下，国际专利申请呈现爆发式增长的态势，增长速度也明显超过美国、英国和荷兰等发达国家。

综上所述，由于专利国际化的快速发展及随之产生的深远影响，相关研究开始受到关注。现有研究主要围绕专利国际化的正面效应、负面影响、企业行为和专利政策展开，针对其质量的研究还很薄弱，无法对专利国际化的质量进行定量评价。目前，专利国际化是我国知识产权战略的重点领域，部门和地方的资助政策不断推出，面对快速增长的国际专利申请，如何定量评价专利国际化质量成为亟待解决的问题；有必要研究构建专利国际化的质量指数，运用质量指数，定量评价中国专利国际化的发展进程，从而为后续的对策研究提供决策支持。

### 1.3.2　专利国际化质量评价

为评价专利国际化质量，研究构建专利国际化的质量指数(Patent Internationalization Quality Index ，PIQI)。有必要分析国际化的运作流程(由于国际化涉及面广、流程繁杂，还要面对增长的海量专利数据)，揭示其中的关键环节，在此基础上再构建质量指数。

为研究提出质量指数，定量测度专利国际化的质量，本节首先应回顾专利国际化的演进过程。国际社会在《巴黎公约》的基础上，正式制定了 PCT 体系。通过该体系提交的国际专利申请，将经过统一的受理、检索、公开和初审过程，这不仅简化了国际申请流程，还降低了申请难度；通过该体系，只需提交一件国际申请，即可选择进入该体系的成员国，较《巴黎公约》的重复提交申请具有明显优势；当国际申请只选择进入一个国家，这一优势并不明显，进入多个国家才能发挥该体系的优势，也才能真正实现专利国际化。

目前，WIPO 规定了 23 个专利局同时作为申请受理局(Receiving Office，RO)、检索单位(International Searching Authority，ISA)和初审单位(International Preliminary Examining Authority，IPEA)，兼具申请受理、检索和初审的职能；中国国家知识产权局作为 23 个专利局之一，在该体系扮演着重要角色。在 PCT 体系下，申请人用一种语言在受理局提交国际申请，在完成形式审查初筛后，受理局将申请移交至世界知识产权组织；当申请人决定进入国家阶段，申请将被移交至指定局，即各成员国的专利局，再按各国的要求进行审查；从提出国际申请至进入国家阶段，宽限期可达 30 个月，给予了申请人充分的权衡空间(图 1.11)。

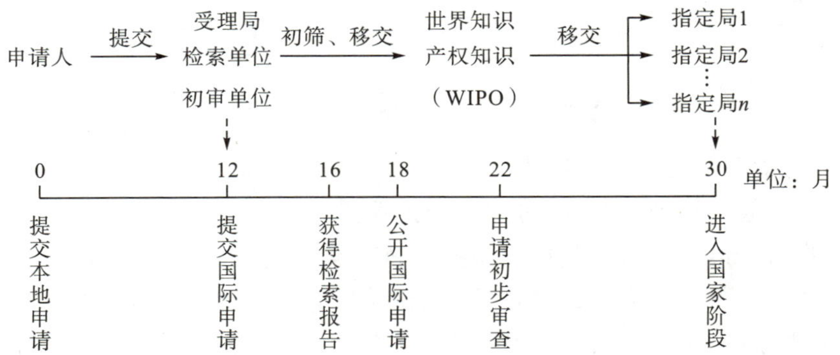


图 1.11　PCT 体系流程

截至 2017 年底，PCT 体系的正式成员国已经达到 152 个，涵盖了世界主要国家和地区；世界知识产权组织数据显示，通过 PCT 体系提出并已进入国家阶段的专利申请数量已经于 2007 年超越了依托《巴黎公约》进行国际专利申请的数量；通过持续推广和广泛应用，该体系正逐步取代《巴黎公约》，成为专利国际化的主流路径；WIPO 负责对该体系进行管理，通过 Patentscope 专利数据库和统计年报等方式对外公开数据。因此，本节研究选择基于主流的 PCT 体系，构建专利国际化的质量指数，以定量测度专利国际化的质量。

现有对专利国际化的评价研究，通常采用专利申请数量，缺乏对专利国际化质量的研究；研究构建质量指数就是要弥补当前的这一不足，实现对国际化质量进行定量评价的研究目标。上述分析表明，PCT 体系已成为专利国际化的主流路径，质量指数的构建将基于 PCT 体系展开，面对增长的海量 PCT 专利数据，为构建科学合理、现实可行的质量指数，要考虑到专利国际化的特点，遵循质量指数构建原则，提取利用 PCT 体系的关键数据。

为实现定量评价专利国际化质量的目标，构建专利国际化质量指数时，应满足以下的原则：第一，导向性原则，质量指数应客观反映专利国际化质量问题，对提升专利国际化的质量起到引导作用；第二，可比性原则，质量指数应能够满足各个成员国之间的比较，通过比较来衡量各成员国专利国际化质量的高低；第三，可操作原则，由于专利数据属于海量数据，质量指数的计算应避免繁复，原始数据能够从公开的数据库中直接获取。

构建质量指数不但要满足以上的三个原则，而且必须遵循专利国际化的目标，此目标就是创造发明在多个国家获得专利保护。PCT 体系为这一目标的实现提供了便利，在 PCT 体系下，申请人向受理局提出申请，通过初审后可选择进入 PCT 体系的成员国，寻求授权并享有专利权；如果止步于申请环节，没有进入国家阶段，根本就达不到国际化的目标；如果进入国家偏少，国际化质量也偏低；反之进入国家越多，则国际化的质量越高。

因此，本书研究选取 PCT 专利申请的进入国家数，作为构建质量指数的重要基础；由于各国或申请主体的申请量存在巨大差异，为了反映专利国际化的质量，还需要以申请总量进行修正。原始专利数据来源为 WIPO 的 Patentscope 专利数据库，该数据库不但有权威性，而且免费公开。考虑到专利数据更新和实际需求，该指数的计算以年为周期进行，其中申请总量为年度数据，进入国家数根据各件申请的状况，提取其进入国家数，然后逐项累计获得

$$专利国际化质量指数\ \mathrm{PIQI}=\frac{\sum_{i=1}^{n}\mathrm{NEN}}{n} \tag{1.5}$$

其中，PIQI 为本书构建的专利国际化质量指数；NEN（National Entry Number）为一件 PCT 申请的进入国家数；$n$ 为特定年份的 PCT 申请数。

WIPO 的 Patentscope 专利数据库涵盖了 PCT 体系的国际专利申请数据和相关文献，为本书研究工作提供了可靠的数据来源。由于从提出申请至进入国家阶段的宽限期长达 30 个月，需要分别提取每件申请在申请日后 30 个月内的进入国家数，然后再进行累计求和。

由于专利国际化是动态变化的演进过程，在进行质量评价时，有必要利用时间序列数据，研究不同年份的质量高低和变化趋势。而层次聚类分析是一种客观的计量方法，作为用于探索性研究的分类方法，它能在没有先验知识的情况下，将具有不同指标特征的样本，依据样本间的相似程度和亲疏关系，基于量化分析对样本数据进行分类。因此，为研究揭示专利国际化质量的阶段特征，基于专利国际化质量指数的时间序列数据，本书采用层次聚类分析方法，定量分析不同阶段的特点与差异。

为定量评价中国专利国际化的质量，需要计算质量指数。首先，依托 Patentscope 数据库，利用申请人的国家信息，获取中国 1994 年加入 PCT 体系以来的历年国际申请数量；研究选择进入国家阶段的截止时间为 2018 年 6 月 30 日，考虑到提出申请至进入国家阶段

的宽限期可达 30 个月，所以研究选择国际申请截止时间为 2015 年底。然后，根据国际专利申请进入国家阶段的状况，逐个获取其具体进入国家的数量；由于国际专利申请在进入国家阶段后，会按照时间顺序依次形成专利申请、公开和授权等信息，为避免重复，应进行合并计算，一件专利仅计算一次，以获取精确数据；最后，运用上述构建的质量指数公式，测算得到中国专利国际化的质量指数，进而对中国专利国际化的质量进行定量评价。

以上数据表明，1994 年加入 PCT 体系以来，我国的国际专利申请呈现持续增长的态势；但是在国际申请持续增长的同时，专利国际化的质量指数却未能同步提高。其中，在 2005 年，专利国际化的质量指数达到了峰值为 2.21，即 1 件国际专利申请的平均进入国家数为 2.21 个(表 1.12)。为了比较同时期 PCT 其他成员国专利国际化的质量高低情况，运用研究构建的质量指数，分别测算同时期美国、日本和德国的专利国际化质量指数，结果分别为 3.40、3.52 与 3.48，均显著高于中国专利国际化质量指数的历史峰值。

**表 1.12　中国专利国际化质量指数**①

| 申请年份 | PCT 申请数/件 | 进入国家数/件 | PIQI |
|---|---|---|---|
| 1994 | 98 | 69 | 0.70 |
| 1995 | 114 | 108 | 0.95 |
| 1996 | 137 | 184 | 1.34 |
| 1997 | 186 | 250 | 1.34 |
| 1998 | 305 | 347 | 1.14 |
| 1999 | 326 | 596 | 1.83 |
| 2000 | 834 | 732 | 0.88 |
| 2001 | 1700 | 1250 | 0.74 |
| 2002 | 1165 | 2393 | 2.05 |
| 2003 | 1511 | 3158 | 2.09 |
| 2004 | 2096 | 3765 | 1.80 |
| 2005 | 3038 | 6708 | 2.21 |
| 2006 | 4658 | 10212 | 2.19 |
| 2007 | 6367 | 7142 | 1.12 |
| 2008 | 7157 | 8002 | 1.12 |
| 2009 | 9005 | 10500 | 1.17 |
| 2010 | 13700 | 15030 | 1.10 |
| 2011 | 18226 | 15744 | 0.86 |
| 2012 | 20365 | 18359 | 0.90 |
| 2013 | 21916 | 20164 | 0.92 |
| 2014 | 25953 | 23936 | 0.92 |
| 2015 | 29777 | 22434 | 0.75 |

① 为充分利用最新的统计数据，进入国家阶段的截止时间选定为 2018 年 6 月 30 日；由于从提出申请到进入国家阶段的宽限期为 30 个月，国际专利申请的截止时间为 2015 年 12 月 31 日。

总之，与国际专利申请的持续增长态势不同，专利国际化质量指数呈现复杂的变化趋势；尤其需要重视的是，2008 年以来，专利国际化成为知识产权战略的重点领域，随后的鼓励资助政策不断推出，但质量指数却呈下降趋势。因此，为科学评价 1994 年以来中国专利国际化的质量，必须利用以上的时间序列数据，本书为此将借助层次聚类分析，这有助于减少主观判断对样本分类的干扰。基于质量指数和专利申请数据，对中国专利国际化的发展过程进行阶段分析，进而揭示专利国际化质量的变化趋势。

专利国际化是动态变化的演进过程，基于专利国际化时间序列数据，定量评价专利国际化的质量，研究选取质量指数和专利申请数作为聚类指标，以定量分析专利国际化的变化趋势。由于上述二者具有不同的单位和量纲，为此采用 Z 分数标准化法对原始数据进行标准化处理；处理后各指标数据的极大值为 1，极小值为 0，其余数值均在 0～1；经过 Z 分数处理，得到标准化的数据再进行聚类分析。

基于以上时间序列数据，进行层次聚类分析要求聚类指标间没有显著的相关性，研究选用斯皮尔曼等级相关，对质量指数和专利申请数量的相关性进行显著性验证。斯皮尔曼等级相关不同于皮尔逊积矩相关系数，不要求数据必须服从正态分布(Kumar and Abirami，2018)；该方法是测度变量间等级相关程度的一种非参数统计分析方法，对两个变量的相关关系进行研究，以判断两者是否存在同步变化的趋势(Wu et al.，2018)。

基于上述的时间序列数据，研究选用斯皮尔曼等级相关方法，计算中国专利国际化的质量指数与专利申请数之间的斯皮尔曼相关系数。斯皮尔曼相关系数为−0.238，$p$=0.285>0.05，表明中国专利国际化的质量指数与专利申请数间没有显著的相关关系。由于质量指数与专利申请数没有显著的相关关系，因此，可以利用这两个指标的时间序列数据，对中国专利国际化的发展过程进行评价分析(表 1.13)。

**表 1.13　相关性检验**

| | | 专利申请 | PIQI |
|---|---|---|---|
| 专利申请 | 相关系数 | 1.000 | −0.238 |
| | Sig.(双侧) | 0.000 | 0.285 |
| PIQI | 相关系数 | | 1.000 |
| | Sig.(双侧) | | 0.000 |

为了揭示我国专利国际化的阶段特征，本节采用层次聚类分析。首先，选取专利申请数和质量指数作为聚类指标，对指标数据进行 Z 分数标准化处理；然后，将标准化的数据导入 SPSS 19.0，开始进行聚类，在系统中绘制层次聚类树形图；最后，研究选择分类距离为 18，将专利国际化发展过程划分为两个阶段；其中 1994～2009 年为第一阶段，2009～2015 年为第二阶段，2009 年为两阶段的分水岭(图 1.12)。

数据表明，中国的专利国际化发展经历了两个阶段，在始于 1994 年的第一阶段，国际专利申请数从 98 件的低点起步，持续高速增长，同时质量指数呈现大幅波动的特征；始于 2009 年的第二阶段，国际专利申请继续呈现快速增长的态势，但是质量指数却呈现持续下降的态势。与此形成鲜明反差的是，自 2008 年以来，专利国际化成为我国知识产权战略的重点领域，鼓励国际专利申请的资助政策随之不断推出，在此背景下，质量指数却呈现不升反降的态势。

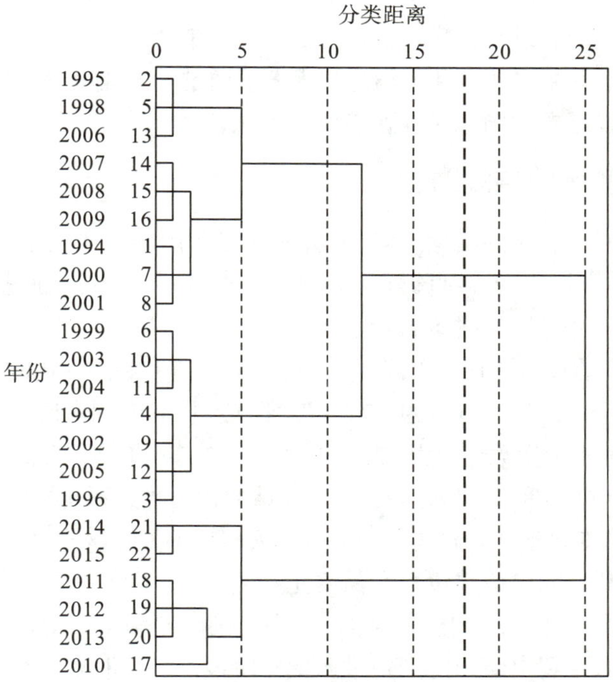


图 1.12　层次聚类树形图

中国专利国际化的整体质量偏低，且近年来呈现持续下降趋势。中国专利国际化质量指数的峰值为 2005 年的 2.21，而且必须引起高度重视的是 2009 年以来，专利国际化资助政策不断推出的背景下，质量指数却呈现持续下降趋势(图 1.13)。

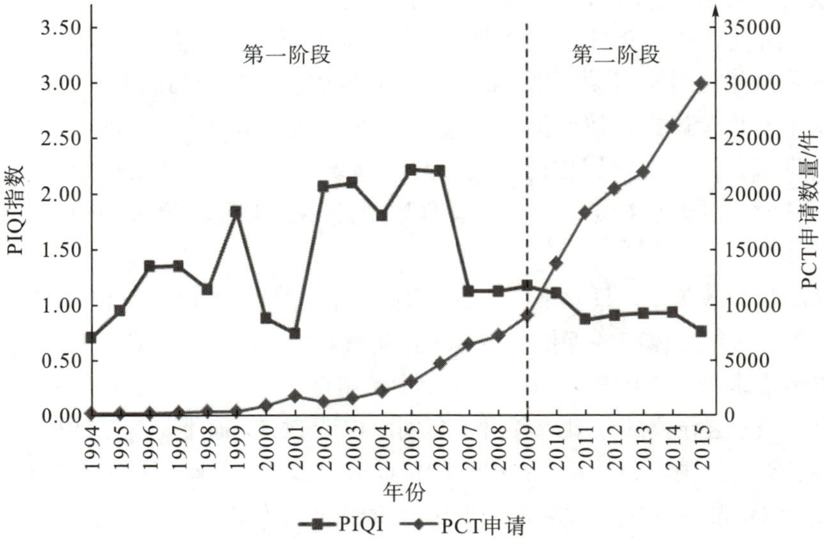


图 1.13　专利国际化的时间序列

为分析近年来质量指数的下降问题，本节首先从统计数据入手，以 2015 年为例，提取梳理国际专利申请和进入国家阶段的相关数据。统计结果表明，2015 年我国的国际专利申请数为 29777，但有 18057 件申请未进入国家阶段，占申请数的比例为 60.64%，这意味着大部分申请根本没有进入国家阶段，而是止步于申请环节。国际专利申请未进入国家阶段，意味着根本不可能实现专利国际化，背离了通过 PCT 体系实现专利国际化的初衷，此现象的存在表明我国专利国际化存在着明显泡沫。

### 1.3.3 资助政策的推波助澜

为定量评价专利国际化的质量，本节研究构建专利国际化质量指数，并运用质量指数，评价分析我国 1994 年以来的专利国际化进程，得出研究结论；在此基础上，针对存在的突出问题，研究提出针对性的政策启示。

专利国际化的资助政策推升了申请数量，但未能促进专利国际化的质量提升。我国的专利国际化可划分为两个阶段，始于 1994 年的第一阶段，国际专利申请数从 98 件的低点起步，持续高速增长，同时质量指数呈现大幅波动的特征；2009 年是重要的分水岭，专利国际化成为我国知识产权战略的重点领域，鼓励国际申请的资助政策不断推出，国际专利申请量快速增长，但质量指数却呈现下降趋势，资助政策未能促进国际化的质量提升(表 1.14)。

目前中国的专利资助申请政策存在需要完善之处，国际专利的申请者有套利空间。现行的资助政策针对申请环节，提出只要申请人提出国际专利申请即可获得相应的资助，但国际专利申请与国内专利申请的区别是进入国家阶段，只有进入更多国家才有可能实现专利国际化；近年来，质量指数下降的原因是大部分的国际专利申请并未进入国家阶段，但是在现行大多数的鼓励资助政策下，一些申请者却仍然可以套取资助，这背离了专利国际化的政策目标。

自 2009 年起我国专利国际化的质量指数呈现下降趋势，这与鼓励国际专利申请的资助政策推出时间相互交织。为研究省级政府颁发的资助政策，依托政府部门官网，查询各省资助政策，表 1.14 列举了资助专利申请的省份政策；这些政策中，大部分是在 2009 年后颁发的，而且是针对 PCT 专利申请在进入国际阶段，或只要专利申请人提出 PCT 专利申请即可获得相应鼓励资助。此外，市级政府也颁发了鼓励国际专利申请的资助政策，例如，广州市的政策规定，按单位和个人每件 PCT 申请分别资助 10000 元和 5000 元。除了直接的资金资助，各地还推出了相关的鼓励政策，例如上海市认定专利工作示范单位的指标，其中专利创造指标，企业有 4 件以上的 PCT 申请，事业单位有 6 件以上，可得到最高的 5 分。

现行鼓励资助政策下，只要申请人提出国际专利申请，即可获得相应的资助，也能从鼓励资助政策中，得到较高的评价，从而能够获得其他的收益。但是现实状况是大部分的国际专利申请根本未进入国家阶段，而是止步于申请环节或者 PCT 国际阶段，却仍然可以获得以上收益；这导致部分申请者出于套利而申请 PCT，而不是为了政府期望的专利国际化，背离了资助鼓励政策的初衷；现行的资助鼓励政策，推动国际专利申请量的快速增长，但存在的政策漏洞催生了大量未进入国家阶段的无效申请，导致近年来我国专利国际化的质量大幅下降。

表 1.14　国际专利申请的资助政策

| 地区 | 年份 | 文件 | 内容 |
|---|---|---|---|
| 广西壮族自治区 | 2017 | 广西壮族自治区专利资助和奖励办法 | 资助通过 PCT 的国际申请费用，个人资助 0.5 万元/件，单位资助 1 万元/件 |
| 宁夏回族自治区 | 2017 | 宁夏回族自治区知识产权补助资金管理暂行办法 | 每件补助 0.5 万元 |
| 上海市 | 2017 | 上海市专利资助办法 | 资助申请国外专利资助的，每个国家资助金额不超过人民币 3 万元 |
| 天津市 | 2016 | 2008 年天津市专利申请资助办法 | 港、澳、台地区及国外专利申请资助标准：申请发明专利 5000 元/件 |
| 甘肃省 | 2015 | 甘肃省专利资助资金管理办法 | 采取 PCT 方式申请的，进入国际阶段，每件专利申请资助 1 万元 |
| 贵州省 | 2015 | 贵州省专利申请资助管理办法 | PCT 国际受理的，每件资助 1 万元 |
| 陕西省 | 2015 | 陕西省专利创造资助办法(试行) | 通过 PCT 途径申请进入国际阶段，每件专利资助不超过 1 万元 |
| 河南省 | 2014 | 河南省国外申请专利资助办法 | 职务申请，申请人通过 PCT 申请专利的，国际阶段资助不超过 2 万元 |
| 吉林省 | 2012 | 吉林省资助向国外申请专利项目评审管理办法 | PCT 申请在国际阶段缴纳的国际申请费、检索费、传送费、初步审查费等 |
| 湖南省 | 2011 | 湖南省专利资助办法 | 采取 PCT 方式申请的，进入国际阶段，每件资助 10000 元 |
| 江苏省 | 2011 | 江苏省知识产权创造与运用(专利资助)专项资金使用管理办法 | 资助国际阶段的申请费、检索费、传送费、初步审查费、手续费、审查费等 |
| 辽宁省 | 2011 | 辽宁省发明专利申请费用补助资金管理办法 | 申请国外发明专利的申请费用，按每件每个国家人民币 5000 元补助 |
| 新疆维吾尔自治区 | 2011 | 新疆维吾尔自治区专利申请资助专项资金管理办法 | 向国外申请专利，按财政部统一规定执行 |
| 河北省 | 2010 | 2010 年度河北省专利申请资助办法 | PCT 专利申请每件资助 6000 元 |
| 四川省 | 2010 | 四川省专利申请资助资金管理办法 | 在国际申请阶段按官方规定费用、检索费和代理费实际发生额的 70%予以资助 |
| 福建省 | 2009 | 福建省专利申请资助资金管理办法 | PCT 国际申请国际阶段每件资助 5000 元 |
| 山东省 | 2009 | 山东省专利发展专项资金管理办法 | 按照 PCT 提出的国际申请，单位、个人每件分别资助 10000 元、4000 元 |
| 山西省 | 2009 | 山西省专利申请资助专项资金管理办法 | 申请外国专利的，每件资助 1 万元～3 万元 |
| 北京市 | 2006 | 北京市专利申请资助金管理暂行办法 | PCT 途径向外国申请专利的，国际阶段资助 1 万元/项 |

中国国家知识产权局还与美国、德国、西班牙、日本等多个国家签署了专利审查高速路(Patent Prosecution Highway，PPH)协议，通过该协议在中国和上述国家提交的专利申请，不仅可以加快审查过程，而且能够节省费用。近年来，中国正与全球其他多个国家不断签署 PPH 协议。PPH 协议是专利审查机构间开展审查结果共享的合作，旨在帮助申请人的海外申请早日获得专利权；具体流程是指当申请人在首次申请受理局(Office of First Filing，OFF)提交的专利申请中，所包含的至少一项或多项权利要求被确定为可授权时，可在此基础上，继续向后续申请受理局(Office of Second Filing，OSF)提出加快审查请求。

目前，我国专利国际化的整体质量不高，而且与国际专利申请的数量增长形成鲜明对比；尤其是在专利国际化的鼓励资助政策不断推出的背景下，资助政策对国际化起到推波助澜作用，国际专利申请的数量呈现快速增长的态势。与此同时，国外申请人也在利用多个跨国申请路径，在中国进行大量专利申请和专利布局，对此必须保持警惕；虽然，目前中国国家知识产权局的专利受理量已位居全球第一，不应再盲目追求数量，大量低质量专利和策略性的专利布局会为专利丛林的兴起埋下隐患。

# 第二章　专利分析工具：专利地图及其应用

由于专利丛林中包含海量的专利数据，而传统的统计分析方法对此已力不从心，专利地图的出现缓解了这一状况。专利地图(patent map)是指一种通过高维聚集海量专利数据，直观、形象地揭示技术专利之间的复杂关系、显示技术全景以及技术分布格局的专利分析和可视化工具。作者团队2009年就引入早期的Aureka、TDA等专利分析平台开展研究，随后陆续引进Thomson Innovation、PatSnap、IncoPat等专利分析平台，用于专利领域的学术研究和推广应用；近年来，专利地图的逐步完善与快速应用，为深入研究专利丛林提供了有效的分析工具。

## 2.1　引言

### 2.1.1　基本概念

专利地图是对专利情报分析结果的一种可视化表达。专利地图可以通过对专利文献中的技术信息、经济信息和法律信息进行挖掘与剖析，将蕴涵在专利内的海量信息，以图表的形式反映出来，具有类似地图的指向功能。专利地图是一种分析专利情报的方法，通过分析、加工专利情报信息的手段，利用各种可视化图表的表达形式，旨在反映蕴含在专利数据中的复杂信息，从而使复杂的专利情报易于理解，为专利战略等决策提供情报支持(肖沪卫，2011)。根据世界知识产权组织(WIPO，2003)的资料显示，专利地图也叫技术路线图(technology road map)，其通过对目标技术领域专利信息进行搜集、处理和分析，使复杂的专利情报得到方便有效的理解，是用以方便地解释多样化的专利情报分析结果的图表。

国内关于专利地图的定义为，指将依一次、二次、三次等专利资讯，及由各种与专利相关的资料讯息，采用统计分析方法及缜密和精细的剖析整理制成各种可分析、解读的图表信息。简而言之，就是将专利信息“地图化”，即为各种统计分析整理图表，类似于企业进行投资决策使用的决策树图。专利地图作为专利管理方法之一，起源于日本；随着在日本广泛和有效应用，专利地图也传入韩国、新加坡、美国以及中国等地。由于专利地图的主要目的和作用在于指导科技的发展，从全球范围来看，专利地图的应用和推广呈现快速发展的态势。

专利地图是一种专利情报研究方法和表现形式，它将包括科技情报、经济情报、法律情报在内的各类专利情报信息进行加工，再缜密精细地加以剖析整理，制成各种可分析、解读的视觉直观的图表形式，使其具有类似地图的指向功能，通过对专利分析指标及其组合的可视化表现，反映蕴涵在大量专利数据内的错综复杂的信息，用以指明技术发展方向，分析技术分布态势，为企业等专利权人的管理决策提供更直观的情报支持，特别可用于针对竞争对手专利技术分布情况的监视。

Aureka 是常用的专利地图制作工具，通过对专利信息中词汇的词频应用聚类分析的方法，直观地显示专利的技术布局，同时支持将二次检索结果分组，进而揭示各组专利深层的技术信息。专利地图采用等高线作为绘制的基准，点表示专利，点之间的距离表示专利内容的相关程度，等高线表示专利密度，山峰区域表示某一特定技术主题中聚集的专利群，从而呈现技术主题分布情况。Aureka 最初是由 Aurigin Systems 公司推出，在 2004 年，被汤森路透(Thomson Reuters)科技集团收购(由汤森路透研发的 Thomson Innovation 是国际主流的专利分析平台)，自此 Aureka 成为 Thomson Innovation 中的一个重要模块；2017 年 7 月，Thomson Innovation 被科睿唯安收购，并正式更名为 Derwent Innovation。

利用 Thomson Innovation 的专利地图功能，对专利标题和摘要中相关词汇的词频应用聚类分析，生成专利地图；专利地图中等高线山脉表示技术研发重点，其重要程度用颜色加以区分，由浅咖啡色、灰色到白色表示，重要程度也依次增强，该技术领域的研发重点集中白色高地。为研究技术被不同申请人占有的情况，也可用不同颜色标记不同的申请人。在专利地图中，进行二次检索，黄色点和蓝色点可代表不同优先权国的专利。此外，为了研究该技术的演进发展趋势，在专利地图上，还可以用不同的颜色标记不同的时间阶段，可分辨出技术的动态演进过程。

### 2.1.2　分析软件

目前，专利地图分析工具以汤森路透(Thomson Reuters)科技集团研发的 Thomson Innovation 和 Thomson Data Analyzer 为典型代表。Thomson Innovation 已于 2017 年 7 月，正式更名为 Derwent Innovation。此外，还有美国专利分析软件 exCITEr、专利综合分析工具软件 patentguider2.0、新加坡智慧芽信息科技公司的 PatSnap 专利分析平台等。其中，Aureka 与 TDA 在专利数据挖掘和专利引用分析方面具有突出优势。

Aureka 是根据对专利的词频统计与文本聚类，创建主题地图(content map)，可直观显示专利技术主题分布与专利布局。主题地图内的点表示样本专利，点之间的距离表示专利内容的相关程度，等高线表示相关专利文献的密度；山峰区域表示特定技术主题中聚集的相应专利群，峰间距离表示专利内容相似程度。主题地图同时支持对专利文档的二次检索，再按照检索结果自动创建文档组，进而分析组群中存在的联系。

TDA 可对文本数据进行数据挖掘和可视化的全景分析，TDA 的主要特点是生成项目(Items)之间的相关性图表，是选取两种不同类型的项目生成交叉相关图，发掘项目之间的内在联系，如揭示出不同公司或者机构之间的技术共性或者技术独特性。由于 TDA 不提供对专利的直接检索，因此，需结合 Aureka 使用。通过导入 Aureka 生成的专利前后向引用信息，选取专利权人与专利分类号建立关联性，可以从生成的相关图中，确定技术领域的发展脉络，以及筛选排序对技术发展起关键作用的专利权人。

PatSnap 专利数据库整合了全球各大专利局专利数据库，涵盖了中国、美国和欧盟等主要国家(或地区)的专利数据和文献，同时搭配不同的专利检索方式，包括智能检索、高级检索(表格字段检索)、语义检索、命令检索、批量检索、法律检索、分类号检索、图像检索(外观专利)，实现快速检索专利；还拥有统计分析、引用分析、同族关系图、技术功效矩阵分析以及技术热点分析等功能，对专利诉讼、专利权利转移、专利许可、专利质押、复审、无效、公司树、标准必要专利、权利要求树、审查文件、海关备案等进行数据的深加工，集成专利法律状态和专利诉讼分析等(图 2.1)。

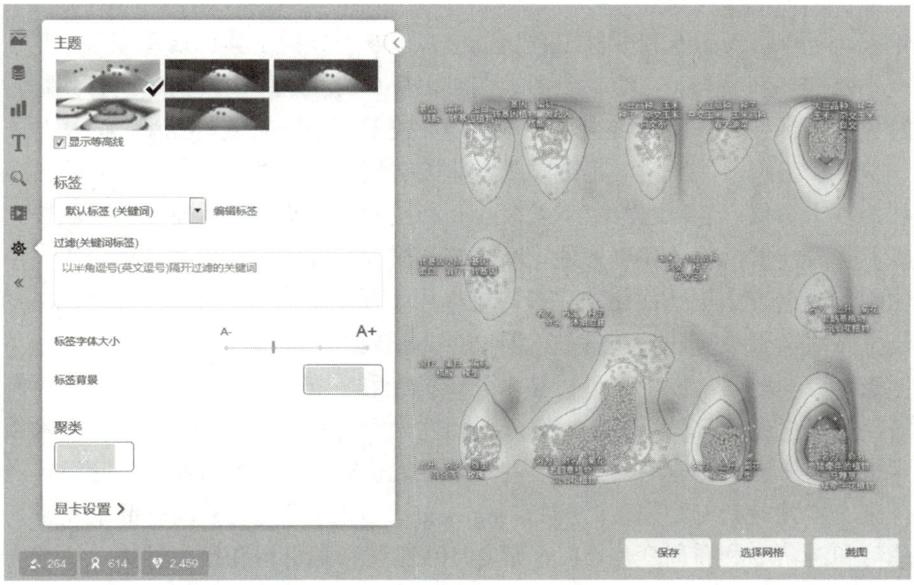


图 2.1　PatSnap 操作页面(见彩图版)

PatSnap 的 3D 专利地图是基于无监督的机器学习，利用文本聚类的方式，结合 IPC 分类号和高频词汇制作地图。专利地图中的每一个点代表一件专利，专利地图中的每一个网格就代表一个专利聚类簇；一个专利聚类簇中聚集越多的专利，在该专利簇的位置，就会形成一座与专利数相对应的山峰，反之则为山谷；在专利地图中两个专利簇相隔越远则代表技术领域差别越大。专利地图中显示的标签词是该聚类中专利普遍具备的特性，从中可以判断出聚类的专利类别。专利地图可展现某一技术领域或竞争对手专利的布局情况，支持快速定位单件专利、诉讼专利所属区域，为企业技术研发方向提供参考。

专利地图可直观呈现技术领域的竞争态势，山峰表示技术密集区，山谷表示技术空白点。通过检索研发人员的研发想法，绘制专利地图，可显示该想法的相关专利在行业内所处的位置，从而能在技术研发过程中，避开存在侵权风险的技术热点。在专利地图中用不同颜色标记不同竞争对手的专利，直观看出与竞争对手的技术优劣势。

### 2.1.3　作用与优势

专利地图具有类似地图的指向功能，通过挖掘专利中蕴含的信息，如法律信息、经济信息、技术信息等，将其以直观的图表形式反映出来。日本是最早运用专利地图分析的国家，1968 年，日本专利办公室出版了第一份关于航空微米测量技术的专利地图；随后专利地图的涉及领域以及对象不断扩展，逐渐转移到工业领域，尤其是那些大型的技术公司。1997 年开始，日本专利局为了促进各产业专利信息的应用，大规模地制作各产业的专利地图；截至 2000 年底，针对日本各重点产业，共制作了五十多种、二百多张专利地图。

此后，专利地图被更广泛的国家和地区关注和使用，并都发挥了重要作用。近年来，跨国公司在我国大量进行专利申请，进行策略性的专利布局，设置了大量的专利丛林，阻碍中国企业发展。对此，有必要充分应用专利地图，开展专利预警分析，帮助中国企业规避专利风险，提供急需的管理支持。

近年来，随着新兴的专利分析工具日益增多，专利分析工具也日臻完善，专利地图的分析功能不断增加和完善。在绘制专利地图时，有必要利用停用词清单进行纠偏，鉴于专利地图的关键词标签是系统聚类自动生成，存在关键词部分重复、出现虚词及非关键词汇等问题，需要手工清理，删除上述错误或者非关键词汇，以真实、准确的显示目标技术领域中专利的技术布局；专利地图能够以核心专利技术为源头，绘制围绕于某项技术的专利族群，揭示群内技术相关性和群聚性，以及专利权人的技术主题分布；近年来，专利地图的可视化制作分析方法不断优化和完善，可以用于反映专利文件中的详细和深层次信息，并结合语义网络及聚类算法，了解技术具有的本质特征。

近年来，专利地图常被用于分析技术领域的专利分布。Lee 等(2015)指出，专利地图是发现潜在技术机会的有效手段，制作以新颖性为中心的专利地图，可发现技术领域中潜在的技术机会；分析专利地图中空缺点的有效性，掌握技术的发展态势，开展针对性的专利布局，进一步预测新专利出现时间(Jeong et al.，2015)；专利地图有助于及时把握技术的发展趋势和洞察专利布局变化，Lee 等(2010)通过专利引用和社会网络分析的方法，生成专利引用地图，借此分析和计算专利在引用网络中所处的位置及其相对的距离，进而识别技术演进的过程及其趋势性问题。基于自组织特征映射(self-organizing feature map，SOFM)的专利地图，能够将技术专利间的复杂关系和技术进步的动态形式可视化，在监测技术变更中具有突出优势(Yoon et al.，2002)。

在技术研发和决策过程中，运用专利地图分析专利之间存在的复杂技术关系，有利于在技术创新时，绕开竞争对手设置的专利陷阱。专利地图是分析专利丛林的重要工具，通过构建专利地图的可视化方法，识别出主要竞争对手及其技术组成和专利策略，进而开展专利布局(Zha and Chen，2010)。Lee 等(2009)通过对专利地图中空缺点的有效性进行分析，掌握技术发展趋势和研发机会，进而开展针对性专利布局；Wen(2019)根据专利相似度矩阵绘制了专利地图，分析技术演进过程和未来趋势，并根据专利地图中的技术空缺点，预测未来的潜在技术机会。Leydesdorff 等(2017)利用合作专利分类(cooperative patent classification，CPC)绘制了专利地图，探究选择两个存在竞争关系的公司，对其专利和专利组合进行了比较分析。

## 2.2　专利地图分析流程

制作专利地图的一般步骤，首先必须确定专利地图分析的主题，以解决研究的对象和目标问题；其次围绕主题采集相关数据，为专利地图的制作提供素材；再次对采集的数据进行整理，并确保专利地图制作的可重复性；然后根据主题的要求，对数据进行各种角度的分析，并绘制专利地图；最后，深入分析每一幅专利地图，并据此提出应对策略(图 2.2)。

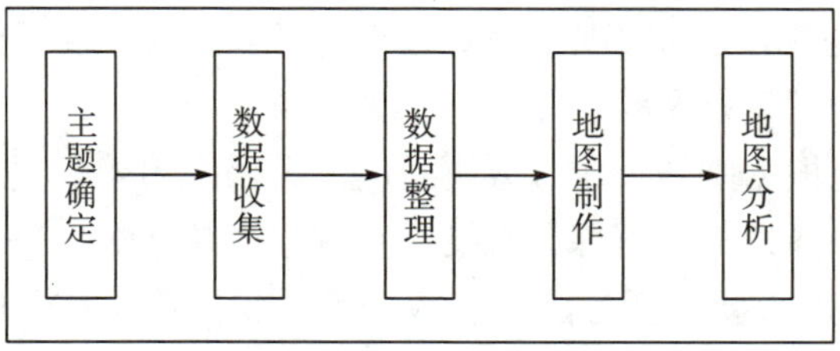


图 2.2　专利地图分析流程

### 2.2.1　主题确定

制作专利地图有一个目的或想要解决什么问题。主题就是指项目的核心，表达项目的中心思想，不仅是项目的灵魂，还是贯穿专利地图的制作主线。数据采集、地图绘制、地图分析都受到主题的约束。专利地图常见的主题可分为产品、技术、申请人(专利权人)、发明人、产业界等(表 2.1)。

**表 2.1　常见主题及描述**

| 主题 | 描述 |
|---|---|
| 产品 | 某种结果(整机或部件) |
| 技术 | 若干产品、方法、设备、原料等 |
| 申请人(专利权人) | 对专利权提出申请的自然人或法人(单位) |
| 发明人 | 对发明创造的实质性特点做出创造性贡献的自然人 |
| 产业界 | 若干申请人、技术等 |

在专利地图分析过程中，充分理解用户需求是必要的，满足需求是固定主题的根本尺度。分析者需要知道分析专利地图应该达到的目的，哪些用户将使用这些地图，如何使用这些地图。分析者应该做到，当用户收到他们的工作成果时能够理解它，并且在将它们应用到实践中时能带来最大的社会经济效益。

因此，分析者需以符合上述要求的方式来制作专利地图和描述他们的成果。在分析过程中，分析者应当扮演一个值得信赖的建议者的角色，并且需要尽可能接近决策过程，这样就可以充分理解用户需求，并将其融入分析工作中。

### 2.2.2　数据收集

在确定了技术主题后，下一步就开始收集相关的专利数据。数据收集是从专利数据库中，将满足主题要求的专利文献检索出来构建初级专题数据库；或按照主题细分要求制定针对性的检索式，将专利数据库中命中的记录数据用于绘制专利地图。专利地图制作得是否优良，很大程度上取决于专利数据的检索是否充分，优秀的专利地图制作必须立足于充分的专利情报搜集工作，查全率、查准率是影响专利地图制作效果的重要因素。

专利分析有可能是针对某一技术领域的宏观分析，也可能是针对一个特定的技术点进行的微观聚焦。微观聚焦针对的是微观水平，其中，即使存在非常小的变化，也会变得极其重要，详尽和精确是必需的。而宏观分析通常需要处理成千上万篇的专利文献，在这样一幅大图像中，受关注的是更为宏观的海量数据信息。为此，应根据研究主题和研究对象的变化，考虑专利的文献量以及绘制精度。

专利数据的来源应根据主题要求、分析目的、数据库内容、更新速度、收费情况以及检索方便等多种因素选择外部数据库。如果经费有限或缺乏相应条件，可以选择免费专利数据库。免费专利数据库主要包括各国专利数据库，如中国专利数据库、美国专利数据库、欧洲专利局数据库、日本专利数据库、世界专利数据库等。免费专利数据库主要缺点包括检索速度较慢、一次可下载记录条数受限制、专利说明书阅读不方便等。

专利数据库多为收费数据库，但提供的专利检索服务比较稳定，而且会提供额外增值服务。目前，专利地图分析工具主要是以 Thomson Innovation 和 Thomson Data Analyzer 为典型代表。此外，还有美国专利分析软件 exCITEr、专利综合分析工具软件 patentguider2.0、新加坡智慧芽信息科技公司的 PatSnap 专利分析平台等。

专利检索的基本原理，是将专利检索关键词与专利数据库文献记录中的标引词进行对比，当关键词与标引词匹配一致时，即为命中。由此可见，能否准确检索出所需的信息，关键在于能否准确选择检索关键词，即所选用的检索关键词必须与数据库中标引文献记录所用的标引词相一致；通常把专利地图涉及的检索关键词主要分成主题词、分类号和代码三类。

主题词是用词语表达各种概念，包括标题词、单元词、叙词和关键词，也可统称为描述词。标题词、单元词、叙词是从自然语言中优选出来并经过规范化处理的名词术语。关键词是直接从文献题名、文摘、权利要求书或说明书正文中抽取出来的未经规范化处理的词，或称自由词。它能及时反映最新出现的词汇，反映规范词难于表达的特定概念或新概念。大容量、高速、高性能的计算机检索系统的自动标引，使得关键词的全文检索，即自由文本检索占的比例越来越高。关键词极其丰富、复杂和多样，存在着一词多义、多词一义及词义交叉的现象。

围绕技术主题，首先，利用手头已有的起始资料，以查准为主要目标掌握密切相关的专利和研究文献，并由此决定检索的关键词及分类号，再依此寻找到其他相关的专利资料。然后，扩大检索范围，寻找相关专利，利用分区组合检索及层次检索方法，找寻有可能相关的关键词，并寻找同义平行或层次附属的相关分类号，扩展分类号的检索范围。修正若干不合适的检索技巧，改进检索策略，重新进行检索，以达到较佳检索结果。

以查全为目标，保证技术专利地图的绘制精度。为便于对专利文献的分析处理，降低词汇问题带来的干扰，还应注意检索词的选择，以免漏检，包括上位词、同义词、近义词、外来词、错误词、半角与全角等。

数据库一般都根据分类标准将文献按内容分类，并赋予相应的分类号，检索者需按数据库分类标准查找到与项目相对应的分类号，即可全面检索项目。这一途径较能体现学科的系统性，反映事物的隶属、平行、派生关系，能较好满足检索的需要，可提高文献的查全率。

目前，国内外广泛使用的分类体系有 WIPO 采用的 IPC（International Patent Classification）分类、美国采用的 USPC（United States Patent Classification）分类、欧盟采用的 ECLA（European Patent Office Classification）分类，日本采用的 FI（File Index）分类号与 F-term（File

Forming Term）分类号、Derwent 公司建立的 Derwent 分类与 Derwent 手工代码等。

关键词与分类号相结合进行多种组配检索，比单纯用关键词或用分类号检索要更加精准。关键词具有直观、专指和使用方便等特点，检索人员往往更喜欢使用关键词进行直接检索，而忽视与分类号结合进行多种组配检索，却忽略了分类语言的系统性和网络性能够弥补关键词的分散性，两者结合会减少误检漏检，特别对于解决一词多义问题有很好的效果。

专利文献种类标识代码通常是以一个大写英文字母，或者一个大写英文字母与一位阿拉伯数字的组合表示，单纯数字不能作为专利文献种类标识代码使用。大写英文字母表示相应专利文献的公布或公告版本，而阿拉伯数字用来区别公布或公告阶段中不同的专利文献种类。各国专利说明书要求印上世界知识产权组织的 ST.16 标准代码（表 2.2）。

**表 2.2　专利文献种类标识代码及含义**

| 类型 | 代码 | 含义 |
|---|---|---|
| 发明专利 | A | 发明专利申请公布 |
| | B | 发明专利授权公告 |
| | C | 发明专利权部分无效宣告的公告 |
| 实用新型专利文献 | U | 实用新型专利授权公告 |
| | Y | 实用新型专利权部分无效宣告的公告 |
| 用于专门系列的专利文献 | P | 植物专利文献 |
| | S | 外观设计专利授权公告或专利权部分无效宣告的公告 |

为完整、准确地标识不同种类的专利文献，一般将国家代码、专利文献号、专利文献种类标识代码联合使用，且排列顺序具有一定的规则，即为国家代码、专利文献号、专利文献种类标识代码，例如华为技术有限公司的发明专利申请的公开号 CN101765168A。

根据制作专利地图的主题要求，组配专利检索词，确定各个检索词之间的合理逻辑关系，构成正确的专利检索式。检索式即检索提问式，指计算机检索中表达检索提问的逻辑表达式，由研究确定的专利检索关键词和布尔逻辑算符、位置算符以及系统规定的其他连接符号组配。编制专利检索式需要达到以下目的：①能准确反映检索提问的主题内容；②能够适应所查专利数据库的索引体系和检索用词规则；③符合检索系统的功能及限制条件的规定。为了满足上述要求，应当了解检索系统的特性与功能；熟悉所检数据库的标引规则及词表结构；掌握必要的检索技术及调节技术（表 2.3）。

**表 2.3　常用逻辑算符、位置算符和截词符**

| 名称 | 符号 | 运算例 | 运算结果 |
|---|---|---|---|
| 逻辑与 | *或 AND | A and B | 同时含有概念 A 和 B 的文献 |
| 逻辑或 | +或 OR | A or B | 含有概念 A 或 B 的文献 |
| 逻辑非 | −或 NOT | A not B | 含有概念 A 但不含 B 的文献 |
| 位置运算 with | W 或（） | IR（）control | 次序固定、之间不能插入任何词 |

续表

| 名称 | 符号 | 运算例 | 运算结果 |
|---|---|---|---|
| 位置运算 nWords | (nW) | IR(2W)control | 次序固定、之间不能插入 2 个词 |
| 位置运算 Near | (n) | quick(n)search | 次序可变、相邻 |
| 位置运算 nNear | (nN) | quick(nN)search | 次序可变、之间最多插入 n 个词 |
| 位置运算 Sentences | (S) | novelty(S)search | 检索词出现在同一句子 |
| 位置运算 Fields | (F) | novelty(F)search | 检索词出现在同一字段 |
| 右截词 | *或? | scien? | 表示 science、scientific 等 |
| 左截词 | *或? | ?computer | 表示 computer、microcomputer 等 |
| 中间截词 | *或? | wom?n | 表示 woman、women |

### 2.2.3　数据整理

如果上述采集的专利数据是错误的或不完整的，那么专利地图分析的结果也必定是错误的；例如同义词不合并，地图分析输出的结果中就会出现重复或错误。由此可见，在专利地图分析中，要取得令人满意的分析结果，就必须要进行正确的数据整理工作。从专利数据源中获取的数据存在着标引不一致、用词习惯不同、大小写或全角半角的不统一；正是由于存在上述问题，所以需要对专利数据进行规范处理。

专利定量分析时需要对关注的统计数据对象进行清理，而不必对所有数据一概清理。比如，在实际分析过程中，通常会对主要分析的专利权人的机构名称进行精确调整。数据归一化处理的目的除了保证同一主题的同一对象都能被精准统计和分析，另一个目的是进行专利分析时，避免出现冗长、晦涩的叫法，增加分析的难度。数据整理中常用的合并方法有以下几种。

第一，关键词合并。在专利数据库中，由于采用概念相同或者相似的同义词或近义词进行检索，因此，采集到的专利之间应包含相同或相似概念的词，词形可以不一样。因此，需将表达类似概念的同义词或近义词归类为一组。

第二，机构名合并。同一机构会存在不同的写法，这都应当进行合并处理，包括同一机构在不同时期，名称发生了变化；不同机构有可能经过合并后，现成为一个新机构；在专利申请或专利公开过程中出现的文字错误；同一机构在不同国家申请的专利在翻译方面的不同。因此，找出申请人或专利权人的不同写法，除了手工方式，还可以借助一些分析软件所提供的功能来实现；TDA 软件提供了一种自动生成的公司树，可将同一机构的不同写法列在一起，并且还可以对机构进行合并处理。

第三，人名合并。人名也需要进行合并处理，主要原因包括，名字中会存在全称与缩写的情况，有多个称呼，多个称呼在不同时间段内的变化，不同国家或语境的翻译问题，正式书写和日常使用时姓名次序颠倒以及输入错误等原因。

### 2.2.4　地图制作

地图的制作是将专利数据可视化的过程，需借助软件实现。对专利地图的制作，本质上是对专利这类特殊文献所具有的经济、技术和法律信息从多种角度进行具体精微的分析与提炼，以期全面、合理、有效地利用这些信息。在实际的操作中，应该围绕某一中心目标加以选择，不宜机械运用。

近年来，随着专利分析平台的发展完善，新兴的专利分析工具为快速绘制专利地图提供了可能性。目前，国内外已经有不少较为成熟的专利采集和分析软件，但各个专利地图绘制工具之间也会存在差异，各有特长。为此，制作者可以综合考虑主题需要、数据来源和清理、信息分析功能和价格等多种因素，选择合适的专利地图分析软件。

通过操作专利分析工具，绘制生成专利地图。在专利地图上，标注山峰、黑点等，每一个黑点代表一个专利文献；山峰则表示围绕某一特定技术主题，而聚集的相应专利群；距离代表不同技术主题间的相关性，两者距离越近，关系越紧密，渗透越深入。

### 2.2.5　地图分析

对于制作的专利地图，最重要的是如何观察，如何解读，如何把握重点。专利地图制作者应该把握好从现象到分析整个过程。专利地图的分析，即通过文字表述构架专利图形、数据与专利信息利用者之间的桥梁，辅助其方便、准确地利用专利地图进行决策与研发，以达到专利地图制作的目的。对于不同类型的专利地图在设计制作的具体步骤上有所不同，在解读过程中的分析研判也有所不同。

对于已制作的专利地图，需开展针对性的分析。专利地图是发现潜在技术机会的有效手段，通过专利地图的绘制，分析专利地图中空缺点的有效性，了解和掌握技术发展趋势和研发机会，针对空白区域开展技术创新，进行专利布局。在专利地图中，若存在专利密集区域，应识别出主要竞争对手及其技术组成和专利策略，进而开展专利布局，避免陷入竞争对手的专利丛林。

## 2.3　动植物新品种技术领域的专利地图

近年来，专利地图的逐步完善与快速应用，为深入研究专利丛林提供了有效的分析工具。为进一步说明专利地图可应用于专利丛林的分析，直观揭示专利之间的复杂关系，本节研究选择了动植物新品种技术领域进行分析。

### 2.3.1　研究对象与数据来源

1. 样本选择

专利制度是保护发明创造、推动技术进步的法律制度，虽然已成为国际通行的制度工具，但专利制度仍具有地域性；地域性不但表现为专利权受到地域限制，只限于专利授予国境内，而且表现为不同国别的专利制度存在着显著差异，这在客观上为相互借鉴、推动专利制度优化完善提供了研究视角。2018 年 5 月，中美经贸磋商发表联合声明，双方高度重视知识产权保护，同意加强合作，中方将持续推进包括《专利法》在内的相关法律法规修订工作。因此，有必要研究在国别专利制度下的专利差异问题。

专利是保护发明创造、推动技术进步的重要工具。近年来，专利制度与专利产出、权利人和创新行为的研究受到学术界关注，并取得了积极的进展；但研究主要是在单个国家专利制度背景下展开的，针对不同国别的研究明显滞后。而专利制度具有地域性，不同国别的专利制度仍存在显著差异，亟待开展针对性比较研究，但传统的国际比较难以应对快速增长的专利数据。因此，有必要运用专利地图和统计分析等研究方法，依托多年积累的专利数据，研究国别专利制度下的专利差异问题。

在经济全球化的背景下，为应对经济、技术及社会的发展需求，各国专利制度不断演进，呈现逐步趋同的特征，但相互间依然存在着差异较大的领域，突出表现在动植物新品种领域。动植物新品种是提高农业产出的关键技术，随着科技进步和经济社会快速发展，在国民经济中的作用日益凸现；但由于动植物新品种具有生命体的特殊性，与专利保护传统上的机器、工具和零部件等非生命体存在区别，如何对动植物新品种进行专利保护，还长期存在意见分歧，对其保护范围和保护手段长期处于调整之中。

美国立国之初就重视知识产权保护，但受阻于动植物品种是自然产物的观点，美国的首部《专利法》并未将其纳入保护范畴。为了鼓励育种者从事新品种开发，1930 年美国通过《植物专利法》(Plant Patent Act，PPA)，对无性繁殖植物给予专利保护；在 1954 年和 1998 年的两次修订中，将培育状态下新发现的幼苗和植物的组成部分纳入专利保护范围。而对动物新品种的保护，滞后于对植物新品种的保护；1980 年的 Chakrabarty 案，细菌被授予专利；此后，形成“太阳底下任何人造的东西”都包括在专利权客体之内的观点(Kauble，2010)。1987 年的 Ex parte Allen 案，培育的多倍体牡蛎最终判决可获得专利[①]。1988 年，美国批准了第一件动物专利，携带致癌基因的转基因小鼠，即“哈佛鼠”专利。

我国于 1985 年开始实施了《中华人民共和国专利法》(以下简称《专利法》)，最初是出于保护农民利益的宗旨，动物和植物品种没有被纳入授予专利权的范围，但动植物品种的生产方法可以被授予专利权。1992 年，《专利法》进行了首次修订，发明专利权的期限延长至 20 年，育种方法的专利权期限也相应延长至 20 年，但是仍然明确规定了动植物品种不授予专利权。2000 年，《专利法》进行了第二次修订，此次修订加大了专利保护力度，同时提出了促进国际专利申请，但未修改不授予动植物品种专利权的规定。第三次修订是在 2008 年，专利授权的标准由“相对新颖性”提高到“绝对新颖性”，还增加了对遗传资源保护的规定，但未修改动植物品种不授予专利权的规定，仍将动植物品种排除在专利保护之外。

中美两国历史、文化和制度等方面存在重大差异，起初都将动植物新品种保护排除在专利制度之外，但为适应技术进步和社会发展的需要，动植物新品种的专利保护不断调整。美国的植物专利法为植物新品种提供专利保护，同时，美国的司法判例加速推动了动植物新品种专利保护的进程。中国《专利法》虽已经过三次修订，但是仅对育种方法授予专利，未修改不授予动物和植物新品种专利权的规定。

在我国，面对保障粮食安全的国家战略和动植物新品种培育的严峻形势，优化和改进动植物新品种的专利保护已成当务之急；同时，有必要反思现行专利制度存在的明显不足，通过制度创新，推进专利制度的不断完善和关键技术领域的自主创新。中美两国同为农业大国和专利大国，专利制度均历经曲折发展，为开展研究提供了比较分析的样本；针对中美两国

---

① Ex parte Allen 案的起因是 Allen 为其新培育的多倍体牡蛎申请发明专利，美国专利商标局以该发明为活体生物不符合专利客体拒绝授予专利权。Allen 由此上诉至美国专利审判和上诉委员会，他认为，发明人培育的多倍体牡蛎为非自然产物，属专利客体的范围，裁定该牡蛎可获得发明专利。

动植物专利制度存在的差异，在此基础上，运用量化分析方法，比较研究中美两国在该领域的技术创新特征，探究在中美两国的动植物专利制度背景下，该技术领域创新绩效和创新主体的差异特征，从而为优化和完善这一关键技术领域的专利制度提供急需的管理支持。

2. 数据来源与研究方法

为比较中美两国的技术创新特征，运用量化研究方法，揭示中美两国在该领域的创新绩效和创新主体的差异特征。专利作为技术信息载体，涵盖了全球90%～95%的技术信息，是世界上内容最丰富的公开信息资源(Jin et al.，2011)；为此，研究针对专利数据，开展专利计量研究。

为了研究中美两国动植物专利制度下的专利产出和权利人差异，需要检索分析中美两国的动植物新品种及育种方法的专利(简称动植物专利)，本节选用PatSnap专利分析平台作为数据来源。PatSnap专利分析平台涵盖了中国、美国和欧盟等主要国家(或地区)的专利数据和相关文献，具备统计分析和专利地图分析等功能。依托PatSnap专利分析平台，选取中美两国的发明授权专利数据库，对中美两国的动植物专利进行检索。

国际专利分类是一种国际通用的专利分类系统，能够反映专利所属的技术领域；因此，运用“动物”“植物”“新品种”等关键词，对IPC进行检索，得到动植物专利涉及的分类号，包括A01H、A01K67/027和A01K67/033。在此基础上，本节选择1980年为时间序列数据的起始点，考虑到专利统计数据的更新存在时滞，研究选择了2017年为样本时间序列的截止点，从而检索得到中美两国动植物专利的时间序列数据(表2.4)。

表2.4　中美两国动植物专利涉及的分类号

| IPC | 内容 |
|---|---|
| A01H | 新植物或获得新植物的方法；通过组织培养技术的植物再生 |
| A01K67/027 | 脊椎动物的新品种 |
| A01K67/033 | 无脊椎动物的饲养或养殖；无脊椎动物的新品种 |

专利作为技术信息载体，是内容丰富的公开技术信息资源；研究采用数学和统计学等方法，对专利数据进行计量研究，探究专利数据的特征与规律。因此，在中美两国动植物专利制度下，运用专利计量方法，对中美两国动植物专利产出的数量进行分析，探究中美两国动植物专利数量差异。虽然时间序列数据的分析能揭示动植物专利数量的演进过程，但难以直观展现技术专利布局，有必要在此基础上进一步深入挖掘。

专利地图可将蕴涵在专利中的大量信息以直观、形象的图表反映出来，具有类似地图的指向功能。专利地图是近年来快速兴起的有效分析工具，是一种分析高维聚集海量的专利数据，直观、形象地揭示专利间的复杂关系，显示技术全景及技术分布格局的专利分析和可视化工具。为进一步揭示中美两国专利产出的技术布局差异，研究选择专利地图工具。

3. 数据处理

专利数量指标是衡量专利产出的基础数据，能反映该领域的创新绩效。为分析动植物专利产出的数量特征，本节依托中美两国专利数据库，检索获取专利授权的基础数据；并设置上述 IPC 分类号，检索并获取中美两国动植物专利的时间序列数据。

数据分析表明，1980～2017 年，美国动植物专利授权量虽有波动，但长期来看呈现持续快速增长趋势，由 1980 年的 131 件增长到 2017 年的 2748 件。与美国相比，中国的动植物新品种专利保护起步较晚，且长期以来没有受到高度重视；由于中国 1985 年开始实施专利制度，1988 年动植物专利开始在中国出现，1988～2003 年中国动植物专利授权处于缓慢发展阶段，2004 年首次突破 200 件，自 2011 年动植物专利授权开始呈现快速增长的态势。然而，中国的动植物专利与美国相比仍存在明显差距，2017 年中国动植物专利授权量为 1467 件，仅是美国 2017 年动植物专利授权量的 53.4%(图 2.3)。

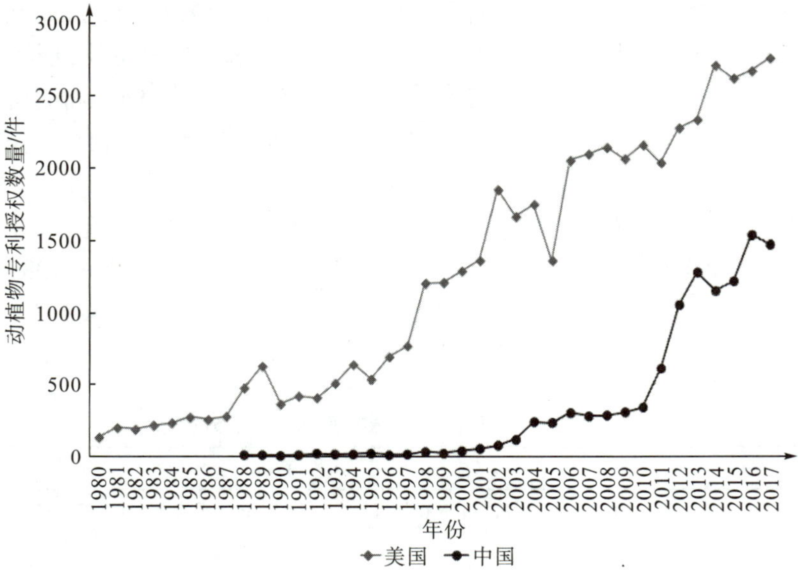


图 2.3　中美两国动植物专利授权数量

在国家经济和专利制度快速发展背景下，美国发明专利授权量也保持增长，由 1980 年的 6.18 万件增长到 2017 年的 30.7 万件。中国实施专利制度晚于美国，随后处于缓慢发展的阶段；近年来，中国积极实施创新驱动战略，鼓励支持技术创新，重视知识产权保护；2009 年中国的发明专利授权量首次突破 10 万件，2017 年达到 42.0 万件，是美国发明专利授权量的 1.37 倍。

分析中美两国动植物专利产出的比例特征，研究动植物专利占发明专利比例的变化趋势，反映动植物专利占中美两国专利体系的比例与重要性，从而揭示中美两国专利产出的比例差异。图 2.4 选取 1980 年为样本起始点，统计分析美国动植物专利占发明专利比例的特征；我国于 1985 年开始实施专利制度，1988 年第一件动植物专利在中国获得授权，因此中国专利的时间序列数据起始点为 1988 年。

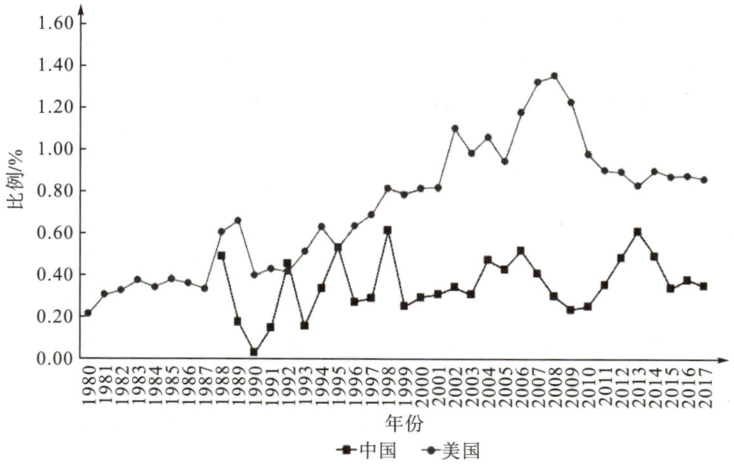


图 2.4　中美两国动植物专利占发明专利比例

数据表明，美国的动植物专利占发明专利比例呈现增长态势，由 1980 年的 0.21%增长至 2017 年的 0.86%，与其逐步完善动植物专利保护的进程同步；而中国的这一比例却明显偏低，1998 年达到峰值仅为 0.61%，而且近年来还呈现下降趋势，2017 年中国的动植物专利所占比例已降至 0.35%。由此可见，虽然中国发明专利授权总量已经超过美国，但在动植物新品种这一关键的技术领域，不仅动植物专利授权量少于美国，而且所占比例也大幅低于美国，近年来更呈现下降趋势。

### 2.3.2　美国专利地图的绘制

研究运用专利计量方法，分析该领域时间序列，探究动植物专利创新绩效的发展态势；但是仅通过分析时间序列数据，还不能反映各技术主题的分布情况，有必要在此基础上进一步深入挖掘，专利地图分析工具应运而生。专利地图以等高线作为绘制基准，其中，点表示专利，点之间的距离表示专利内容的相关程度，等高线表示专利密度，山峰区域表示聚集于某一特定技术主题的专利群。本节利用 PatSnap 专利地图功能，生成中美两国动植物专利的专利地图，从而直观呈现动植物专利各技术主题的分布情况。

由于美国在 1998 年对植物品种的立法进行重大调整，本节选取 1998 年和 2017 年两个时间节点；将检索得到的专利数据导入 PatSnap 专利地图模块中，得到不同时间节点中美两国动植物专利的专利地图；鉴于专利地图的关键词标签是系统聚类自动生成，存在关键词部分重复、出现虚词和非关键词汇等问题，需要手工清理，删除上述错误或者非关键词汇，以真实、准确显示中美动植物专利的技术布局。

图 2.5 分析表明，在 1998 年，美国的动植物专利数量已经较多，并且已经形成多个山峰，在多个技术领域中，专利已密集分布，主要分布在大豆品种、杂交玉米植物和种子等粮食作物技术领域，以及菊花、桃树、杜鹃花、老鹳草、凤仙花等果树花卉的技术领域；此外，在基因方面已有相应的专利布局，包括基因编码、转基因技术等相关技术领域也开始布局，由于动物品种已纳入专利保护范围，转基因小鼠成为热点。

相较于 1998 年，2017 年美国的动植物专利不仅表现为数量的明显增加，专利分布密度也不断提高，而且技术布局也持续拓展，尤其是蔬菜、果树和花卉等技术领域，包括大豆品种、杂交玉米、棉花品种、烟草品种等粮食作物类领域，以及玫瑰、铁线莲属、花烛属、马鞭草、天竺葵属、石竹属、苹果树、桃树、油桃树、蓝莓等果树花卉领域。其中，需要高度关注的是，在转基因、基因调节、基因编码、基因治疗、基因调制等代表技术发展方向的领域中，已出现密集的专利分布(图 2.6)。

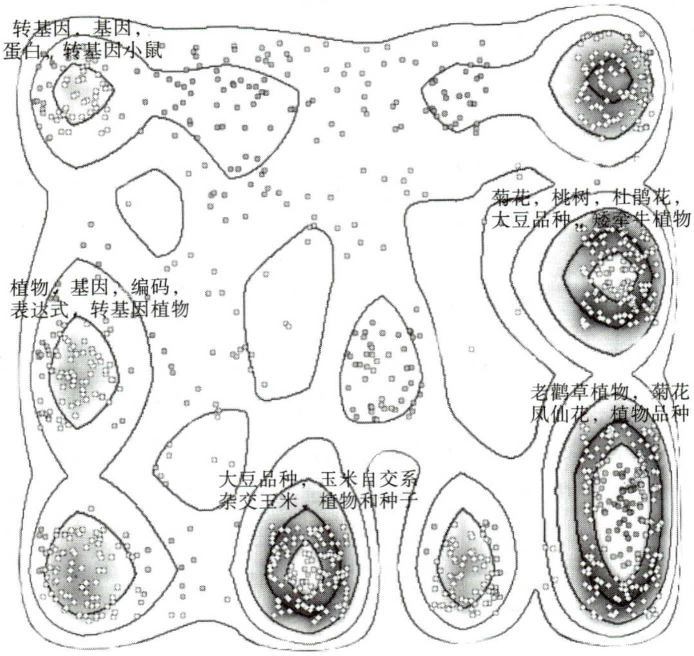


图 2.5　美国动植物发明专利(1998 年)

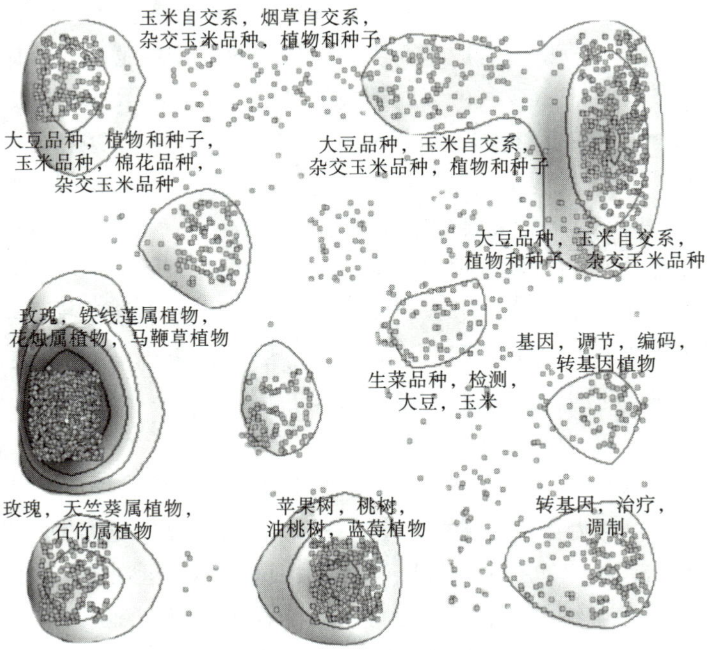


图 2.6　美国动植物发明专利(2017 年)

### 2.3.3　中国专利地图的绘制

为了开展中美两国专利布局的比较研究，本节依托 PatSnap 专利分析平台，选择已确定的 IPC 和相应的时间节点，检索得到中国的动植物专利数据；选取 1998 年和 2017 年两个时间节点，将检索得到的专利数据导入 PatSnap 专利地图模块中，得到不同时间节点中国动植物专利的专利地图；经过手工清理，删除上述错误或非关键词汇，以真实、准确显示中国动植物专利的技术布局，从而对中美两国动植物专利制度的实施效果进行分析。

在 1998 年，中国的动植物专利数量还很少，虽然早在 1988 年第一件动植物专利就获得授权，但经过十年发展，动植物专利数量和分布仍然稀疏；其中唯一的专利密集区，即等高线密集区是玉米、小麦以及水稻的杂交育种等相关的技术领域(图 2.7)。

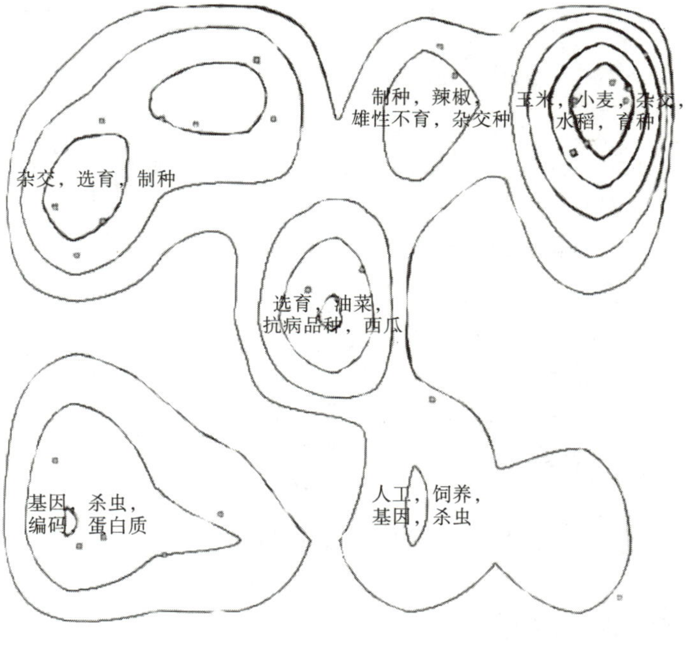


图 2.7　中国动植物发明专利(1998 年)

《中华人民共和国专利法》对动植物品种的育种方法给予专利保护，这对杂交水稻、杂交玉米等种子制作过程复杂的禾本科作物起到了保护作用。因此，以杂交水稻为例，三系法和两系法的育种方法专利的技术原理明确、工艺流程复杂，而且维权举证和侵权认定较容易，专利保护有效激励了该领域的自主创新，取得了显著的社会经济效果。

两系法杂交稻育种方法是我国独创的，以光温敏核不育性的利用为主要内容的高新技术。与三系法杂交水稻相比，两系法杂交水稻具有显著的优势：一是不育系与恢复系的配组自由，选育优良组合的概率增大；二是不育系的一系两用，在长日高温条件下(夏季)可用于制种，在短日低温条件下(春、秋)可用于自身的繁殖；三是由于光温敏不育性核基因遗传与细胞质无关，克服三系法不育系中细胞质的负效应；四是能紧跟常规稻的选育步伐，开辟籼粳亚种间杂种优势新领域，使水稻产量在现有杂交水稻基础上实现更高产目标。

图 2.8 显示，2017 年中国动植物发明专利的数量明显增加，水稻和玉米仍然是我国的优势技术领域，还在基因表达、组织培养和转基因等领域密集出现专利，该技术领域已成为近年来技术发展热点；但技术布局与美国比还有明显差距，不但表现为分布密度低，而且在蔬菜、果树和花卉等品种相关技术领域存在空白，这一结果也从专利角度验证了中国农科院课题组的研究结论，即农业生产的优良品种仍要依赖进口，长期的对外依赖导致在技术上受制于人(薛亮等，2013)。

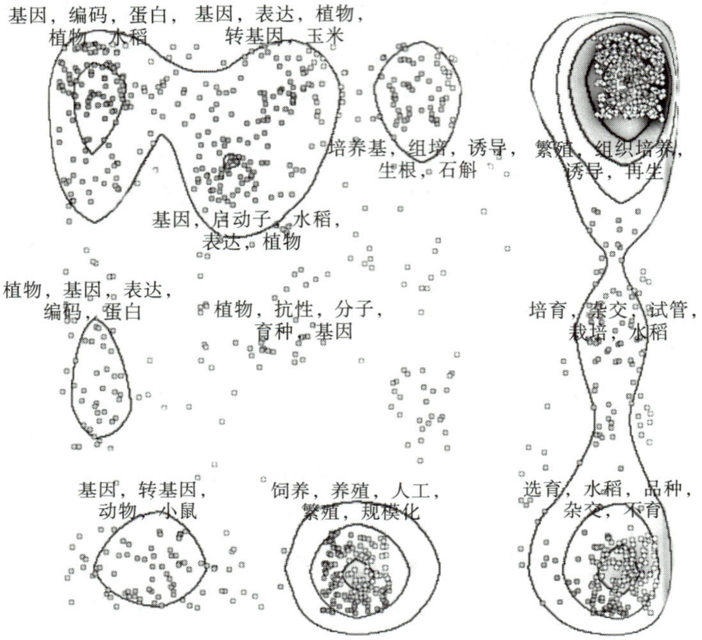


图 2.8　中国动植物发明专利(2017 年)

## 2.3.4　专利地图的解读

《中华人民共和国专利法》仅对育种方法授予专利，对新品种选育过程复杂、但制种过程简单的品种，如果树、畜禽品种均难以形成有效保护。以大连市农业科学研究院为例，该院是我国主要樱桃品种培育机构，目前已经成功选育红灯、巨红、明珠等主栽品种；樱桃新品种选育的时间周期长，从品种筛选到鉴定需要历经十余年，但是新品种选育成功后，囿于《中华人民共和国专利法》的限制，品种无法申请专利，难以通过申请育种方法专利实现保护，他人仅靠嫁接方式即可大量复制。品种选育只能靠政府财政资金投入，难以形成新品种培育与产业化的良性互动，科研人员收入与新品种创造的经济效益形成强烈反差，严重挫伤育种者的积极性，专业人才流失严重[①]。

由于动植物新品种的培育具有周期长和风险大的特点，企业受专利制度影响也尤为明

① 以上资料来自作者在大连市农业科学研究院进行的实地调研，大连市农业科学研究院作为大连市属农业科研机构，主要从事果树、蔬菜及食用菌的新品种选育和引进，以及栽培技术开发与推广，在温带水果，尤其是樱桃、黄桃等的新品种选育领域处于国内领先水平。

显。专利制度赋予了权利人一定时期的市场独占权，这对于生物技术企业获取市场盈利和投资回报至关重要(Pardey et al.，2013)。《中华人民共和国专利法》仅对动植物的育种方法授予专利，未将动物和植物品种本身纳入专利保护范围，难以有效保护和激励育种者的创新投入；育种者难以获得抵消其投入和风险的商业回报，新品种培育只能长期依靠财政资金投入；统计分析表明，该领域的专利主要由高校和院所等机构持有，中国企业的专利积累还十分薄弱，尚未成为创新主体，这显然不利于发挥市场在资源配置中的决定性作用。

不同的专利保护程度导致专利产出存在差异，不但表现为专利授权的数量存在明显差异，而且影响到了专利的技术布局。由于我国仅对育种方法授予专利，而品种排除在专利保护外，导致这一重要技术领域，中国专利授权的数量大幅滞后于美国，占全部发明专利的比例近年来呈现下降趋势。美国通过持续修法，对动植物新品种的专利保护由弱到强，专利地图分析表明，其专利的技术布局持续扩展且涵盖面广；我国专利的技术布局也在扩展，但存在大量技术空白，尤其是果树、蔬菜和花卉等仅以育种方法难以保护的技术领域。

《中华人民共和国专利法》仅对育种方法授予专利权，将动物和植物品种本身排除在专利保护范畴外，不仅难以激励中国企业的积极性和创新投入，而且难以遏制跨国公司的专利布局和市场渗透，导致跨国公司在我国大量申请专利，积极布置专利丛林，难以有效保护中国农业的长远利益。因此，应以激励创新，尤其是中国企业的自主创新为目的，针对《中华人民共和国专利法》存在的突出问题，推进动植物技术的专利保护，将动植物新品种纳入授予专利权的保护范围，逐步实现专利保护对这一重要技术领域的全覆盖；与此同时，重点关注该技术领域中，国外专利权人的专利申请和专利布局，谨防专利丛林对后续技术研发的羁绊。

考虑到专利丛林涉及海量的专利数据，而传统的统计分析方法对此已力不从心，为此，我们引入专利地图分析工具，如早期的 Aureka、TDA 等，以及随后陆续引进的 Thomson Innovation、PatSnap、IncoPat 等专利分析平台。专利地图具有类似地图的指向功能，通过挖掘专利中蕴含的大量信息，以直观的地图形式表示出来；利用上述专利分析平台绘制专利地图，对技术领域的专利丛林开展分析。通过分析专利地图中空缺点，掌握技术发展趋势和研发机会，开展针对性的专利布局；同时，可分析专利地图中的目标专利权人，积极开展专利预警工作，防范潜在的专利陷阱和专利诉讼。

# 第三章 早期的专利丛林

## 3.1 专利丛林的概念、兴起及影响

在全球范围专利数量快速增长的背景下，由大量专利形成的专利群成为专利领域的新现象，由于类似生长茂盛的灌木丛，被形象地称为专利丛林。专利丛林中专利密集分布并且紧密关联，专利权人的技术创新极易受到专利丛林的羁绊，专利丛林对技术创新的负面影响也日益凸显；面对海量的专利数据，如何测度专利丛林和分析演进过程是亟待研究的问题。

### 3.1.1 专利丛林的概念

随着专利从保护手段逐步演变为竞争工具，全球范围内的专利数量呈现爆发式增长态势，新产品的相关技术都嵌入在复杂技术网络中。这一背景下，技术研发往往涉及众多相关技术，极易陷入众多技术专利的包围；同时，专利间的技术联系日益复杂，专利密集分布且紧密关联，导致了专利丛林的产生。企业的技术研发如果陷入专利丛林的羁绊，不但意味着将付出高昂的专利许可费，与多个专利权人的谈判也将延误研发进程；美国学者Shapiro(2000)最早提出了“专利丛林”的概念，其认为专利丛林是由相互交织重叠的专利权，形成稠密的专利网络。然后，其他学者在此基础上，对专利丛林进行不同角度的深入分析，也提炼形成关于专利丛林的相关概念。

Egan 和 Teece(2015)将专利丛林界定为一系列相关专利，为加强专利权的保护，并防止模仿行为，专利权人可以围绕着原始专利，申请一系列周边专利；由此形成一系列密切相关的专利组合，产生了复杂的专利丛林。例如，在耐克公司起诉彪马公司运动鞋专利侵权案中，耐克公司宣称对 Flyknit 鞋面编织技术持有三百多件专利。专利权人在特定技术领域有众多专利，就可能具有市场优势地位。

Borgstedt 等(2017)从互补性专利的角度，定义了专利丛林的概念，认为专利丛林是指覆盖特定产品的互补性专利，被不同的权利人所有。为生产制造该专利产品，企业需要获得众多专利权人的许可；涉及的专利数量越多，专利权人越分散，达成专利许可的成本就越高；由于价值取向和利益偏好差异，众多专利权人可能相互阻碍，专利无法有效利用，导致专利闲置。Schmalensee(2009)从低质量专利的角度，界定了专利丛林的概念；为获得大量专利，专利权人倾向于持续性申请低质量的专利；在专利申请博弈过程中，专利权人利用专利信息的不对称而采取了一些不适当的专利申请行为。例如，提交一些不符合创造性或新颖性要求的专利申请，这不仅增加专利局的专利审查成本，而且阻碍了技术创新，使得专利申请博弈隐含着道德风险；利用专利制度的缺陷，申请大量问题专利或者获得低质量专利，将滋生专利丛林。

### 3.1.2 专利丛林的兴起

近年来，标准与专利日益融合，在标准的创立过程中，专利权人积极进行相关专利申请，拥有专利较多的企业之间，可以通过交叉许可或者建立专利池等方法，互相使用彼此的专利，而专利数量少的企业，不具有谈判的资本，只能支付高额的专利许可费。为增加专利谈判筹码，企业开始倾向于大量申请专利，甚至包括一些不必要的外围专利。专利池的发起人还存在着策略性专利申请行为，在由必要专利构成的专利池中，掺入大量非必要专利，这也导致专利数量快速增多，引发专利体系的快速膨胀，进而促使专利丛林兴起。

近年来，全球主要经济体的专利体系快速膨胀，专利数量激增，导致专利丛林快速兴起；该源头可追溯到20世纪80年代，美国“亲专利”政策实施，降低了对新颖性审查的要求，申请人有可能通过细微的语言改动，申请一系列原理相同的专利；由于美国专利制度存在漏洞，专利申请人可以通过不断修改权利要求，申请保护范围更为宽泛和权利要求相互重叠的专利；美国“亲专利”政策的颁布与实施，产生了一系列的负面影响，加剧了对专利所有权的争夺。在复杂产品的相关产业中，一件产品往往涉及众多的专利，任何一家企业不可能拥有涉及的所有技术专利；在积极进行专利申请的过程中，企业不仅要付出过多的专利申请和维持费用，还要刻意避免侵犯对方的专利权，导致创新成本的上升。

专利丛林与技术复杂性(技术复杂性通常是指由于不能被单个专家所完全、彻底地理解，以跨越时间和空间，将细节传达给其他专家的工艺或产品)之间存在着紧密的联系，新产品的技术通常嵌入在日益复杂的技术网络中，企业技术研发往往涉及众多技术专利，在此基础上，专利权人可利用构筑的专利丛林，实现阻碍和限制竞争对手的技术研发；复杂技术一般是多个知识片段的有机聚合，技术内容无法被某一项专利所完全地覆盖；因此，在技术构成日益复杂化的背景下，专利碎片化日益凸显，一件产品往往涉及众多专利，研发需要多个专利权人的许可，缺少关键专利的许可，将会阻碍产品的研发。

在技术构成日益复杂的背景下，复杂技术成为专利丛林产生的原因。技术构成复杂化不仅表现为专利数量快速增加，还表现为专利之间的复杂技术联系。由于技术进步是累积创新过程，后续专利不可避免地建立在前人的研究成果基础上；在这一背景下，对后续专利进行开发和使用，就必须得到之前基础专利的相关许可，与此同时，后续专利也可能阻碍基础专利的单独使用，使得许多专利往往存在互相牵制；众多相互牵制的专利形成专利网，构成了其他企业利用专利进行累积创新的障碍。专利权人大量申请和布置相关专利，专利密集覆盖在众多的技术领域，相互交织重叠形成专利丛林。

随着专利的经济价值和技术价值被深度挖掘，专利的作用发生了变化，专利正逐渐从传统的保护手段演变为新兴的竞争工具，导致专利权人大量申请专利，使得全球范围专利数量呈现爆发式增长的态势，这为专利丛林的兴起提供了土壤。这一背景下，企业技术研发往往涉及众多的相关技术，极易陷入众多技术专利的包围；与此同时，专利之间的技术联系日益复杂化，大量专利密集分布且紧密关联，从而导致专利丛林的产生；专利申请量和技术复杂性持续增加，已成为专利丛林产生的重要诱因。

随着专利的经济价值和技术价值的深度挖掘，专利竞赛近年来呈现快速蔓延态势。专利竞赛由研发竞争演变而来，企业围绕专利权归属，进行专利竞赛，本质是具有不确定性和博弈性的研发竞争过程。专利竞赛可激励企业加大创新投入，通过淘汰创新效率低的企业实现市场出清；企业在专利竞赛过程中，可以策略性地公布创新成果，意图打乱竞争者的应对策略；专利竞赛通常是发生在专利密集型的领域，企业倾向于在原技术方案内容的基础上，继续策略性地申请相关专利，力图在专利竞赛中占据优势。

专利竞赛引发了全球范围的专利申请热潮，由此推动了低质量专利的快速涌现，这也使得专利丛林现象随之加剧。专利竞赛不仅会消耗企业精力，而且激发了企业对低质量专利的需求，从而导致技术领域中专利泡沫的大量涌现。专利竞赛中产生大量无用专利，这些专利既不能为企业带来研发费用的补偿，也不能带来可观的利润。专利竞赛导致专利数量增长，使得技术领域中，专利高度密集分布，极易引发专利侵权。近年来，科研人员及相关单位已认识到专利商业价值，由此热衷于进行专利申请，引发的专利竞赛导致专利密集分布。

随着全球专利数量的快速攀升，大量低质量专利同时快速增加，导致专利丛林现象加剧；在技术构成复杂的行业中，企业为增强市场竞争力，降低技术交易成本，申请专利构筑壁垒，导致专利丛林进一步蔓延。低质量专利会诱发更多专利申请，边界模糊的专利相互交织缠绕，不仅阻碍技术创新，而且限制潜在竞争者的进入。低质量专利的激增，加剧了专利丛林涌现，也带来了负面影响，给技术创新和专利管理带来很大困扰。技术领域中的专利数量持续增多，尤其是低质量专利数量的快速增加，是催生专利丛林的主要诱因。

专利国际化是为调和专利地域性与经济全球化的矛盾，精简跨国专利申请流程，实现创造发明在多个国家获得专利保护。专利国际化虽然降低了国际专利申请难度，但也使得全球范围内的同族专利数量快速膨胀；专利权人在申请一件专利后，为谋求利益最大化，以该专利作为基本专利，继续进行大量的专利申请。随着专利演变为竞争工具，专利权人在全球申请同族专利，由此衍生的外围专利大量涌现。随着专利国际化深入发展，申请人会策略性围绕同一优先权，大量申请同族专利，建立专利组合，目的是通过交叉许可获得高额收益。

专利可划分为基本专利和同族专利。同族专利是申请人对同一发明创造，在首次提出专利申请成为基本专利后，围绕基本专利继续进行专利申请，由此形成的一组专利。同族专利既可在同一国家(或地区)，修改后进行申请，也可向其他国家(或地区)，利用专利地域性进行申请；对于在同一国家(或地区)，在基本专利仍处于审查过程中，允许申请人就专利申请书中的内容，包括著录项、权利要求书、说明书、附图等内容，可以进行多次修改和补充原专利申请内容，再进行专利申请，这导致同族专利的快速增长，专利数量激增，引发专利丛林的形成。

此外，技术创新特点也会导致专利丛林现象的产生。由于近年来产品更新的周期不断加快，技术迭代速度也加快，使得企业频繁针对新产品和新技术进行专利申请，从而诱发了专利丛林现象的涌现。由于市场需求具有高度不确定性，迭代创新和微创新开始被广泛应用于产品研发。消费者的需求具有连续性，推动了企业连续性地进行迭代创新和微创新，这也是导致专利数量在全球范围内呈现爆发式增长的诱因，进而导致专利丛林的快速兴起。

### 3.1.3 专利丛林的影响

近年来，专利丛林正逐渐从半导体芯片、网络通信、生物医药等复杂技术领域，向运输设备、发动机、电力机械等离散型技术领域蔓延。随着专利丛林的涌现及持续蔓延扩展，专利丛林已经在具有累积创新特征的行业中普遍存在，对技术创新产生日益严重的负面影响；必须予以高度重视，并且要从战略高度重新配置专利审查、专利司法等领域的制度资源。专利丛林对创新的负面影响，是因为互补性问题而增加交易成本。大量互补性专利被不同专利权人分别所有，企业必须与诸多专利权人分别达成专利许可协议，在专利许可谈判过程中，权利人可能利用专利权优势，增加专利许可费，阻碍技术创新。

专利敲竹杠（patent hold-up）是指在专利权人发现侵权行为之后，向专利侵权人主张高额的专利许可费。Lemley 和 Shapiro（2006）的研究指出，专利丛林有可能进一步提高专利权人敲竹杠的风险，随着技术领域中专利数量的急剧增加，企业发现和识别专利的难度也随之增加。当企业被发现存在专利侵权行为后，专利权人可能利用其优势地位进行专利敲竹杠，索取高昂的专利许可费。

专利反向劫持（patent hold-out）是指专利权人没有发现专利侵权行为，无法获得专利许可费或者专利侵权赔偿，利用专利丛林现象，企业进行投机行为，在没有支付专利许可费的情况下实施他人专利，专利权人无法获得创新收益。此外，专利反向劫持还可指面临专利丛林现象，部分权利人拒绝专利许可，导致创新产品无法投放到市场。Egan 和 Teece（2015）的研究显示，这是因为部分权利人认为共同许可不能为其带来满意的收益而拒绝达成许可协议，从而阻碍专利商业化进程。

专利许可费叠加（patent royalty stacking）是指当一项创新产品会涉及多件专利，企业需要承担多项专利许可费，从而形成叠加效应。Sidak 的研究表明，在专利不侵权的情况下，企业必须与所有专利的权利人达成许可协议，才能将创新产品投放市场。由于诸多必要专利权分散在不同专利权人手中，所以每一项专利许可费叠加在一起，将形成高额的专利许可费，从而阻碍创新。

专利丛林的快速涌现和持续蔓延，将推动专利陷阱的兴起。在专利权利要求重叠的情况下，生产企业即使获得部分专利许可之后，仍然存在着专利侵权的风险。实证研究表明，相互引用的专利之间不仅联系密切，而且权利重叠；存在相互引用关系的专利权人，更易陷入专利诉讼，受到专利陷阱的羁绊。专利丛林不仅会增加专利许可交易，而且导致专利诉讼增多，从而推动专利陷阱的兴起。

随着专利丛林的快速蔓延，专利丛林对技术研发的负面影响也日益凸显。专利丛林带来了专利互补性问题和敲竹杠问题，致使参与专利许可的谈判人数增多，增加了专利交易的成本，最终将导致技术市场的失灵和低效率；专利丛林提高了避免侵权的预防成本，成为新入企业产品开发的隐性障碍；在研发新技术或推出新产品时，企业必须首先获得诸多“互补性专利”和“牵制性专利”的授权；由于已有专利应用于现有产品与服务，新入企业很难绕开专利丛林；专利丛林中的问题专利不仅阻碍了企业的技术创新，而且限制了潜在竞争者的进入。

全球移动通信系统（global system for mobile communications，GSM）标准是第二代移动通信网络技术标准，是由欧洲电信标准协会（European Telecommunication Standard Institute，ETSI）创立，从开始筹备到最终的全球实施，经历了标准演进的完整过程，积累了大量的统计数据和档案资料，这为本节研究的开展提供了丰富的资料来源。根据 ETSI 于 2005 年

11月发布的*Intellectual Property Rights (IPRs); Essential, or Potentially Essential, IPRs Notified to ETSI in Respect of ETSI Standards*，收集到GSM标准涉及的3844件专利。鉴于GSM标准主要由欧美企业推动创立，考虑到专利信息完整程度及分析语言的限制，本节选取了世界知识产权局、欧洲专利局和美国商标专利局的授权专利为样本，共得到882件专利。由于专利具有地域性，企业往往将同一项技术在不同的国家申请专利，从而产生了专利族(patent family)，即至少有一个优先权相同的、在不同国家或国际专利组织多次申请、多次公布或批准的内容相同或基本相同的一组专利文献。同族专利只涉及一项发明技术，利用Aureka对样本进行去重，每个专利族仅保留一件专利，共得到372件专利。

本节继续使用上述GSM标准涉及相关专利进行分析，将样本数据导入Aureka，以样本专利的标题(Title)和摘要(Abstract)为文本聚类对象，生成GSM标准涉及的必要专利的主题地图；在此基础上，再以主要专利权人的公司名称为检索条件进行二次检索，将检索的结果按照不同颜色分组显示，以识别主要专利权人的技术主题和技术相似性。

数据分析显示，语音编码(speech coding)、无线传输系统(radio transmission system)和帧同步传输(synchronous transmission)是专利申请密集区，Motorola、Nokia和Alcatel等公司竞相在这三个领域申请专利。各公司专利分布也各有侧重，如Nokia专利分布于分组交换数据传输方法、Micro SD卡插槽、无线传输协议领域；Motorola在位置寄存器(location register)、手机用户等领域较密集；Qualcomm专利重点集中于全球定位系统(Global Positioning System，GPS)技术领域。

在1999年以前，我国企业处于以配件组装为主的起步阶段，诺基亚、摩托罗拉、爱立信等跨国公司控制着国内手机市场，它们的产品技术先进、性能稳定，在移动通信市场上具有强大的竞争力。这一阶段国内手机企业尚缺乏产品开发的能力，主要是从国外跨国公司引进技术，以SKD或CKD方式生产国外品牌手机。例如，在1990年底，当时的邮电部杭州通信设备厂(东方通信的前身)从摩托罗拉引进技术，以SKD方式为摩托罗拉代工手机；后来，在1993年初，双方续签合同，以CKD方式为摩托罗拉代工手机。

集成外部技术的发展阶段始于1999年，其主要标志是消费电子和个人计算机领域的TCL、夏新、波导、康佳和联想等企业相继进入手机行业。而随着这些具有相当规模和实力的企业的转入，手机市场的竞争格局开始发生重大变化，本土品牌手机的国内市场占有率从1999年的5.3%快速增长到2002年的40.0%。

与国外跨国公司相比，国内手机企业的最大优势是对本土市场的洞察力，针对中国消费者对手机时尚和新颖的追求进行市场细分，并开发出有竞争力的产品。例如，2001年，夏新针对国外品牌手机外观呆板和铃声单调的弱点，在手机铃声和外观上寻求产品创新，选用Yamaha公司的手机合成音乐芯片，丰富了手机铃声的音域，采用内外双屏幕支持七彩来电提示和七彩背景光，调整震动器的位置，使手机在来电时随着铃声以震动点为中心旋转，改变了震动功能只是用来提示的功能，推出了A8手机，成功进入高端手机市场。

合作创新的攻坚阶段以2002年10月TD-SCDMA产业联盟的出现为标志，3G标准的提出和应用，使得原有的移动通信产业价值链和竞争格局出现了重大变化，这也为中国的手机企业实现技术跨越带来了机遇。TD-SCDMA产业联盟已经形成包括大唐、华为、中兴、普天等系统设备厂商，展讯通信、天碁科技、凯明信息、重邮信科等芯片和软件厂商，波导、夏新、联想、海信等手机厂商在内的完整产业链。此后，随着中国企业技术创新能力快速提升，以及在国际市场上的迅速崛起，在 4G 和 5G 标准的创立和推广过程中，中国企业逐渐成为领跑者。

上述分析表明，在中国企业大规模进入手机行业之时，2G 技术已经步入成熟期，核心技术早已被国外跨国公司所控制，中国企业难以绕过相应的技术专利，技术创新受到专利丛林羁绊；与国外的竞争对手相比，中国企业在技术基础以及创新资源等方面处于明显劣势。因此，中国企业将研发重点放在与消费者密切相关的人机界面、外观设计及周边电路等方面，并将部分技术开发工作委托给了手机设计公司。在这一阶段，由于受到专利丛林的明显阻碍，国内手机企业虽然获得了较大市场份额，但技术开发尚限于手机技术的表面层，企业只能申请创新性较弱的实用新型专利和外观设计专利。

专利丛林正引起学术界和企业界的关注，国内外学者近年来的相关研究取得了积极进展，但还难以应对紧迫的管理需求。首先，研究集中在生成机制、影响危害等方面，存在薄弱环节，亟待深入的研究；其次，以往囿于研究样本和分析工具，实证研究和大数据分析还明显滞后；此外，研究主要针对欧美国家展开，专利具有地域性，某些研究结论在中国情景下可能难以奏效。因此，利用专利丛林涌现的契机，依托专利数据库，对专利丛林开展深入研究。通过努力不但获得中国情景的研究发现和学术成果，而且为致力技术研发的中国企业提供急需的管理支持。

## 3.2 页岩气专利丛林

近年来，随着社会对清洁能源需求不断扩大，天然气价格不断上涨，页岩气(shale gas)开始受到高度重视；然而，我国页岩气产业的发展全面落后于国外企业。与此同时，美国企业开始在中国大量申请专利，而且已经形成了专利丛林，对此，必须予以高度警惕。

### 3.2.1 储备与开采

页岩气是储藏于致密页岩的天然气，是开采难度甚大的非常规天然气。页岩气的概念首次由 Curtis(2002)提出，他认为页岩气的本质是连续生成的生物化学成因气、热成因气或两者混合，具有普遍的地层饱含气性、隐蔽聚集机理、多种岩性封闭以及相对短的运移距离，它可以在天然裂缝和孔隙中以游离形式存在，在干酪根和黏土颗粒表面以吸附状态存在，在干酪根和沥青质中以溶解状态存在。近年来，美国在页岩气的开发利用取得了突破，页岩气的迅速发展成为影响全球能源格局的新能源，引发了世人关注的“页岩气革命”。BP 公司[①](2012)发布的数据显示，美国的页岩气产量从 1998 年的 85 亿立方米跃升至 2011 年的 1800 亿立方米，页岩气的消费占一次能源消费比重由 1998 年的 0.5%上升到 2011 年的 6.9%，2011 年美国也因此成为天然气生产第一大国。页岩气的商业化开采不仅改变了美国的能源结构，还扭转了美国对国际能源市场的过度依赖。作为一种清洁能源，页岩气的利用对节能减排也产生了积极的作用，2007～2011 年美国的二氧化碳排放量减少了 4.5 亿吨。

① 英国石油公司。

中国是世界上页岩气资源最丰富的国家之一。然而，这与中国在太阳能、风能等新能源领域取得的长足发展相比，中国的页岩气开采还比较落后，页岩气尚未形成商业化产业链。近年来，中国政府开始关注页岩气的开采，并逐渐采取相应的政策措施。2008 年 11 月，中国石油勘探开发研究院在四川钻探了中国第一口页岩气地质井“长芯 1 井”，这意味着中国的页岩气开发步入初步开采的试点阶段；2011 年 12 月，国务院正式批准了页岩气为独立矿种；2012 年 3 月，中国第一口页岩气水平井“威 201-H1 井”在四川完井(国家发展和改革委员会，2012)。近年来，虽然中国政府和企业开始致力于页岩气的勘探开发，但尚未实现页岩气的商业化开采，这与美国页岩气的大发展形成强烈反差，落后状况开始引起国内外的高度关注。

目前，国内对页岩气的困境分析主要是围绕产权制度和产业政策展开的。由于以往中国对页岩气是按照常规天然气进行管理，对探矿和采矿实行严格控制，仅中国石油、中国石化、中国海洋石油等大型企业拥有探矿权和采矿权(张永伟，2011)。由于开采难度大、成本高，因此这些企业往往缺乏勘探、开发的积极性，主流观点是页岩气的开发重在破除原有垄断管制、创新产权管理体制、鼓励多种资本参与市场竞争，带动整个产业的快速发展(盛达等，2011)。仅从产权制度和产业政策进行分析，难以解释页岩气发展全面落后；页岩气的特征决定了技术的重要性，但现有研究主要针对监管体制和产业政策展开，对技术维度的研究明显缺失，因此有必要从技术维度对之展开研究。

本书采用统计分析与案例研究结合的方法，通过分析页岩气开采的技术挑战和产业发展路径，研究确定页岩气开发的关键技术；选用技术专利作为测度指标，运用大数据和数据挖掘方法，从海量数据中提取页岩气专利；在此基础上，运用专利计量分析和专利地图方法，对中国页岩气专利授权、国别分布和涉及的技术领域等进行定量分析和比较研究，进而揭示中国页岩气开发的技术之困。

### 3.2.2 关键技术分析

随着能源消耗不断攀升和传统能源逐步耗尽，非常规天然气开始引起关注。页岩气是一种重要的非常规天然气，全球蕴藏丰富，且分布广泛；作为一种清洁能源，其商业化开采有望大规模替代石油和煤炭等传统能源。虽然页岩气的勘探开发已有 100 多年历史，但直到 2000 年，有关页岩气的深入研究才开始引起广泛关注。

页岩气是储藏于致密页岩中的天然气，是开采难度甚大的非常规天然气，其主要成分为甲烷($CH_4$)(Jenkins and Boyer，2008)。与常规天然气相比，页岩气具有明显的不同特征(表 3.1)；页岩储层超致密，孔隙大小以微米至纳米级为主；赋存方式以吸附气、游离气为主；且分布不受构造控制，没有(或无明显)圈闭界限，含气范围受成气烃源岩面积和良好封盖层控制，资源规模大，可采程度低；页岩气开发形成工业产能必须进行储层大型体积压裂，改造前一般低产或无产，生产过程中不产水或产水很少(邹才能，2011)。

天然气是优质的气体燃料，具有在生产和消费过程中，环境污染小和资源蕴藏丰富的优点。随着环境保护要求日益严格，天然气需求量迅猛增长。长期高强度的开采已使得常规天然气处于资源短缺的境地，非常规天然气的开采引起国内外的高度关注。页岩气是重要的非常规天然气，全球蕴藏丰富，世界页岩气资源量为 457 万亿立方米、技术可采资源量为 187 万亿立方米(EIA US，2011)。

表 3.1 页岩气与常规天然气藏特征的比较分析

| 气藏主要特征 | | 常规天然气 | 页岩气 |
|---|---|---|---|
| 储集特征 | 渗透率 | >0.1mD | <100.0nD |
| | 孔隙直径/nm | >1000 | 5～1000(平均 100) |
| 气藏特征 | 气体贮存方式 | 游离气 | 吸附气和游离气 |
| | 含水饱和度 | 高(45%～70%) | 低 |
| | 封盖条件 | 致密岩石 | 有机质页岩 |
| 气藏开发 | 开采范围 | 圈闭以内 | 较大面积连片 |
| | 采收率 | 75%～90% | 10%～35% |

由于页岩气被束缚在致密的页岩中，因此必须通过大规模地层压裂才能使气体涌出，这无疑增加了页岩气开采的难度(Clark et al.，2012)。页岩气开发技术包括勘探、开采和储运等一系列配套技术。其中，页岩气的勘探技术与天然气类似，而页岩气的储运技术则与天然气完全相同，因此页岩气开采的主要技术挑战在于开采技术。

2010 年 6 月，在荷兰阿姆斯特丹召开的“全球非常规天然气 2010 年会”(Global Unconventional Gas 2010)上，91 岁的 George Mitchell 被授予终身成就奖。作为米歇尔能源开发公司(Mitchell Energy & Development Corporation Corp)的创始人，Mitchell 是页岩气开采技术的先驱；页岩气的成功商业开发引发了美国的“页岩气革命”，2011 年美国更是成为世界天然气第一生产国。

Mitchell 毕业于 Texas A&M University，于 1946 年创办米歇尔能源开发公司，从事“野猫井”(Wild Cat)钻探和房地产业。20 世纪 70 年代，Mitchell 决定尝试从巴奈特(Barnett)页岩中开采页岩气。由于页岩气被束缚在致密的页岩中，因此，必须通过大规模地层压裂才能使气体涌出。当时压裂技术的安全性差，无法保证生产需要。于是，Mitchell 将高压水和化学品的混合流体注入岩石使其裂解成碎片，从而使气体更容易流动，降低了压裂的危险性。为此，1979 年 Mitchell 申请了关于混合液体注水技术的专利(专利号为 US4291765A)。

在 20 世纪 80 年代，为了提高页岩气的开采效率，Mitchell 尝试组合了多种压裂液支撑剂及促进岩石形成裂缝的技术。经过反复试验，Mitchell 认为，要提高页岩气的开采效率，必须准确探测页岩在地下的渗流通道。于是，Mitchell 与研发团队通过确定二氧化碳的喷射源来追踪地下液体，可有效探测出页岩形成过程中的龟裂区和障碍区。为此，Mitchell 于 1987 年申请了关于地下液体追踪技术的专利(专利号为 US4742873A)。

在页岩气开采仍以直井为主体的背景下，Mitchell 于 1992 年首次将水平井(horizontal well)技术应用于页岩气的开采(Montgomery et al.，2005)。该技术起源于 19 世纪 80 年代，能有效提高单井产量、降低综合成本(Gao and Miska，2010)。1997 年，Mitchell 首次将水力压裂技术应用于巴奈特页岩，使采收率提高了 20%、成本减少了 65%(Bowker，2007)。随后，米歇尔能源开发公司与联合太平洋资源公司(Union Pacific Resources Corporation)研发了滑溜水水力压裂的技术。2002 年，德文能源公司(Devon Energy Corporation)收购米歇尔能源开发公司，将水平井技术大规模用于页岩气开采，水平井技术与水力压裂技术的配套应用使得页岩气产量快速增长(Roussel and Sharma，2011)。

页岩气开采历史表明，页岩气开采的技术进步主要围绕水力压裂技术展开，将水平井技术与水力压裂技术配套应用能大幅提高页岩气产量。基于以上分析，本书采用“水力压裂”“水平井”“页岩气”3 个关键词，利用德温特数据库(Derwent Innovations Index)挖掘页岩气的相关专利。

大数据蕴含了丰富的信息，也包含大量冗余数据，需要通过确定适当的检索词将所需数据从冗余信息中有效剥离出来，从而挖掘深层次的技术信息。为了避免用词差异造成专利数据的漏检，因此，在数据挖掘时本节将“水力压裂”“水平井”“页岩气”3 个关键词分别翻译为“fractur or refractur or frack”“horizontal drill or horizontal well”“shale gas or gas shale”，从德温特数据库中的 3000 多万条专利信息中挖掘页岩气的相关专利；利用德温特分类代码“H01”（原油和天然气）和 IPC 分类号“E21”（土层或岩石的钻进和采矿），对专利技术的覆盖范围进行限定，从而提高专利检索的准确性。由于美国是全球页岩气的中心，因此，利用专利代码“CN”（中国）和“US”（美国）从页岩气的相关专利中分别筛选出中国和美国的专利。

### 3.2.3　中美页岩气技术演进

在经济快速发展的背景下，中国能源需求量不断攀升；BP 公司(2013)发布的数据显示，2011 年中国成为能源消费第一大国，2013 年中国已成为世界最大的石油净进口国。作为优质的新能源，页岩气商业化开采对改善能源结构具有重要作用，中国需要在此方面实现突破。由于页岩气开采难度大、技术构成复杂，因此本书从技术维度探究中国页岩气开发的技术困境，以期为推动中国页岩气的发展提供管理支持。

经济、有效地将页岩气从致密页岩中开采出来，是人们一直努力的目标。通过长期的技术积累，页岩气开采技术已形成庞大的技术群，涉及勘探、开采和储运等一系列配套技术。由此可见，技术构成的复杂性和积累性是页岩气开采技术的重要特征。

目前，页岩气开采技术主要由美国企业所掌握。由于这些技术涉及商业机密和技术秘密，企业不会向外界公布相关的技术细节，因此采用传统的问卷调查方法难以获取真实的技术信息。另外，由于页岩气的技术构成具有复杂性，因此，采用传统的随机抽样方法提取研究样本难以涵盖页岩气的相关技术，致使分析结果失之偏颇。

专利是世界上内容最丰富且不断更新的公开技术信息资源，是评估技术的重要指标。因此，本书用专利作为测度页岩气开采技术的指标，利用权威的专利分析平台对海量的专利信息进行数据挖掘，并利用专利地图等分析工具，通过分析专利的时间序列数据及词频聚类，研究揭示中国页岩气开发的技术之困。为从海量专利数据中寻找到页岩气开采的相关专利信息，需要确定页岩气开采的关键技术。首先，通过分析页岩气开采的技术挑战和页岩气的发展路径，可以明确页岩气开采的关键技术，进而确定关键词。然后，运用大数据方法，利用关键词进行数据挖掘，从海量的专利数据中提取页岩气的相关专利信息。

利用大数据分析方法能在短时间内快速整合丰富的数据资源，弥补了传统问卷调查方法、随机抽样方法的弊端，能够展现全样本的代表性、获得准确的数据结果。虽然企业会因为担心技术秘密外泄而不愿接受问卷调查，但他们申请的相关专利留下了技术足迹，海量的专利信息涉及大量的技术细节。我们可以通过数据挖掘从海量的专利信息中，将页岩气的相关专利提取出来，发现隐藏其中的深层信息，从而寻找技术源头。

美国是全球页岩气的中心，美国页岩气的相关专利涵盖了该领域相关技术。本书利用专利大数据挖掘中美两国页岩气的专利样本，并利用专利地图等分析工具探究中国页岩气开采的技术困境。

目前专利地图分析工具以 Thomson Reuters 研发的 Thomson Innovation 和 Thomson Data Analyzer 为典型代表。Thomson Innovation 支持检索和分析中国、美国、德国和日本等的专利全文及引用数据，可通过专利词频统计和文本聚类来创建专利地图，它能直观显示技术主题分布和专利布局情况(Burhan and Jain，2012)。Thomson Data Analyzer 支持生成项目间相关性的图表，根据两种不同类型的项目生成交叉相关图，可发掘项目间的内在联系。PatSnap 专利数据库整合全球各大专利局专利数据库，专利地图是基于无监督的机器学习，利用文本聚类的方式，结合 IPC 分类号和高频词汇制作地图。

用专利作为测度页岩气开采技术的指标，利用专利时间序列，分析中美两国页岩气的演进过程。数据清理是分析结果准确和可靠的关键。鉴于未经处理的专利数据存在公司名称书写不同、单数/复数变化和拼写错误等问题，采用 Thomson Data Analyzer 将专利权人等字段进行标准化，并保存为叙词表，以便进行数据清理。利用专利权人(patent assignees)的叙词表，将同一集团控股的子公司与母公司合并。

利用专利族成员数量(family member number)叙词表，本节将在不同国家多次申请的内容相同或基本相同的专利族进行合并，只保留具有最早优先权的专利。由于叙词表的更新存在滞后性，因此，通过手工清理，将叙词表未合并或合并错误的项目进行合并或删除。基于以上处理过程，本节得到 1969～2012 年，6701 件美国专利和 1748 件中国专利。这些专利涵盖页岩气开采的相关技术，最早的开采技术可以追溯到 1969 年。

图 3.1 中显示了 1969～2011 年中美两国页岩气专利数的走势。研究发现，美国页岩气的相关专利于 20 世纪 60 年代开始出现，20 世纪 70 年代专利数量开始明显上升，1975～2002 年，专利数量平稳波动，2003 年以来的专利数量呈快速增加态势。与美国相比，中国的页岩气开采技术研发起步较晚，并且长期以来未受到高度重视。由于中国于 1985 年才开始实施专利制度，因此，1986 年页岩气的相关专利才开始在中国出现，1987～2004 年中国页岩气的专利数量处于缓慢增长阶段，2005 年以来其专利数量才开始呈快速增长态势。

由于外国企业或个人可以在中国申请专利，因此中国页岩气的相关专利并非全部由中国籍法人或者自然人持有。鉴于此，需要进一步分析专利权人的国别分布。考虑到专利数据量大、专利权人的情况复杂，本书根据专利的优先权国来判定专利权人的国别。专利的优先权国是指第一次授予某项发明创造专利权的国家。通常情况，专利申请人首先会在其所属国家申请专利，进而在法定期限内利用专利的优先权，又就相同主题的发明创造，再向其他国家申请专利[①]。因此，专利的优先权国在一定程度上可以映射专利权人的国别，

① 专利申请人就发明创造第一次在某国提出专利申请后，在法定期限内，又就相同主题的发明创造提出专利申请，其在后申请以第一次专利申请的日期作为申请日。

即优先权国为哪个国家的专利基本上为该国企业的专利。

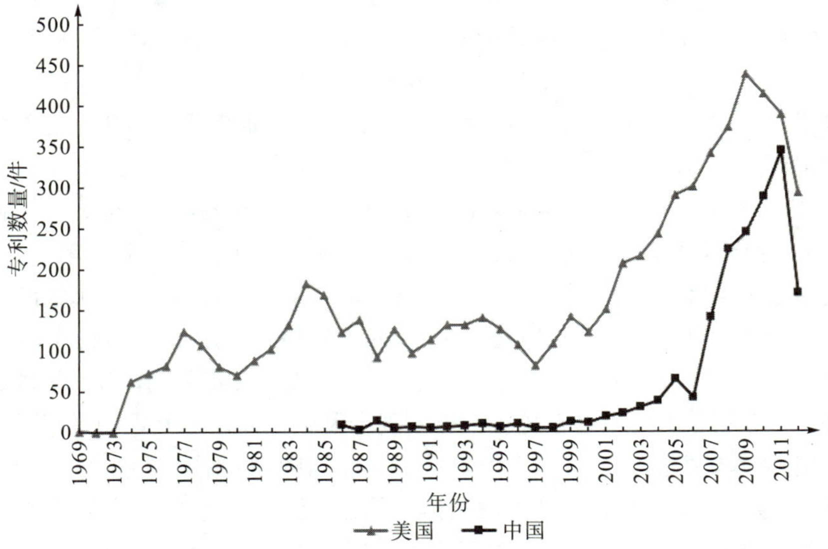


图 3.1　中美页岩气专利数的走势

图 3.2 中显示了 1985～2009 年美国企业在中国申请的页岩气专利数。可见，近年来美国企业在中国页岩气领域持有的专利数量不断增加，1990～2000 年的平均增长率为 4.14%，2000～2010 年的平均增长率跃升至 26.51%。中国页岩气专利不但数量少，而且其中充斥着很多美国企业的专利。研究发现，美国企业在中国页岩气领域，持有的专利数量从 2005 年开始快速增加，这与中国页岩气专利数量的变化趋势相同。由此可见，中国的页岩气专利从 2005 年开始明显增加的主要原因，在于美国企业在中国持有的页岩气专利数量快速增加。

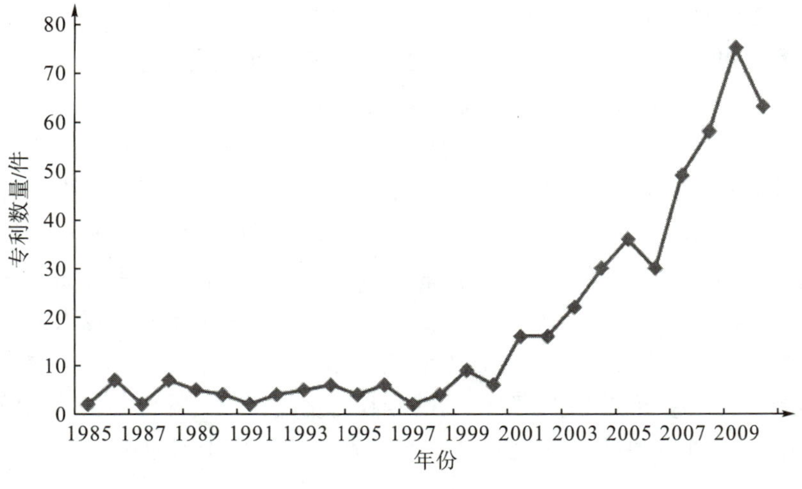


图 3.2　美国企业在中国申请的页岩气专利数

### 3.2.4　中美页岩气专利地图

为了揭示美国页岩气相关专利的技术布局，本书利用 Thomson Innovation 专利地图功能，通过对专利标题和摘要中的相关词汇的词频应用进行聚类分析，生成美国页岩气专利地图。专利地图以等高线作为绘制的基准。其中，点表示专利、各点之间的距离表示专利内容的相关程度，等高线表示专利密度，山峰区域表示集聚于某一特定技术主题的专利群。因此，专利地图呈现了技术主题分布的情况(图 3.3)。

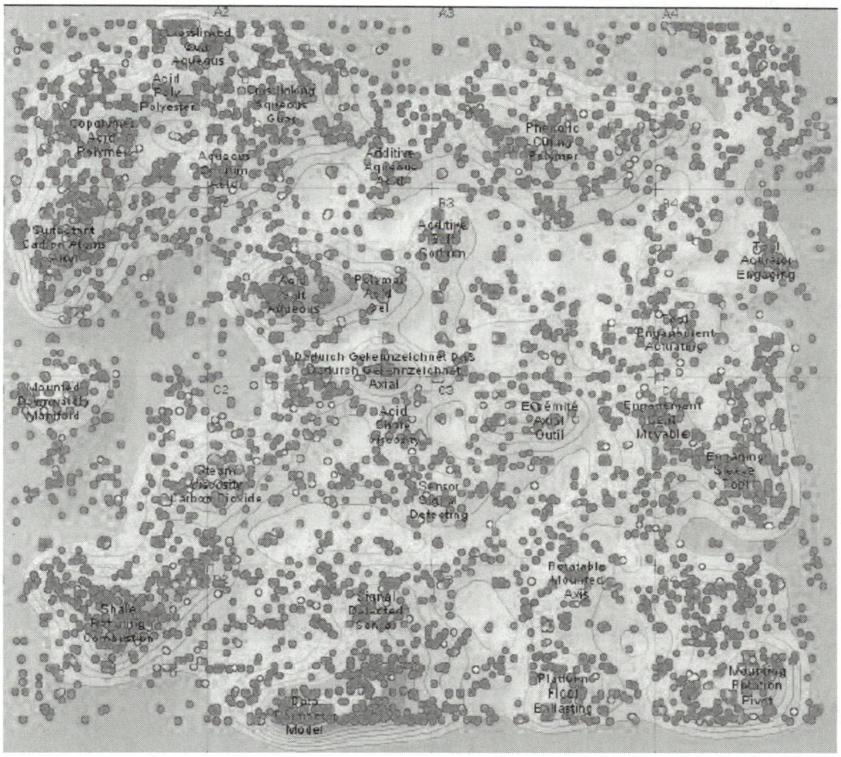


图 3.3　美国页岩气专利地图(见彩图版)

注：Thomson Innovation 目前还没有汉化，考虑到专利地图是利用专利大数据，

经过复杂计算后自动生成的，因此采用了生成的英文版专利地图，以下同。

研究发现，至 2012 年，专利覆盖表面活性剂、微生物、水泥组合物、热解、干酪根、动臂、钻臂、起重机、钻头体、切割元件、切割头、陀螺仪、电导率、阀芯、分段压裂、球阀、旋转防喷器、尾管悬挂器、脱水油等页岩气相关的技术领域。目前，美国已形成了完备的页岩气技术体系。

由于美国页岩气的相关专利有可能是由其他国家的企业或个人所持有的，因此，有必要进一步分析该领域专利权人的国别分布。一般情况下，由于专利申请人通常会首先在其所属国申请专利，然后再利用优先权，向其他国家申请专利，因此，专利的优先权国可以映射专利权人的国别。

数据分析显示，美国页岩气的相关专利主要是由美国企业所持有的，由其他国家企业持有的专利数量甚少。1979 年底，由其他国家企业持有的专利占美国页岩气专利的比例仅为 3.99%，1989 年底该比例跃升为 8.37%，1999 年底该比例上升至 9.7%，2012 年底该比例降至 9.4%。

仅分析专利持有者的国别还无法确定在美国页岩气专利领域占据主导地位的企业，有必要对主要专利权人进行分析。为了避免数据干扰，需要将同一集团控股的子公司与母公司合并，如将美孚与埃克森美孚合并为埃克森美孚。

本节利用 Thomson Data Analyzer 专利权人叙词表，将子公司与母公司进行合并。由于叙词表的更新有滞后性，需通过手工清理，对叙词表中未合并或合并错误的项目进行处理。在此基础上，对专利持有量排名前 10 位的专利权人进行分析。

上述分析表明，在美国页岩气专利领域的专利持有量排名前 10 位的专利权人中，除壳牌外，其他 9 位均为美国企业。这些企业从 20 世纪 60、70 年代，开始在美国申请页岩气的相关专利。经过长期的技术积累，这些企业所持有的专利已经覆盖了页岩气开采的相关技术领域。然而，其他国家的企业在进行技术研发时很难绕过这些专利，这使得其他国家的企业在美国页岩气领域的专利数量甚少(图 3.4)。

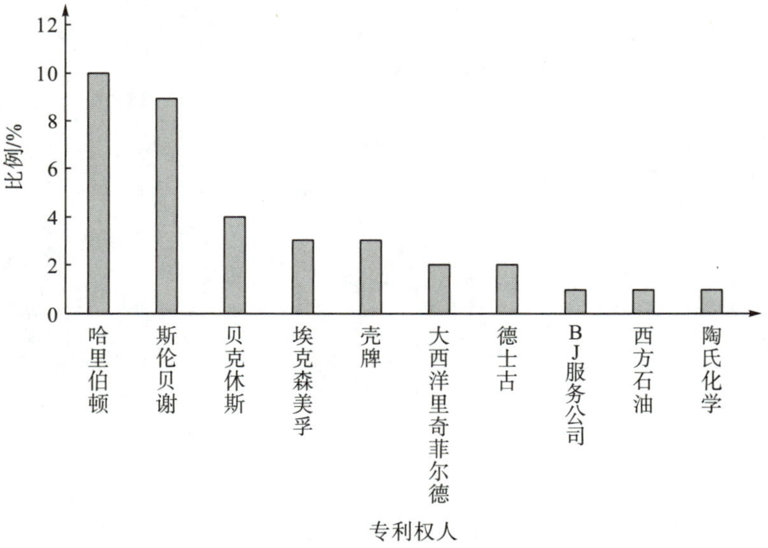


图 3.4　美国主要专利权人

专利地图能够揭示某个企业的专利在技术演进中的作用，从而追踪技术源头。米歇尔能源开发公司是页岩气领域的拓荒者，虽然专利数量不多，但其早期专利构成了该领域的基础专利。以其早期专利 US4291765A 为例，该专利申请于 1979 年，利用 Thomson Innovation 专利引证树对其进行引证分析。本节根据专利号检索该专利，利用 Thomson Innovation 引证树功能，将引证树的节点设为专利权人，追踪该专利在授权后被其他专利权人引证的情况。本节分析结果表明，该专利在 1979 年被申请后直到目前仍被频繁引用，其中包括哈里伯顿、壳牌、埃克森美孚等目前该领域主要的专利权人。

为了揭示中国页岩气相关专利的技术布局，本节利用 Thomson Innovation 专利地图功能，生成中国页岩气专利地图(图 3.5)。专利地图的分析表明，中国的页岩气开采技术起步较晚。至 2012 年，专利涉及表面活性剂、组合物、压裂液、测试仪、连通井、模拟系统、螺杆泵、螺杆钻具、滚轮、刚性扶正器、抽油泵、单向阀、尾管悬挂器、基管、喷嘴、油气开采、瓦斯、井眼、井口装置、压裂管柱、分层注水等多个技术领域。目前，中国的页岩气领域尚存在大量的技术空白。例如，中国页岩气相关专利在旋转导向钻井技术、压力传感器等领域仍存在技术缺失。

由于中国页岩气专利可能由外国企业或个人持有，有必要进一步分析专利权人的国别分布。利用优先权国家/地区和公开年字段，数据分析发现，1999 年底，由美国企业持有的专利占中国页岩气专利的比例达 43.2%，由其他国家企业持有的专利占中国页岩气专利的比例为 22.3%；2012 年底上述比例分别变为 21%和 5.5%。可见，美国企业已成为中国页岩气专利的重要持有者。

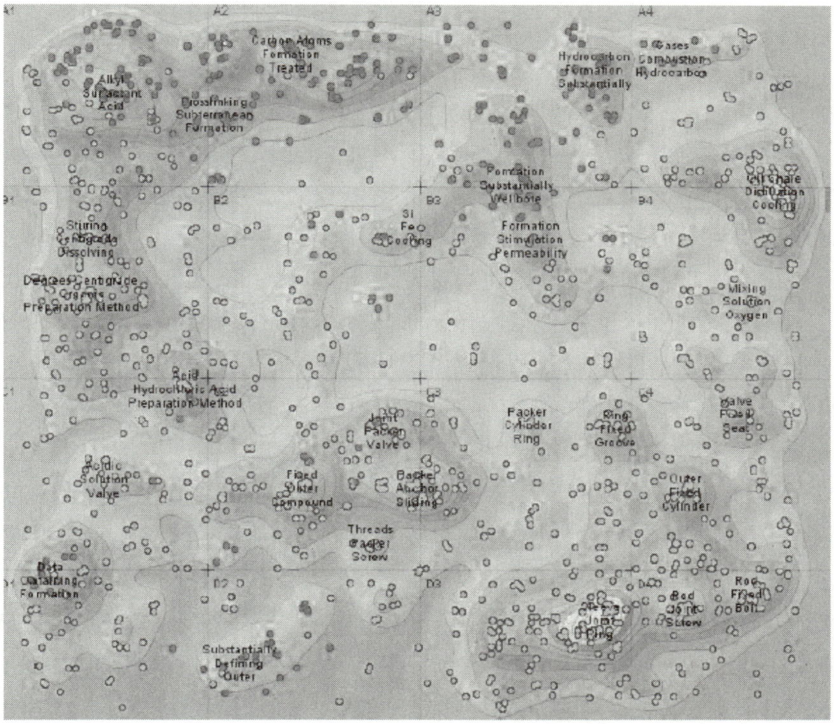


图 3.5　中国页岩气专利地图(见彩图版)

与分析在美国页岩气专利领域占据主导地位的企业一样，本书选取中国页岩气领域的主要专利权人进行分析。为避免干扰，将同一集团控股的子公司与母公司进行合并，如将中国石油天然气公司、大庆油田和辽河油田等子公司与中国石油合并，同时利用 Thomson Data Analyzer 专利权人叙词表，将子公司与母公司合并(图 3.6)。

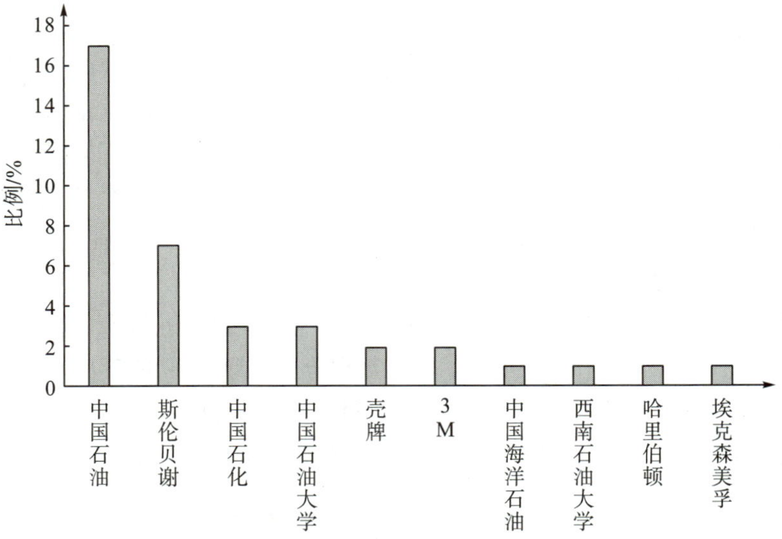


图 3.6　中国页岩气领域主要专利权人

本节分析表明，在中国页岩气专利领域的专利持有量排名前 10 位的专利权人中，有 5 位为外国企业，分别是斯伦贝谢、壳牌、3M、哈里伯顿和埃克森美孚，其中斯伦贝谢已成为继中国石油后中国页岩气领域的第二大专利权人。外国企业在中国大量布置专利，这对中国企业在页岩气领域的自主创新产生了严重干扰。由于专利具有模糊性，因此，专利权利要求界定的保护范围在实际中也可能产生异议（Lemley and Shapiro，2005）。由于国外企业通过对专利权利要求的保护范围做出扩大性解释，并在公示期内对相关专利申请提出异议，使中国企业申请的类似专利难以通过审批。

与此同时，外国企业觊觎中国丰富的页岩气资源和广阔的商业化前景，在中国页岩气技术的空白领域大量申请专利，以占据有利的竞争位置。虽然中国企业拥有页岩气开采的部分技术，但由于页岩气技术构成具有复杂性和系统性，因此在页岩气商业化开采过程中仍难以完全绕过外国企业布置的相关专利，不可避免地寻求这些企业的专利授权。

近年来，页岩气的商业开采深刻改变着全球能源供需和产业发展格局。基于专利大数据的研究表明，技术构成的复杂性和积累性是页岩气开采技术的重要特征。专利地图分析结果表明，中美两国在该领域存在巨大的技术差距，美国在该领域已形成完备的技术体系，而中国尚存在大量的技术空白。

与此同时，美国企业开始在中国大量申请专利，成为中国页岩气专利的重要持有者，专利丛林已经形成，而中国企业的页岩气商业化开发可能很难绕过专利丛林，这意味着未来会发生旷日持久的谈判和高额的专利许可费。在后续专利申请过程中，中国企业难以避免美国企业的专利干扰，尤其是美国企业在中国页岩气技术的空白领域大量申请专利，会给中国页岩气领域的自主创新带来严重困扰，对此必须予以高度警惕。

## 3.3 专利丛林的测度、演进过程和阶段特征

全球专利数量激增，企业技术研发往往涉及众多相关技术，极易陷入专利丛林的羁绊；面对海量的专利数据，定量分析专利丛林的演进过程和探究演进阶段特征是亟待研究的问题；为此，有必要从定量测度和演进分析方面，开展量化分析。

### 3.3.1 专利丛林的测度

1. 研究思路

本节研究旨在构建专利丛林的定量测度方法，从而对特定技术领域中的专利丛林进行定量测度，在此基础上，采用层次聚类分析方法，划分专利丛林演进阶段，定量分析专利丛林的演进过程。近年来，专利丛林首先出现在半导体芯片、网络通信、生物医药等高技术领域，目前已经向汽车零部件、家用电器、机械制造等传统产业快速扩展，在此过程中，积累了海量的时间序列数据。为研究揭示专利丛林的演进过程，可以从时间序列入手展开分析。

为了定量测度专利丛林和分析演进过程，本节研究需要选取专利数量指标分析时间序列数据。已有研究通常采用专利申请数据或专利授权数据进行专利分析，但是由于专利具有一定长度的生命期限，往往忽视专利失效的影响；专利丛林中积累了大量专利，考虑到专利失效的影响，本节研究选取了有效专利指标。有效专利既能反映专利的生命期限，又反映专利丛林的专利存量，可用于定量测度专利丛林。由于有效专利不能从专利数据库中直接获取，因而有必要依托现有专利信息，提出有效专利数量计算方法；随着专利数据库的发展和完善，为快速计算有效专利数量提供了可能性。

因此，利用专利丛林快速涌现的契机，依托新兴的专利分析平台，以有效专利为突破口，对动态演进的专利丛林进行科学测度和定量分析。首先，对专利丛林的生成机制进行深入分析，基于有效专利，构建专利丛林的测度指标；然后，采用层次聚类分析，选择层次聚类分析的指标，定量划分专利丛林的演进阶段，分析专利丛林动态演进过程；最后，运用以上构建的分析方法，选择具有代表性的典型技术，基于长周期的时间序列数据，对专利丛林进行定量测度并揭示其演进过程。

2. 测度指标构建

为了定量测度专利丛林，首先，要分析专利丛林的生成机制。出于技术防御等方面的原因，专利权人申请并获批了一系列专利，同时，随着技术专利从传统的保护手段逐步演变为新兴的竞争工具，专利权人开始专利布局，逐步实施专利战略，积极进行专利申请，以增强自身的竞争实力，这导致专利数量呈现爆发式增长态势。技术构成的日益复杂化，也是专利丛林出现的诱因；企业日益重视专利整体布局，会策略性地围绕一件核心专利申请大量外围专利；这些外围专利对基础专利进行包围，由此构成了交织重叠的专利网。此外，如产品周期缩短、专利制度的改革也会导致专利丛林的产生；专利制度会改变审查力度，影响专利授权的质量，使得专利丛林现象加剧。

近年来，专利丛林的定量识别与测度研究开始受到关注，常采用专利引用关系。随着研究不断深入，社会网络分析法已被应用到专利分析领域。虽然学者对专利引证的研究较为成熟，并已运用于专利丛林的定量识别与测度；但仅美国专利文献的引证信息完善，我国专利文献不含引证信息，欧盟等国专利文献也缺乏完善的引证信息；因此，学者们也开始纷纷探讨其他的专利丛林测度方法。部分学者借鉴产业评价指标，基于专利数据，研究构建集中度指数、赫芬达尔-赫希曼（Herfindahl-Hirschman Index，HHI）指数、基尼系数、帕累托系数等测度方法，以定量测度专利丛林，并认为专利丛林中的专利呈现分散趋势。除此之外，部分学者利用专利地图开展专利丛林的可视化研究。

为了定量测度专利丛林和分析其演进过程，研究需选取专利数量指标分析时间序列数据。以往囿于研究样本和分析工具，常采用专利申请或授权数据，但是专利具有一定长度生命期限；专利的生命周期是从被授予专利权的当年开始，通过缴纳年费维持专利权，直至专利失效截止。由于专利丛林中的专利是正处于保护期的专利，不包括失效的专利，而传统的专利申请或授权数据，无法反映出专利的生命周期特征，因此，有必要对专利的生命周期进行挖掘（图3.7）。

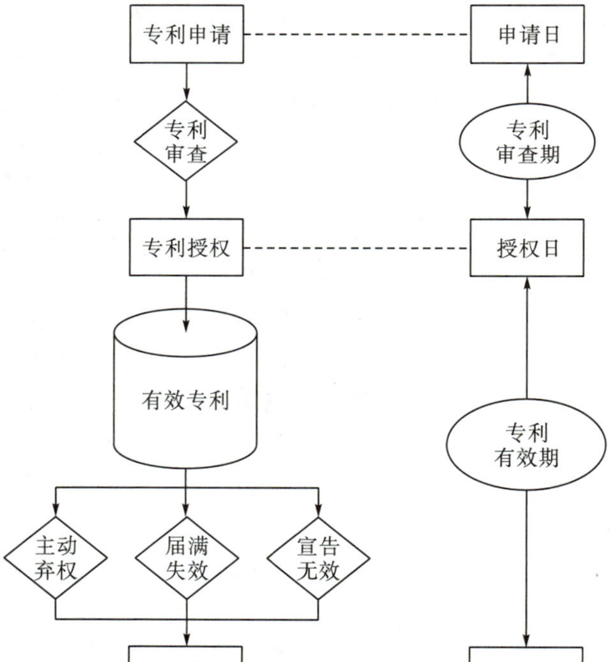


图3.7　专利的生命周期

为取得专利，发明人必须向国家的专利管理部门提出申请，《中华人民共和国专利法》第二十二条规定，“授予专利权的发明和实用新型，应当具备新颖性、创造性和实用性。新颖性，是指该发明或者实用新型不属于现有技术；也没有任何单位或者个人就同样的发明或者实用新型在申请日以前向国务院专利行政部门提出过申请，并记载在申请日以后公布的专利申请文件或者公告的专利文件中。创造性，是指与现有技术相比，该发明具有突出的实质性特点和显著的进步，该实用新型具有实质性特点和进步。实用性，是指该发明或者实用新型能够制造或者使用，并且能够产生积极效果。本法所称现有技术，是指申请日以前在国内外为公众所知的技术。”

有效专利是指经专利权人提出专利申请并被授予专利权，且处于维持状态的专利。图 3.7 中，专利权人提出专利申请，经过专利管理部门的专利审查后，在符合“三性”(创造性、实用性、新颖性)的条件下，会被授予专利权，便成为有效专利；此后受多种原因影响，如放弃权利、宣告无效和保护期届满等，导致专利失效。由于专利失效的原因，有效专利与专利申请和授权数据之间存在较大差异；有效专利是处于有效期的专利，其数量能反映专利丛林中的专利存量，数量变化能反映专利丛林的动态过程。因此，有必要基于有效专利构建专利丛林的测度指标，分析专利丛林的时间序列数据，对专利丛林进行定量测度。

导致专利权终止的法律事实包括，没按规定缴纳年费；书面申明放弃专利权；保护期届满；专利权的无效宣告。初审阶段专利申请被视为撤回的原因包括，没有按期缴纳专利申请费和印刷费；没有按期答复审查员的补正通知书；没有按期缴纳第一次维持费和滞纳金；没有按期提交实质审查请求书和缴纳实质审查费。发明专利申请在实审阶段被视为撤回原因，包括没有按期答复审查员的审查意见通知书；没有按期缴纳维持费和滞纳金(表 3.2)。

**表 3.2　常见的法律状态及说明**

| 法律状态 | 说明 |
| --- | --- |
| 授权 | 发明专利申请经初步审查和实质审查、实用新型或外观设计专利申请经初步审查没有发现驳回理由的，申请人如按期办理登记手续将被授予专利权 |
| 专利权终止 | 专利权终止是指专利权因某种法律事实的发生而导致其法律效力消失的情形 |
| 实质审查的生效 | 只有发明专利需要进行实质审查，申请人收到发明专利申请进入实质审查阶段通知书之日即实质审查生效 |
| 专利申请被视为撤回 | 包括初审阶段专利申请被视为撤回的，以及发明专利申请在实审阶段被视为撤回的两种情况 |
| 专利权的无效宣告 | 任何单位和个人如认为某专利权的授予不符合专利法的有关规定，可以请求专利复审委员会宣告该专利全部无效或部分无效 |

有效专利的数量是动态变化的，其中，专利授权使有效专利增加，专利失效使有效专利减少，计算两者的差值可以得到有效专利。有效专利还不能从专利数据库中直接获取，需利用现有的指标和借助专利分析工具。在各国专利文献中，可以提取授权日和法律状态等与有效专利相关的信息，其中，法律状态是在专利公报中公开的法律信息，包括专利权的授予、无效宣告和终止等。法律状态中的付费年数是专利授权后缴纳年费的年数，可以用于确定专利失效时间和计算专利失效数量。

$$P_t = \sum_{i=1}^{t}(G_i - E_i) \tag{3.1}$$

其中，$P_t$为第 $t$ 年的有效专利数量；$G_i$为第 $i$ 年的专利授权数量；$E_i$为第 $i$ 年的专利失效数量；$t$ 为起始年到第 $t$ 年的年份数。

为计算有效专利数量，首先，依托新兴的专利分析系统，设定关键词、IPC 和授权日期等检索条件，获取专利授权数据；然后，提取上述专利的授权日期和付费年数，以年为单位计算每件专利的失效时间；最后，根据上述公式，计算专利授权数量与失效数量的差值，得到历年有效专利数量。

3. 演进分析方法

基于上述分析，计算专利授权数量和失效数量的差值，可得到专利丛林中的有效专利数量；而在有效专利数量动态变化的基础上，专利丛林的演进过程是一个动态发展的变化过程。因此，为了进一步揭示专利丛林的动态演进过程，本节基于有效专利数量对专利丛林的动态演进过程进行阶段划分，分析不同演进阶段间的特点和差异。

为定量研究专利丛林演进过程，需基于有效专利采用科学方法对专利丛林进行阶段划分。Ruan 等(2013)采用均等划分方法，将太阳能技术的专利申请分成四个阶段，分析其演变趋势；Makovetskaya 和 Bernadsky(1994)运用视觉观察方法，对各个国家的技术体系进行生命阶段的划分；这些定性方法对数据要求宽松，分析结果受主观因素影响较大。Kim 等(2008)研究提出，词频分析法是根据技术关键词的频次和专利申请时间，可生成反映技术演变趋势的专利网络图；但这种方法对数据要求严格，计算过程较复杂。因此，采用层次聚类分析对专利丛林进行阶段划分，既可以从定量角度进行分析，也可以避免数据处理复杂。

层次聚类分析是一种处理指标分类的客观计量方法，由不同指标构成的样本将成为聚类的对象，通过计算样本之间的相似程度和亲疏关系，基于量化分析可对样本进行分类。张米尔等(2016)采用层次聚类分析，定量分析诉讼主体的关键特征，对诉讼主体进行类型划分；Rani 和 Sikka(2012)的研究指出，层次聚类分析方法的适用范围较广，同时也是研究时间序列聚类的常用方法。采用层次聚类分析方法，需要选取研究对象的相关数据作为聚类指标，而上述的时间序列数据为层次聚类分析提供基础数据。作为基于量化分析的常用计量方法，层次聚类分析有助于减少主观判断对样本分类的干扰。层次聚类分析软件主要包括 SPSS、MATLAB、SAS、NTSYS、MEV 和 WEAK 等，其中最常用的分析软件是 SPSS，研究选择 SPSS 19.0 软件，利用上述数据，进行层次聚类分析，基于量化分析指标，对专利丛林的动态演进过程进行阶段划分。

本节采用层次聚类分析，对专利丛林的动态演进过程进行阶段划分，选择年份数据作为样本，根据不同的年份聚类指标之间的关系，基于量化分析对专利丛林的演进阶段进行划分。首先，分析专利丛林长周期的时间序列数据，选择相关数据作为聚类指标；其次，将聚类指标的相关数据导入计算机系统中，系统则会计算所有样本间的距离，将距离最小的一些样本聚成一组；再次，计算新的组和剩余组的距离，再将距离最小的组聚成一组；然后经过重复聚类，直至所有样本被聚类，从而完成层次聚类过程；再然后，在层次聚类结果的导出形式中，可以选择生成层次聚类树形图，以便于分析聚类结果；最后，在层次聚类树形图中，根据研究需要选择分类距离，划分专利丛林的演进阶段，分析专利丛林的动态演进过程(图 3.8)。

选择聚类指标是进行层次聚类分析的首要和关键环节。首先，专利丛林的演进过程是一个动态变化过程，在不同的年份呈现出不同的发展态势，为此，首先确定年份数据为聚类样本；然后，有效专利数量可以反映专利丛林的动态发展和演进态势，将有效专利数确定为聚类指标；最后，考虑到有效专利增长率反映有效专利数的变化状态，将有效专利增长率确定为聚类指标。基于上述分析，采用层次聚类分析，选取有效专利数及增长率作为聚类指标，完成层次聚类，通过选择分类聚类，对专利丛林进行阶段划分，分析各阶段的特点和差异，进而揭示专利丛林的动态演进过程。

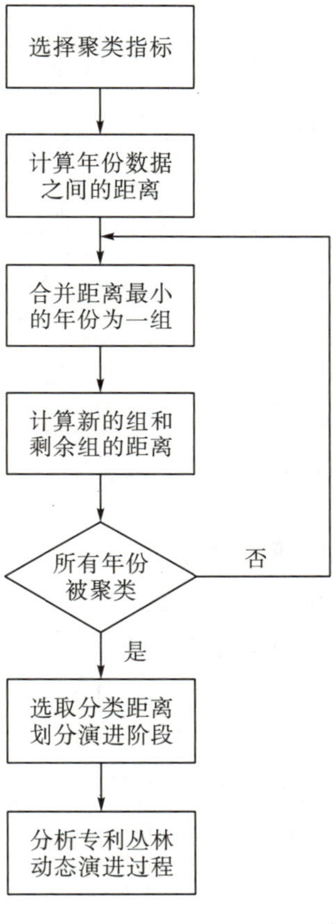


图 3.8　专利丛林演进阶段的层次聚类分析

### 3.3.2　研究样本的选择

专利丛林涉及的数据量大，有必要选取某一特定技术开展研究，选择研究样本应满足一定条件：第一，所选技术应是具有代表性的典型技术，能够反映当代主流技术的发展特征；第二，该技术的发展已经历较长时间的技术演进过程，能获取长周期时间序列数据；第三，有效专利的相关数据完备，能从数据库中获取研究所需的相关数据开展统计分析。

针对上述条件，本节研究选择喷墨打印技术为研究样本，以在中国的发明专利为研究基础数据。喷墨打印涉及机械制造、功能材料及电子信息等众多技术领域，能够反映当代技术的发展特征；喷墨打印技术主要包括喷墨产生方法、喷嘴、油墨等。其中，喷墨产生方法主要分为连续喷墨和按需喷墨。近年来，喷墨打印主要是按需打印方法。按照墨滴形成过程，主要可分为热气泡式喷墨和压电式喷墨。喷墨打印机的基本构造中，热喷喷头由墨腔、喷口和附近的加热器组成(图 3.9)。

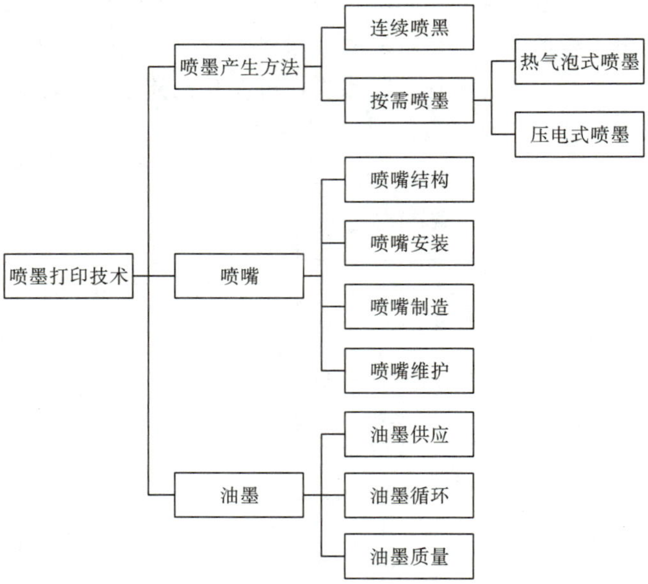


图 3.9　喷墨打印技术主要分支

随着喷墨打印技术的提高和喷墨打印成本的降低，中国喷墨打印市场的发展空间日益显现；世界各国逐渐重视中国的喷墨打印市场，纷纷在中国进行专利申请，该领域至今已积累大量技术专利，形成了长周期的时间序列数据；此外，研究以有效发明专利为测度指标，需申请日、授权日以及付费年数等信息，中国拥有详细的专利文献信息，并能从公开的数据库中获取。

喷墨打印技术是一种非接触式的数字打印技术，在电脑控制下，可通过墨盒的连续供墨，将墨水打印到介质上。其中，喷墨是在打印机连续供应墨水的基础上，运用不同的技术方法，将墨滴快速喷射出去的技术，是喷墨打印的关键技术，能够直接影响喷墨打印的效果和质量。通过对其 IPC 分类号的检索，B41J、B41M、C09D 和 H01L 可以对喷墨打印技术的覆盖范围进行限定(表 3.3)。

**表 3.3　IPC 分类号及其含义**

| IPC | 含义 |
| --- | --- |
| B41J | 打字机；选择性印刷机构，即不用印版的印刷机构；排版错误的修正 |
| B41M | 印刷、复制、标记或拷贝工艺；彩色印刷 |
| C09D | 涂料组合物，例如色漆、清漆或天然漆；填充浆料；化学涂料或油墨的去除剂；油墨；改正液；木材着色剂；用于着色或印刷的浆料或固体；原料为此的应用 |
| H01L | 半导体器件；其他类目中不包括的电固体器件 |

新兴的专利分析系统为量化分析专利丛林提供了可能性。其中，Patentics 专利分析系统，不仅整合了全球各大专利局的专利数据库，还能快速精确检索专利，具备多种统计分析以及趋势分析等功能。基于上述分析，依托 Patentics 专利分析系统，本节研究采用“喷墨”作为专利检索的关键词；由于专利数据的更新存在时滞，以及专利年费允许滞纳期，因此，将专利授权日期的截止时间设为 2014 年 12 月 31 日，检索得到从 1985～2014 年喷墨打印技术的发明专利授权数据，形成计算有效发明专利的基础数据；根据专利授权日和付费年数，确定发明专利的失效日期，计算得到发明专利授权数量和失效专利数量，依据上述研究提出的计算公式，计算两者的差值，得到有效专利数量。

### 3.3.3 专利丛林的演进

时间序列分析表明，中国喷墨打印技术的专利申请和专利授权数量均呈现不断增长的态势。从 1985 年中国实施专利制度开始，喷墨打印技术的相关专利申请开始出现，从 1990 年开始，喷墨打印技术出现了专利授权，此后，专利申请和授权数量基本保持增长的态势，但是在 2003～2014 年，专利申请和专利授权数量均出现了较为明显的波动。专利在授权后由于受多种因素的综合影响，从而导致专利的失效；喷墨打印技术的失效专利从 1993 年开始出现，此后，失效专利的数量也呈现不断增长的趋势。

研究显示，中国喷墨打印技术的有效专利数量呈现不断增长的态势，专利丛林日益凸现。中国喷墨打印技术的相关专利申请从 1985 年开始出现，有效专利的数量滞后于专利申请数量，从 1990 年开始出现；经过多年的积累，有效专利数量于 2001 年首次突破 100 件，此后，呈现快速增长的态势；2006 年有效专利数量首次超出 1000 件，从 2007 年开始，受授权专利和失效专利的共同影响，有效专利增长速度逐渐减缓；有效专利在 2013 年达到最高值 3703 件，随后有效专利出现下降(表 3.4)。

**表 3.4 有效专利计算表**

| 年份 | 专利申请/件 | 专利授权/件 | 失效专利/件 | 有效专利/件 |
|---|---|---|---|---|
| 1985 | 2 | 0 | 0 | 0 |
| 1986 | 2 | 0 | 0 | 0 |
| 1987 | 1 | 0 | 0 | 0 |
| 1988 | 3 | 0 | 0 | 0 |
| 1989 | 4 | 0 | 0 | 0 |
| 1990 | 14 | 2 | 0 | 2 |
| 1991 | 22 | 0 | 0 | 2 |
| 1992 | 16 | 0 | 0 | 2 |
| 1993 | 57 | 13 | 1 | 14 |
| 1994 | 50 | 6 | 1 | 19 |
| 1995 | 88 | 11 | 1 | 29 |
| 1996 | 77 | 0 | 0 | 29 |
| 1997 | 137 | 3 | 1 | 31 |
| 1998 | 173 | 1 | 0 | 32 |
| 1999 | 202 | 1 | 0 | 33 |

续表

| 年份 | 专利申请/件 | 专利授权/件 | 失效专利/件 | 有效专利/件 |
|---|---|---|---|---|
| 2000 | 303 | 37 | 1 | 69 |
| 2001 | 351 | 77 | 2 | 144 |
| 2002 | 452 | 157 | 1 | 300 |
| 2003 | 637 | 154 | 2 | 452 |
| 2004 | 638 | 224 | 18 | 658 |
| 2005 | 720 | 345 | 14 | 989 |
| 2006 | 789 | 390 | 24 | 1355 |
| 2007 | 708 | 464 | 38 | 1781 |
| 2008 | 703 | 430 | 81 | 2130 |
| 2009 | 586 | 529 | 210 | 2449 |
| 2010 | 668 | 558 | 198 | 2809 |
| 2011 | 959 | 587 | 187 | 3209 |
| 2012 | 825 | 553 | 221 | 3541 |
| 2013 | 858 | 443 | 281 | 3703 |
| 2014 | 759 | 536 | 874 | 3365 |

图 3.10 和表 3.4 分析表明，由于专利失效的原因，有效专利与专利申请和授权数据间存在较大差异，有效专利数量呈现出平缓发展的态势。有效专利数量反映出专利丛林早期专利数量少，经历了先快速增长后增长速度逐渐减缓的过程；与专利申请和专利授权数据相比，有效专利客观反映了专利丛林的专利存量，呈现专利丛林的发展态势，这从现实层面表明选取有效专利的合理性。专利丛林在不同的发展阶段存在显著差异；因此，为进一步定量分析专利丛林的动态演进阶段，采用层次聚类分析方法，尽量避免受主观因素影响，基于长周期的时间序列数据，定量划分专利丛林的演进阶段。

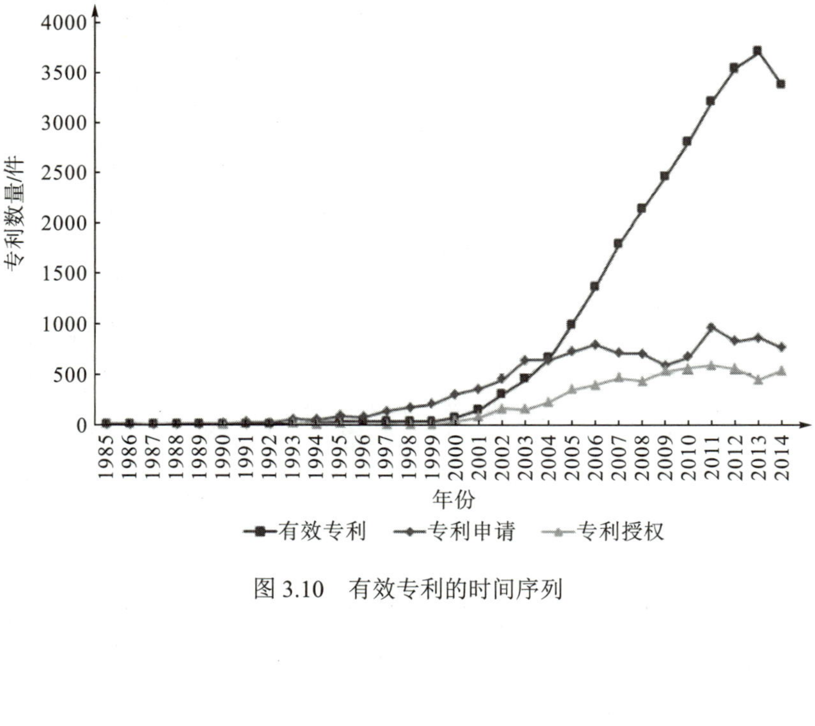


图 3.10　有效专利的时间序列

### 3.3.4　专利丛林的阶段特征

为定量分析专利丛林的动态演进过程，采用层次聚类分析方法，分析各阶段的特点和差异；基于长周期的时间序列数据，本节研究需选取量化数据作为聚类指标。根据上述研究，首先，本节以有效专利的时间序列数据作为聚类指标，即历年的有效专利数量及其增长率；然后，将上述聚类指标相关数据导入 SPSS 19.0，开始进行层次聚类分析，在系统中选择绘制层次聚类树形图；最后，在层次聚类树形图中选择分类距离，从而对中国喷墨打印技术的专利丛林进行阶段划分。

图 3.11 通过选取分类距离对专利丛林进行阶段划分；如果分类距离过大，阶段划分太少，这将不便于开展后续针对性的研究工作，如果分类距离过小，阶段划分过多，则失去分类的意义。为此将分类距离设为 3，专利丛林则划分为四个阶段，1990～2004 年为第Ⅰ阶段，2005～2006 年为第Ⅱ阶段，2007～2009 年为第Ⅲ阶段，2010～2014 年为第Ⅳ阶段；以上各阶段间具有显著差异，而且同一阶段内的指标数据具有较强的内聚性，达到了研究对专利丛林阶段划分的目的。

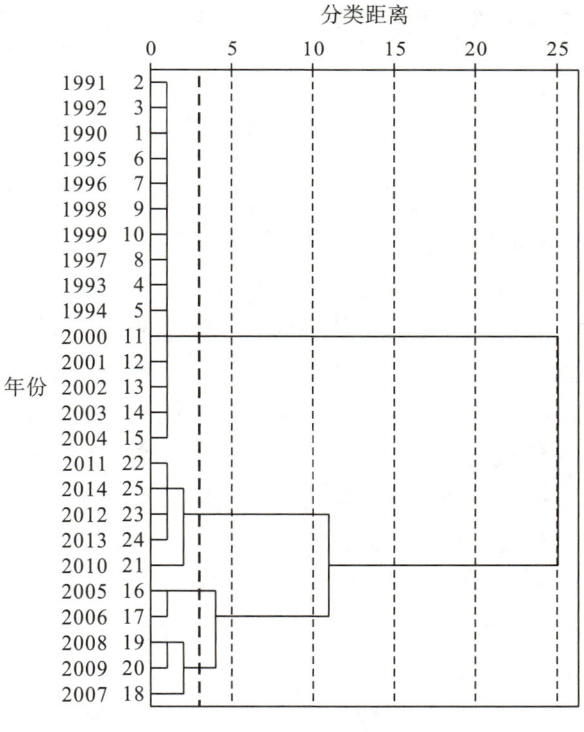


图 3.11　层次聚类树形图

以上的聚类分析表明，专利丛林已经历四个发展阶段，各个阶段也呈现不同的发展特点。第Ⅰ阶段为专利丛林的萌芽期，有效专利数量增长最快，年均增长率达到 51.3%；但有效专利数量起点低，1990 年仅有 2 件有效专利，且有效专利数量积累少，至 2004 年仅积累了 658 件有效专利；由于该阶段的有效专利数量少，其中位数仅为 31，导致该阶段往往会被专利权人所忽视；该阶段的时间周期长，此时有必要开展专利分析，积极进行专利预警。第Ⅱ阶段为专利丛林的成长期，有效专利数量呈现快速增长的态势，首次突破1000件，年均增长率达37.0%；此时技术正处于快速发展阶段，应积极进行专利申请，并注意避开其他专利(图3.12)。

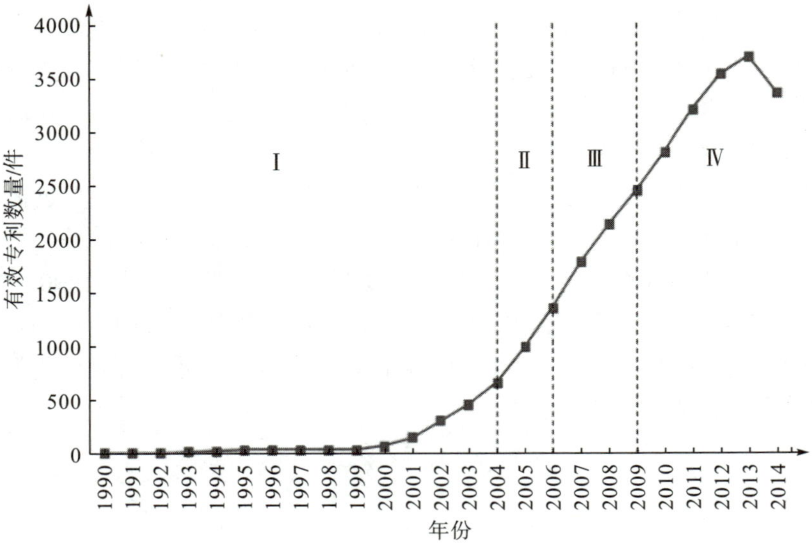


图3.12　专利丛林演进阶段

经过第Ⅰ阶段和第Ⅱ阶段的发展，有效专利逐渐积累，专利丛林开始进入新的演进阶段。第Ⅲ阶段为专利丛林的成熟期，经过第Ⅰ阶段和第Ⅱ阶段的积累，有效专利的积累已处于较高水平，有效专利数量的中位数达到2130；由于失效专利开始批量出现，导致有效专利数量增长减缓，有效专利增长率从2007年的31.4%下降到2009年的15.0%；此阶段是应对专利丛林的重点时期，对专利丛林的有效专利进行分析，发现专利空白点，积极开展专利布局，成为专利丛林参与者。第Ⅳ阶段为专利丛林的衰退期，此时失效专利的数量快速增多，有效专利数量在此阶段达到峰值并出现负增长。

研究表明，专利丛林是一个动态发展的演进过程，经历萌芽期、成长期、成熟期和衰退期四个阶段。其中，专利的萌芽期历时长，虽然专利增长最快，但是起点低，有效专利数量少，容易被忽视；成长期的专利较快增长，有效专利也积累到较高水平；成熟期的专利持续增长，但失效专利开始批量出现，有效专利增长趋缓；衰退期的失效专利快速增长，有效专利达到峰值并开始趋于减少。

本书为有效应对专利丛林提供了分析工具。近年来，在全球专利数量快速增长的背景下，由大量专利形成的专利丛林成为专利领域的突出现象；专利丛林在重要技术领域快速涌现，并对技术创新产生深远影响。在此背景下，可运用上述定量测度方法，面向特定的技术领域，基于有效专利分析专利丛林的演进阶段，揭示专利丛林的潜在空间；在此基础上，开展针对性的技术研发和专利申请，通过利用专利布局、交叉许可等方式，以降低专利丛林对技术创新的负面影响。

# 第四章　专利陷阱的兴起与演进

在早期的专利丛林阶段，领先企业积极主动申请大量专利，策略性地密集布置了相关专利，从而形成了专利丛林，导致小企业的创新难以绕过专利丛林，进而被迫交纳高昂的专利许可费。随着专利丛林的快速涌现及持续蔓延，专利权人通过策略性地专利布局，故意设置专利陷阱，使得专利陷阱具有隐蔽性，通过有意模糊或隐藏权利要求，诱使对方在无意中侵犯其专利权，进而提起专利诉讼并获得高额索赔。

## 4.1　专利陷阱的兴起

专利陷阱(patent trap)通常是指专利权人有意模糊或者隐藏专利的权利要求，诱使对方无意中侵犯其专利权，进而提起专利诉讼并高额索赔；或者密集布置相关专利，导致对方技术创新难以回避此类专利，被迫交纳高昂的专利许可费。

### 4.1.1　发起主体的变化

在早期的专利丛林阶段，领先企业倾向组建标准联盟，通过主动申请并获批大量专利，进行策略性的专利布局，密集布置相关专利，形成专利丛林，使得追赶者或小企业难以绕过，从而被迫交纳高昂的专利许可费。在专利丛林阶段，主动发起方是领先企业，而受影响的是追赶者或者小企业。

随着专利丛林向专利陷阱过渡，涉及主体类型发生了明显变化，一批小企业或个人也逐渐发现专利的经济价值，开始积极进行专利运营；小企业或者个人通过大量购买或者申请专利，故意设置专利陷阱，策略性选择目标公司，提起专利诉讼并获得高额索赔。这些小企业或个人以及部分领先企业策略性选择的目标公司，大多为技术能力强且市场份额大的领先企业；因此，在专利陷阱阶段，发起的主体不仅包括行业中的部分领先企业，还包括上述这些小企业或个人，而受影响的主要是领先企业。

这一批小企业或者个人主要是发现了专利的潜在经济价值，从而转型开始专注于专利运营；首先通过购买获取大量专利，再向技术能力强且市场份额大的领先企业提起诉讼或专利许可，其主张专利权利的真实目的并不是保护自己的知识产权，而是获得高额的赔偿金或许可收入；这些小企业或者个人通常并不进行实际的生产活动，因此，其更多的是隐藏自己的专利权，当基于其专利制造的产品出现在市场上，并占领相应的市场份额时，便选择目标企业发起诉讼或进行许可谈判，从而获取赔偿金或许可收入。

针对技术能力强且市场份额大的企业，小企业或者个人向其发起专利诉讼，已成为专利陷阱的典型表现形式，这种现象也被形象地称为“蚂蚁绊大象”。其中，非专利实施实体(non-practicing entity，NPE)是专利陷阱中值得重视的一类主体，并呈现出快速涌现的态势；该类主体并不制造与销售产品，其专门从事专利运营；NPE 选择目标企业之后，通过购买专利发起专利诉讼，以高额获取赔偿金，或收取专利许可费。对于 NPE，目前国内尚无统一的中文译名，常采用“非专利实施实体”“非专利实施主体”“非实施主体”“非专利经营实体”“非专利运营主体”等。

例如，Techsearch 公司就是典型的 NPE，其频繁对行业巨头策略性发起专利诉讼的事件，揭开了 NPE 的神秘面纱。Techsearch 公司是专营计算机数据传输专利的小公司，通过从破产公司收购或拍卖获得大量专利，但并没有将专利用于制造产品，而是将获取的专利作为诉讼的筹码。从 2001 年起，该公司先后控告 Intel、AT&T、IBM 等行业巨头侵犯了其专利，要求支付巨额的赔偿金；这些巨头企业考虑到企业形象和声誉等，大部分倾向以和解的方式支付赔偿金和专利许可费，即使像 Intel 公司进行反击上诉的公司也花费了巨额诉讼费，而且长时间的诉讼也拖延了企业的研发进程。

NPE 挑中的目标公司，大多为技术能力强且市场份额大的企业，也被称为“大肥羊”企业，如微软、黑莓、Intel 等。这些目标企业不仅拥有雄厚的资金；而且一方面，大型企业往往考虑专利诉讼周期冗长，不愿花费过多精力纠缠其中，以免延误企业的研发进程，另一方面，被卷入专利诉讼可能影响这些技术型企业的形象，因此更愿意与 NPE 达成技术许可协议。正因如此，这也推动了 NPE 继续选择目标公司进行攻击，使得 NPE 发动专利诉讼的数量快速增长。

### 4.1.2　表现形式的变化

在专利丛林阶段，领先企业倾向组建标准联盟，通过专利池运营拥有的专利，这简化了标准产业化过程中的专利许可工作；然而这弱化了领先企业之间的竞争行为，减少了产业技术选择的多样性，收取高昂的专利费削弱了专利池以外同行企业的竞争能力；同时，在专利池的发展过程中，专利池发起人始终处于有利的市场地位，有可能采取策略性的专利申请行为，将大量低价值专利，甚至是不相关的专利塞入其中，通过捆绑搭售非必要专利谋求不当收益，借助一系列限制性条款，不仅扰乱了正常的市场竞争秩序，而且将会增加专利池中的专利数量，进一步压缩专利池外行业中企业的技术创新空间，这给处于产业低端的发展中国家企业带来很大的压力。

专利陷阱的快速涌现始于世纪之交的美国 IT 产业，专利陷阱通常是指专利权人有意模糊或隐藏权利要求，诱使对方无意中侵犯其专利权，进而提起专利诉讼，并要求高额索赔。根据专利陷阱呈现出的不同特点，专利陷阱主要表现为专利钓饵(patent troll)、潜水艇专利(submarine patent)以及专利地雷(patent mine)等形式。

专利钓饵是专利陷阱的重要形式，由于缺乏一种市场机制来评估专利价值，导致越来越多的专利投机者涌现，以获取高额的专利许可费用为其主要目的，由此产生了大量的专利钓饵。最初的专利流氓通常只是针对已经发生的专利侵权行为，然后告知对方或者提起威胁性的起诉，但是这也足以迫使对方为了免遭专利诉讼而支付专利许可费用；近年来，随着技术网络化的趋势日益凸显，专利持有人通过收购等手段，获得大量专利，并将持有的专利捆绑成为专利钓饵；随着专利钓饵的快速兴起和发展，不仅提高了研发新技术和避免侵权的隐性成本，而且阻碍了技术的创新。

潜水艇专利是隐蔽性很高的专利陷阱。潜水艇专利概念是依据美国《专利法》在 1995

年之前的规定而出现的一类专利——专利申请人可以重复不断修改专利内容的方法，刻意将专利权的授予时间不断推迟，一直等到使用相关技术的产品开始普及。然后，直到有一定数量的企业利用其技术，并将该专利产品广为用之的时候突然授予专利权，提起专利诉讼并要求巨额专利侵权赔偿金(Bányai，2016)。因为，该专利就像是潜入水下后悄然接近，再猛然出现让使用该专利的企业遭受损失，所以才取名为潜水艇专利。在美国专利法修订后，已不再有潜水艇专利。

专利地雷是指专利权人为了获取高额索赔，诱使其他企业无意识侵犯其专利权，也是专利陷阱一种重要的表现形式。由于专利地雷具有隐蔽性，因此一旦触发专利地雷，其影响面更大；由于专利权人的弱保护其技术发明，或故意隐瞒不公开其专利申请的内容，其他企业往往无意中触及其专利权，随之面临专利诉讼和高额索赔；一些公司进行技术研发之前，没有对其他公司的专利进行分析，或缺乏对相关专利保护范围和效力进行判断，以致在专利诉讼审判中仍被认定为侵权成立。

### 4.1.3　专利陷阱的效果与影响

在专利陷阱阶段，NPE 通过故意设置专利陷阱，策略性选择目标公司，进而提起专利诉讼，这使得专利诉讼始终保持较高的数量。2018 年 1 月，知识产权交易公司 RPX(2018)发布了美国 NPE 专利诉讼统计报告，报告数据显示，NPE 在 2011 年起诉了 2905 家企业，被告数量达到峰值；在 2013 年，起诉了 2670 个企业，共发起 3608 次专利诉讼；此后，便呈现出波动下降的趋势，在 2017 年起诉了 1994 个企业；实施实体是区别于 NPE，能够实施专利技术的主体，在 2017 年也起诉了 1540 个企业(图 4.1)。

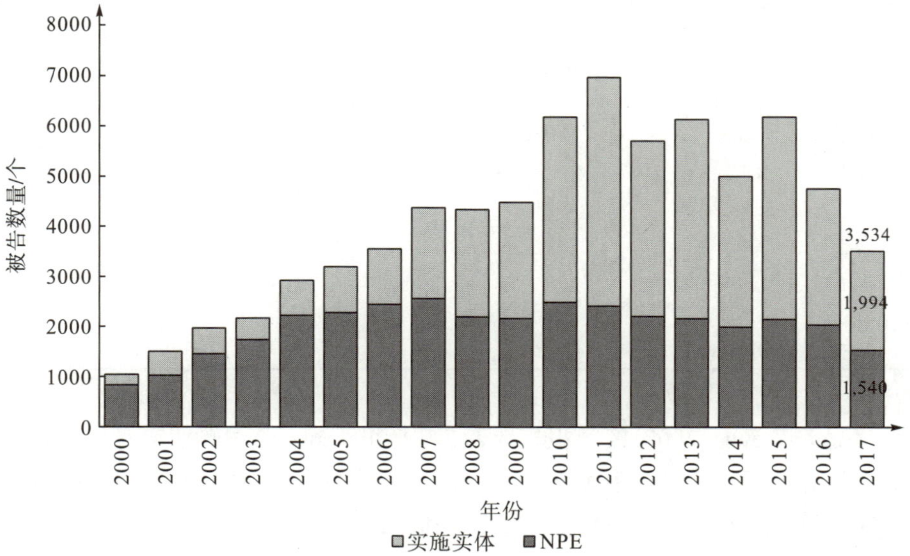


图 4.1　专利诉讼的被告数量

NPE 策略性选择目标公司，发起专利诉讼，主要目的是获得高额赔偿。普华永道公司(2018)发布了《2018 年美国专利诉讼研究报告》，数据显示，在 1998～2002 年，NPE

在专利诉讼中获得的赔偿金额为 340 万美元，约为实施实体获得赔偿金额的 1/2；此后，NPE 获得的赔偿金额明显增加。其中，在 2003～2007 年平均为 1400 万美元，约为实施实体获得赔偿金额的 2.94 倍；在 2013～2017 年平均为 1480 万美元，约为实施实体获得赔偿金额的 3.52 倍。

NPE 实施策略性专利陷阱，是为迫使目标企业与之进行谈判和解并支付高昂费用的砝码；如果目标企业不愿支付赔偿费用和专利许可费用，NPE 便会对其发起专利诉讼；由于其本身所购买的专利的成本比较低廉，所以即便在最终的专利诉讼中败诉，其所损失的也只是这项专利权以及律师费用；但是一旦 NPE 在最终的专利诉讼中胜诉，不仅能获得高额赔偿金，而且会在无形中提升此件专利的价值，为以后的专利许可增加砝码。NPE 本身并不从事生产和销售，不存在前期投入等沉没成本之类的成本压力，而被诉讼企业则是牵一发而动全身，因此 NPE 才敢漫天要价。

专利陷阱主要体现为小公司向大公司索取高额的专利许可费，即典型的“小坑大”。Alliacense 公司(2019)是美国 TPL 集团的子公司，是一家从事知识产权授权计划设计和实施的小公司，持有 MMP 专利组合、Fast Logic 专利组合、CORE Flash 专利组合等。自实施专利陷阱战略起，先后向 400 余家企业发出侵权警告。目前，已超过 100 家领先企业购买 MMP 专利组合许可证，包括惠普、索尼、诺基亚、通用电气、亚马逊等；已有 40 多家领先企业购买了 Fast Logic 专利组合许可证，包括高通、东芝、三星等；而购买了 CORE Flash 专利组合许可证的领先企业，包括富士通、戴尔、三星、联想等(表 4.1)。

**表 4.1　Alliacense 获得主要专利许可人及其费用**

| “大肥羊企业” | 支付费用/百万美元 |
|---|---|
| 富士通 | 31.6 |
| 惠普 | 20～26.4 |
| 索尼 | 19.4 |
| Intel | 10 |
| Olympus | 5.8 |
| Seiko Epson | 4.0 |
| AMD | 4.0 |
| Casio | 2.0 |
| Nikon | 1.9 |
| Kenwood | 1.0 |

根据 Morgan Lewis(2007)统计报告显示，从 Alliacense 公司购买专利组合许可证的企业所花费的费用均超过了 100 万美元，其中，富士通公司支付的费用达到 3160 万美元。但 NPE 选中目标企业后，在诉诸法律进行专利诉讼时，部分已经购买相关专利组合的大公司，其自身的知名度提升了专利组合的价值；与此同时，小公司与大公司的力量对比，为陪审团留下大公司仗势欺人且不肯支付专利费用的印象，这也大大提高了小公司赢得专利诉讼的概率，Alliacense 公司连续 17 场胜诉即是有力的证明。

美国的专利侵权损害赔偿制度，为专利陷阱提供了谈判筹码。美国《专利法》第 284 条规定了专利侵权损害赔偿原则。根据该规定，当法院认定被诉企业侵犯原告专利权属实时，被告应就该侵权行为向原告支付合适的损害赔偿，但不得少于被告使用该专利应支付的合理许可费用，并且应补偿利息及其他费用；陪审团可决定损害赔偿的费用，当陪审团没有认定赔偿金额时，法院应就赔偿金额加以确定；且赔偿金额不超过实际损失的 3 倍。此规定使得“大肥羊企业”更倾向于和解和购买专利许可。

此外，美国的陪审团制度也增加了个人或小企业胜诉的可能性；美国的法律赋予了陪审团极大的权利，陪审团独立于政府部门外，不需要听从任何部门；而且陪审团成员是从诉讼案件所在社区的各社会阶层遴选出来的，这使得原告经常选择对被告反感或敌视的法定管辖区起诉，且由于陪审团成员的“杀富济贫”心态，往往偏向小企业或个人；而领先企业鉴于公司声誉和禁令威胁等原因，往往愿意息事宁人，这导致专利陷阱现象大量出现。此外，美国专利制度不公开申请阶段的专利，因此专利权人利用此法律空档，拖延专利申请审批周期，待其他企业使用相关技术时，再快速获得批准，提起诉讼获取商业利益。

随着专利陷阱现象的愈演愈烈，对领先企业的正常经营和技术创新产生了日益严重的负面影响。为此，领先企业开始重视专利陷阱，并采取有效应对措施进行防范。领先企业为了防止陷入专利陷阱的羁绊，开始不断提升自身的技术创新能力，扩大自身的专利组合；企业日益重视专利的整体布局，通过围绕核心专利，申请大量的外围专利，构筑防御性的专利组合屏障等。由于专利陷阱的负面影响日益凸显，而受到冲击的领先企业倾向于组建专利安全联盟，以应对专利陷阱。

从企业层面讲，大公司可通过与其他企业组建或加入已有的企业安全联盟抵御专利陷阱。目前，专利安全联盟(Allied Security Trust，AST)是最有影响力的科技安全联盟，它由 Verizon、Google、Cisco、Ericsson、HP 等大公司联合组建。安全联盟抵制 NPE 的方法，一般是在迅速购买可能为 NPE 利用的相关技术专利，避免 NPE 对其可能产生的诉讼风险，同时，加入安全联盟的公司需付一定金额的会员费，保障联盟的正常运行。

另一应对专利陷阱的措施是加入合理专利交易(Rational Patent Exchange，RPX)公司。RPX 公司由投资公司组建，成立于 2008 年，成立目的是帮助其他公司应对 NPE 的诉讼威胁，使其会员尽可能减少专利诉讼及支付高额专利许可费。RPX 公司主要通过购买可能会被 NPE 利用的专利，将这些专利加入保护性专利收集计划，而会员企业只需根据其涉及专利数的多少，缴纳一定的会员费即可使用，最低的会员费为 4 万美元。

## 4.2 专利陷阱的典型案例分析

为揭示专利陷阱的特征和生成机制，选择无线星球国际有限公司(Unwired Planet International Ltd)(以下简称无线星球)与华为公司为研究对象，分析发起主体设置专利陷阱，并达到某种目的的过程，从而为防范应对专利陷阱打开突破口。

### 4.2.1 设置专利陷阱

无线星球国际有限公司不从事产品生产，是一家以获取专利并进行专利许可或者专利诉讼的公司，因此，这是一个典型的 NPE。无线星球的前身是 Openwave Systems Inc.，简称为 Openwave。Openwave 曾是世界首屈一指的创新公司，为移动和宽带运营商提供软件应用程序和基础设施及其他一整套个性化服务；其全球客户包括多家移动营运商和宽带服务提供商，例如 Bell Mobility、NTT、T-Mobile、Verizon Wireless 等。

在 1994 年，Libris Inc 公司正式成立，这是一家为无线数据提供应用基础设施的软件公司，公司的总部位于美国；其开发的微浏览器和服务器软件，使智能手机能够从网上检索股票报价、电子邮件和其他数据。1996 年，该公司更名为无线星球，此后无线星球与爱立信、摩托罗拉和诺基亚推出 WAP 论坛。1999 年，无线星球更名为 Phone.com；在 2000 年，它与 Software.com 合并成为 Openwave。2012 年，Openwave 收回无线星球的名称，停止当时的产品和服务，转型成为专利运营公司。

在购买专利前，无线星球仅拥有 260 件专利。2013 年，无线星球从爱立信（Telefonaktiebolaget LM Ericsson）购买了共 2185 件专利，其中的大部分授权专利是属于欧洲电信标准化协会（European Telecommunications Standards Institute，ETSI）所公布的无线通信标准中涉及的必要专利（standard-essential patents）；此外，还包括 809 件美国专利、825 个专利族以及部分已公开的国际专利申请。无线星球在递交给美国证券交易委员会（Securities and Exchange Commission）的文件中透露，公司的专利组合包含 825 个专利类别，涉及 1922 件已被批准的专利和 263 项专利应用。

在无线星球购买的专利中，涉及 753 件与 2G、3G 和 LTE 技术有关的专利。爱立信还将在 2014～2018 年，每年为无线星球提供 100 件专利。爱立信公司将依据专利的营收情况抽取提成，如果无线星球从专利中获取净收入 1 亿美元，爱立信将抽取 20%；若净收入为 1 亿～5 亿美元，则抽取 50%；若净收入为 5 亿美元以上，则抽取 70%。此外，无线星球还授权爱立信使用公司的专利，其中涉及 GSM、GPRS、EDGE 和 WCDMA 等多项无线通信技术，包括已在移动行业广泛应用的专利发明。

2012 年 9 月，无线星球就专利侵权向苹果公司提起诉讼，认为苹果侵犯了其 10 件专利，索要 3300 万美元的赔偿，以及收取苹果手机和平板电脑一定比例的销售收入作为补偿。无线星球还就专利问题在世界各地向众多公司发起诉讼，无线星球在美国起诉了谷歌、微软和 Square，同时在英国起诉了谷歌、三星和华为。其中部分公司选择支付高额的专利许可费用；2014 年，联想公司花费 1 亿美元收购无线星球的 21 项专利组合，并获得对方的专利组合授权。2016 年 10 月，微软以一次性付清 875 万美元的方式处理了无线星球的专利诉讼。

近年来，华为公司的移动智能终端全球销量逐年增长，在引领全球 5G 网络技术标准制定方面取得了重大突破，随着华为公司近年来在全球范围的快速发展，已经受到众多 NPE 的关注，也已成为国外企业设置专利陷阱的主要目标，近几年在海外已多次被 NPE 发起专利诉讼，索要高额赔偿金，已对企业的经营和技术创新产生了负面影响。

华为公司与爱立信在 2009 年达成专利许可协议，但该专利许可协议已于 2012 年底到期。此后，无线星球从爱立信处购买了众多专利，其中就包括大量的标准必要专利。对于这部分被无线星球购买的标准必要专利，如果华为公司不愿意继续购买，就需要重新与无线星球签署新专利许可协议。因此，无线星球觉得华为可能是一个潜在的买家，要求华为公司与其重新签署专利许可协议，而且专利许可费远高于此前的费用。于是，华为公司与无线星球就新专利许可协议进行了长时间的协商，但是双方始终未能达成一致，从而引发了后续的专利诉讼。

### 4.2.2　发起专利诉讼

由于无线星球和华为公司就新的专利许可协议无法达成一致，从而引发了无线星球提起的专利诉讼。2014 年 3 月，无线星球向英格兰-威尔士高等法院(England and Wales High Court)提起专利诉讼，指控华为公司侵犯了其 6 件专利，其中，5 件是涉及 2G、3G 和 4G 相关的标准必要专利(表 4.2)。

表 4.2　涉诉专利

| 序号 | 公开号 | 原始申请人 | 是否为标准专利 |
|---|---|---|---|
| 1 | EP1230818 | Ericsson | 是 |
| 2 | EP2229744 | Ericsson | 是 |
| 3 | EP2119287 | Ericsson | 是 |
| 4 | EP2485514 | Ericsson | 是 |
| 5 | EP1105991 | Ericsson | 是 |
| 6 | EP0989712 | Unwired Planet | 否 |

无线星球是一家美国企业，却选择英国作为起诉地点，这是经过深思熟虑之后的选择；其原因在于，NPE 的肆虐已经严重影响了美国经济的发展，美国政府自 2009 年起，逐步对依靠专利起诉获利的企业进行打击，NPE 作为此类企业的典型代表，滥诉行为受到限制①。

### 4.2.3　赔偿和禁令

2017 年 4 月 5 日，英格兰-威尔士高等法院就无线星球与华为公司之间的系列案件中滥用标准必要专利纠纷做出判决，认定无线星球拥有的标准必要专利均遵守了公平、合理、无歧视(Fair，Reasonable，and Non-discriminatory Terms，FRAND)许可的承诺，因此并未触犯反垄断法；同时，华为对无线星球持有的 EP2229744(Method and arrangement in a wireless communication network)和 EP1230818(Method for improving handovers between mobile communication systems)两件专利构成了专利侵权，而这两件专利对于无线电信标准，均属于有效、必要的专利。

① 美国过于保护专利权人的做法，已经对其经济发展产生了严重的负面影响，导致中小企业在正常经营过程中频繁遭受 NPE 诉讼侵扰，从而负向影响企业的正常经营；而美国的经济活力很大部分来源于中小企业，正是大量中小企业的存在推动了美国的科技创新，让美国成为全球创新大国；但是近年来 NPE 的快速涌现，已经对企业的正常发展和技术创新产生了严重的负面影响，这让美国的科技创新出现了停滞的局面。

因为这些原因，奥巴马在 2013 年签署法令，提出 5 项执行措施以及 7 项立法修改建议以此打击 NPE，包括要求国会通过立法，对于那些被法庭认定是滥用专利的诉讼当事人进行制裁；要求专利商标局对检察官进行培训，检查那些经常涉及专利诉讼中的专利；控制利用国际贸易委员会(U.S. International Trade Commission，ITC)来解决专利纠纷的频率；同时，改变 ITC 某些法律标准，确保在聘用法官时，能拥有一定的弹性。在出台上述针对性的政策措施后，以专利优势知名的高通公司，也受到美国联邦贸易委员会(U.S. Federal Trade Commission，FTC)的调查，或许正是这些因素，导致无线星球这家美国企业选择在英国起诉。

与此同时，该高等法院判决认定无线星球的要价过高，并给出了法院认为合理的专利许可费，并按主要市场、中国和其他市场进行了划分，其中主要市场包括了美国、英国、法国、德国、日本和印度；2016 年 8 月，无限星球公司提出的费率标准是 4G 按照 0.55%、3G 和 2G 按照 0.28%；华为公司提出的费率标准是 4G 按照 0.04%、3G 按照 0.015%、2G 不收费。判决书中的专利费率虽比华为公司的费率方案提升了不少，但是也远少于无线星球提出的费率。华为对此并没有再提起上诉，但是无线星球认为判决的专利费率过低，因此又提起了上诉(表 4.3)。

**表 4.3　专利费率**

| 技术 | 主要市场费率/% | | 中国和其他市场费率/% | |
|---|---|---|---|---|
| | 手机 | 基础设施 | 手机 | 基础设施 |
| 2G/GSM | 0.064 | 0.064 | 0.016 | 0.032 |
| 3G/UMTS | 0.032 | 0.016 | 0.016 | 0.004 |
| 4G/LTE | 0.052 | 0.051 | 0.026 | 0.026 |

针对无线星球再次提起的上诉，英格兰-威尔士高等法院于 2017 年 6 月 7 日进行了判决；华为需支付给无线星球的赔偿金额由 850 万英镑降为 290 万英镑；也正式向华为发布了 FRAND 禁令(FRAND injunction)，要求华为立即履行高等法院于 2017 年 4 月做出的主判决中的义务，即按照不同市场，向无线星球支付裁定的费率，否则将禁止华为在英国销售其产品；与此同时，继续允许双方上诉。

此次法院发布的是一种新型禁令，即禁令的有效期仅持续至本次专利许可协议有效期届满，而非该专利的有效期届满。FRAND 禁令应当以正常的形式限制侵犯相关专利，但同时应确保当双方当事人达成符合 FRAND 原则的许可时，该禁令随之失效。而且，在此后的上诉期间，禁令将中止执行，而且华为可以在上诉期间的任意时间接受裁定的费率，以消除现有的禁令。实际上，华为公司的手机和基础设施相关产品虽然在英国市场暂时不会遭到禁售，但仍面临禁售风险。

对于华为公司来说，英国做出禁令的影响是非常大的，欧洲市场是华为最大的海外市场，其两大业务电信设备和手机业务都在欧洲市场取得了成功，中东、欧洲、非洲(Europe, the Middle East and Africa，EMEA)市场，每季度的智能手机出货量会达到千万部。根据 2016 年财务报告，在欧洲-中东-非洲地区，受益于智能手机市场份额的提升，其实现销售收入人民币 1565 亿元，同比增长 22.5%；且 2016 年华为终端在欧洲市场实现跨越式突破，在东北欧和西欧的市场份额分别突破 15%和 10%，部分北欧市场份额保持领先。因此，如果英国的禁令对欧洲市场产生影响，那损失是巨大的。

华为不能接受 FRAND 禁令的判决，随后上诉至英格兰-威尔士上诉法院(The Court of Appeal of England and Wales)，并提出以下三项上诉主张。华为认为此次专利诉讼案件发生在英国，因此法院应仅就英国境内的许可费率是否合理做出决定；华为认为无线星球给予三星的较低费率，损害了三星与华为之间的竞争关系，构成了差别待遇，不能参照其标准执行，这样的费率不符合 FRAND 原则；华为认为英格兰-威尔士高等法院错误地解释了 Huawei VS ZTE（简称“华为诉中兴案”）中，禁令救济与滥用市场支配地位的法理，对此应考虑禁令颁布的合理性。

2018 年 10 月 23 日，英格兰-威尔士上诉法院对无线星球与华为的专利诉讼做出判决，驳回了华为公司的上诉，也驳回了无线星球的交叉上诉，维持 2017 年 4 月英格兰-威尔士高等法院对所有实质性问题的初审裁决。这意味着华为如果不能按照英格兰-威尔士高等法院的判决要求，与无线星球公司达成专利许可合作，签署全球性专利许可协议，华为此前在一审判决中领到的禁令将可能启动生效。当然，对上诉法院做出的判决，华为如果依旧不服的话，还可以上诉至英国上议院。

### 4.2.4　向全球蔓延

在中国市场，由于无线星球持有的专利也在中国布局了同族专利；因此，为应对无线星球的诉讼，华为针对涉案的相关同族专利，向国家知识产权局的专利复审委员会提出了无效宣告请求，请求宣告无线星球的相关专利权利要求全部无效。

为了获取华为向国家知识产权局的专利复审委员会提出的专利无效宣告请求、涉及的专利信息以及审判结果等详细信息，依托 incoPat 专利分析平台（该平台完整收录了全球 120 个国家、组织、地区一亿多件基础专利数据），将中美专利诉讼、转让、许可、质押、复审无效、海关备案等法律信息与专利文献相关联，实现大数据融合，便于进行专利的多维分析和价值挖掘（表 4.4）。

表 4.4　被无效宣告请求的专利

| 申请号 | 无效宣告请求日期 | 宣判日期 | 结果 |
|---|---|---|---|
| 200880123699.3 | 2016.02.05 | 2016.12.22 | 维持有效 |
| | 2017.12.21 | 2018.05.18 | 维持有效 |
| 200780051855.5 | 2016.02.05 | 2016.07.22 | 全部无效 |
| 97181988.2 | 2017.09.05 | 2018.03.13 | 权利要求 1～3 无效<br>权利要求 4～11 有效 |
| 02829680.X | 2017.09.15 | 2018.03.29 | 维持有效 |
| 200680056734.5 | 2017.09.15 | 2018.01.11 | 全部无效 |
| 201310190069.0 | 2017.10.19 | 2018.02.28 | 全部无效 |
| 99807106.4 | 2017.11.03 | 2018.07.04 | 修改后有效 |
| 00816643.9 | 2017.11.03 | 2018.09.27 | 修改后有效 |

依托 incoPat 专利分析平台，利用其中的中国复审无效检索功能，设置复审/无效请求人为华为，专利权人为无线星球，可检索得到相关的涉案专利。检索数据显示，2 件专利维持有效，2 件专利经修改后维持有效，3 件专利全部无效，1 件专利部分无效，其中专利权利被全部无效的数量占总数的 37.5%；此外，检索数据还显示，有 3 件涉案专利未得到无效宣告请求的结果，而且均已失效。

2016 年 4 月，美国 PanOptis 公司的子公司 Optis UP Holdings 以 4000 万美元收购无线星球；PanOptis 以收购的无线星球标准必要专利，开始与华为进行专利许可协商，但没有达成一致；于是，PanOptis 对华为发起了专利诉讼。PanOptis 及其关联公司 Optis Wireless Technology、Optis Cellular Technology 等共 5 家企业，于 2017 年 2 月，向美国得克萨斯州东区地方法院提起专利诉讼，声称华为侵犯了其持有的 5 件专利，其中有 4 件专利涉及 4G LTE 技术，另外一件专利是涉及 H.264 视频编码技术。2018 年 8 月 27 日，美国得州地区法院作出宣判，华为侵犯了 PanOptis 及其关联公司专利的事实成立，需向对方赔偿 1050 万美元。

除了在英国、中国、美国已有专利诉讼案件，无线星球还在德国，以多件标准必要专利，向华为发起专利诉讼；2020 年 4 月，德国杜塞尔多夫高等地区法院（Düsseldorf Higher Regional Court）裁定，华为公司侵犯了无线星球的专利，同时认为无线星球及其共同专利诉讼人爱立信，在专利转让期间的许可行为可能不符合公平、合理、无歧视许可的规定，根据德国法院的裁定，无线星球并没有完整的索赔权。

### 4.2.5 案例总结

后来，无线星球的母公司 PanOptis 与华为达成一项全球和解协议，从而结束了他们在欧洲和美国等多地的专利诉讼。两家公司从一月底开始的纷争现在已得出了结论，双方已在三周前撤回了在伦敦最高法院（Supreme Court in London）和德国联邦法院（German Federal Court of Justice）的所有诉讼，来自美国诉讼程序的文件显示，两家公司已经达成了一项临时和解协议，双方已要求各法院中止诉讼，同意结束其全球专利纠纷。

根据无线星球与华为的典型案例，探索研究 NPE 在发动专利诉讼时，所运用的攻击策略，对此进行总结，可归纳出不同的策略，包括以战逼和、全球发动、索要高额赔偿金等。其中，以战逼和指专利权人的态度强硬，逼迫对方妥协让步；专利权人以提出专利侵权诉讼作为威胁对方的方式，促使对方和解并给付授权金。从被诉的角度而言，专利权人采用以战逼和策略取得成功是有原因的。一方面，专利诉讼旷日费时。由于专利权人通过正常渠道无法了解他人使用的专利方法，只能从产品上推定其使用了专利，法律将举证的责任直接加在被诉方身上。此类案件周期漫长、牵扯精力大，无论最终结果胜负与否，都将对企业的正常经营和技术创新产生严重的影响。因此，被告往往在权衡利弊后，选择向专利权人支付高额费用。另一方面，诉讼费用相当庞大。进行一场专利诉讼所需要的费用成本是非常高的，若诉讼前，专利权人声称被诉方侵犯他们的专利，要求付出比诉讼费低的赔偿金，否则将对簿公堂。考虑成本利益，对被诉方来说，和解是比较有利的做法。

近年来，在专利国际化的背景下，NPE 会将其持有的专利在全球范围内大量申请同族专利，同时在多个国家申请并获批专利，以实现策略性的专利布局；因此，当 NPE 在对目标企业发起专利诉讼时，不会仅在一个国家或地区发起专利诉讼，极有可能会在多个国家或地区同时发起专利诉讼，尤其是目标企业市场份额大的国家或地区；以此实现以战逼和的目标，并最终实现收取高额赔偿金或专利许可费用的目标。

NPE 本身不制造生产，而是利用专利诉讼，索取高额的授权金或和解金；专利诉讼已成为 NPE 的策略性谋利手段，通过发起专利诉讼获取高额的经济利益，正成为专利运营和技术竞争的新趋势。NPE 通过购买标准必要专利或核心专利，积极设置专利陷阱；以此与目标企业签署专利许可协议，获取高额的专利许可费；若双方的专利许可协议未能达成一致，这就会致使 NPE 策略性发起专利诉讼，通过法律手段，起诉对方专利侵权，索赔高额的赔偿金，迫使目标企业签署专利许可协议。

在专利诉讼过程中，NPE 还可以向法院申请颁发禁令。禁令的目的是在实质争议解决前，防止侵权行为的重复或预期发生，保护当事人正当权益，这是英美法系国家在知识产权诉讼中常用的救济手段，肇始含义是停止侵权。如果向法院请求禁令的请求得以核准，则会对侵权方造成巨大影响。正因为禁令产生的严重后果，被诉方也会被迫和解，接受 NPE 的高额许可费。当禁令被颁发时，被诉方将面临更多的和解金，因此多数被诉方为了避免日后更多的诉讼费用及禁令等问题，会提前选择与 NPE 和解，从而不得不支付不合理的高额赔偿金。

## 4.3 专利陷阱的生成机制

### 4.3.1 专利价值的深度挖掘

近年来，专利的技术价值和经济价值日益凸显，专利已从排他性保护手段演变为竞争工具。企业将专利视为重要的竞争工具，通过策略性的专利申请和布局，不断扩大自身的专利组合，以达到阻碍竞争对手和提升谈判能力的目的。企业策略性地申请大量边界模糊的专利，构筑了具有攻击性的专利组合，以阻碍竞争对手的技术研发，限制竞争对手进入市场，阻止其技术研发成果的商业化；专利组合提高了企业议价能力，尤其对于初创企业而言，专利许可收入增加了谈判筹码。

随着专利价值的深度挖掘，专利数量也随之激增，企业围绕专利权的获取与运用展开专利竞赛。在专利国际化深入发展的背景下，全球范围的专利申请快速增长，已呈现出专利竞赛的态势；随着市场竞争日趋激烈，专利竞赛也日趋全球化(专利竞赛是由研发竞争演变而来的，以获取专利权为主要目的，具有不确定性和博弈性的研发竞争过程；专利竞赛是研发过程的重要部分，可以激励企业进一步加快投资和创新过程，也可以淘汰创新效率低的企业)，极易引起主权国家间的经贸战争；为了阻止竞争对手赢得专利竞赛，企业围绕竞争对手的核心专利，策略性地公开专利或继续申请专利；企业积极开展专利竞赛，使得专利竞赛逐步转变成为专利战，阻碍后续的技术创新进程。随着专利竞赛的频繁发生，加速了专利战和专利陷阱的涌现。

通过策略性地公布研究成果，引入更多竞争者打乱竞争格局，加大领先者的竞争压力，专利竞赛可增加竞争的不确定性；专利竞赛过程中的信息披露行为，属于一种竞争策略，实质是技术溢出，对最终获得专利至关重要。专利竞赛通常发生在专利密集型领域，赢得专利竞赛的企业倾向于延续原技术方案的内容，从而推进后续的技术创新。

近年来，专利竞赛对企业正常经营发展的负面影响也日益凸显。由于专利具有商业价值，科研人员及单位积极进行专利申请，由此也会引发专利竞赛。专利竞赛促使竞争企业进行更为主动的投资行为，造成专利价值消耗、收益降低等负面影响。这样不仅会消耗企业的资源和精力，而且会推动对低质量专利的需求，导致专利泡沫大量涌现。此外，专利竞赛使得专利密集分布，极易引发专利纠纷。企业在专利竞赛过程中产生了大量闲置专利和弱专利等无用的专利，既不能为企业带来研发费用的补偿，也不能带来可观的利润。

专利竞赛引发全球范围内专利申请快速增长，专利诉讼也随之大幅增长。专利诉讼是保护知识产权的传统法律手段，主要围绕专利维权和侵权诉讼。专利诉讼已经从传统的保护工具，演变成谈判交易和商业战略的重要资产；目前专利诉讼不仅出现在计算机软件、电子信息行业，而且在生物医药、化学等领域开始出现；由于大量低质量专利的存在，导致在信息技术、生物医药等领域产生众多技术冲突，低质量专利还增加了技术市场的交易成本。

专利竞赛加速专利陷阱的涌现，对技术创新的负面影响日益凸显。专利陷阱不仅提高技术开发者的商业成本，减少企业技术投资的收益，而且削弱对技术创新有效激励。虽然专利陷阱一般通过庭外和解和专利许可得到解决，但是巨额的专利许可费将阻碍企业技术创新；此外，企业一旦遭受专利陷阱的攻击，高昂的应诉成本会抑制企业的技术创新；面对高昂的应诉费用，企业会改变专利行为，降低对技术创新的倾向性。为应对竞争对手的攻击，会影响正常经营，因而忽略了技术研发，对技术创新产生阻碍作用。

### 4.3.2　法律体系缺陷被利用

法律体系的缺陷是专利陷阱的制度土壤，由于专利是依托法律进行保护的，法律体系包括专利立法和司法实践；这些法律均会对专利陷阱的产生产生重要影响。专利保护实际上存在两方面的利益诉求，即保护专利权人的合法权益和促进科技进步与社会发展，但这两方面诉求存在着内在矛盾，需平衡二者的利益冲突。专利保护对技术创新至关重要，但是过度保护的结果可能与专利制度促进技术创新的初衷相悖，尤其是低质量专利的涌现和权利要求的滥用，导致专利诉讼的频发和专利陷阱的蔓延。

以美国为例，美国对专利的态度总是周期性地摆动，在“亲专利”和“反专利”之间转变。1980年以来，美国实行了一系列的“亲专利”政策，包括联邦巡回上诉法院（the United States Court of Appeals for the Federal Circuit，CAFC）的设立，统一了审判标准，降低了诉讼成本，扩大了专利权的保护范围；降低了专利创造性的审查标准，大量显而易见的发明被授予专利权；一系列政策降低了专利申请难度，促使专利数量迅速膨胀，包括低质量专利和问题专利。

在美国“亲专利”的背景下，出现了专利权利要求过多的现象。由于美国授权标准的降低，众多权利要求模糊或者边界过宽的专利被授权；美国还允许在专利申请的实质审查进程完成前，专利申请人可以提出增删权利要求并进行多次申请，申请人通过追踪潜在侵权人的技术动向，调整权利要求范围，从而造成其无意侵权。“亲专利”制度加剧了权利要求的模糊性和不确定性，这使得滥用专利的模糊性而设置专利陷阱的现象持续蔓延。

除法律体系漏洞，司法实践偏差也加速了专利陷阱的蔓延；美国司法审判采用陪审团制度，这种现象表现得尤为突出。20世纪90年代以来，美国高技术产业高度繁荣，高技术企业成为以专利谋利的小企业或个人的目标；由于专利模糊性，这赋予专利权人根据情况变化，策略性修正权利要求和扩展保护范围的机会。当小企业或个人发起诉讼，陪审团成员“杀富济贫”的心态增加了胜诉可能；这致使大企业考虑到诉讼不确定性，面对TechSearch的专利陷阱，选择以庭外和解方式支付许可费和赔偿金。

我国专利立法始于1984年，由于长期面临技术创新缺乏必要专利保护的突出问题，因此，我国专利立法主要考虑的是如何对基础创新加强专利保护，对专利可能引起的负面效应，如专利陷阱、技术垄断等问题尚且考虑不足；与此同时，我国的《反垄断法》也缺乏对专利捆绑、高额收费等行为的限制性规定。近年来，国外企业滥用专利模糊性设置专利陷阱，将专利陷阱作为遏制中国企业的重要手段，对此必须予以高度重视，研究行之有效的应对策略，并有必要对相关法律进行修订完善。

### 4.3.3　专利诉讼成为牟利手段

近年来，技术专利的技术价值和经济价值凸显，专利诉讼已从传统的知识产权的保护手段，逐步演变为新兴的牟利手段；正是由于专利诉讼成为企业重要的牟利手段，在此背景下，导致全球主要经济体的专利诉讼数量呈现快速增长态势。专利权人通过策略性发起专利诉讼，可获得经济收益，这也促使专利权人热衷于申请专利并发起专利诉讼。

专利诉讼已成为策略性的牟利手段，通过发起专利诉讼获取经济利益或竞争优势，正成为专利运营和技术竞争的新趋势。例如，诺基亚于 2016 年 7 月 13 日，在美国对华为公司共提起四起专利诉讼，指控华为公司的荣耀 5X、P8 Lite、Ascend Mate2 和 MediaPad T18.0 Pro 等智能手机和平板电脑产品，侵犯了诺基亚的 9 件专利，不但要求华为公司在美国市场禁售相关产品，而且要求华为公司支付高额的赔偿金和专利许可费，这对华为公司正常的经营活动，以及在美国市场产品销售产生了严重干扰。通过专利诉讼可以获取高额的经济收益，这是促使专利权人设置专利陷阱的重要原因；例如，TechSearch 在 1998～2001 年，通过设置专利陷阱，随后发起专利诉讼，就从中获利超过 300 万美元。

由于企业发生专利诉讼会对企业的形象和声誉产生负面影响，而企业获得专利可提升其声誉和影响，所以一些注重声望的大企业，在涉及专利诉讼和侵权纠纷时，往往不会基于经济角度进行抉择，而会更多地考虑其声誉形象；由此，更助推了专利诉讼的快速增长。中国企业缺乏应对专利陷阱的经验方法，在技术研发和经营过程中易遭受专利诉讼；企业一旦陷入专利陷阱并遭受专利诉讼，如果败诉，不但意味着高额索赔，而且会对企业形象和业务拓展造成负面影响；即使最终胜诉，企业创新活动和正常经营在此期间也会受到严重干扰。

美国法律体系的漏洞，助推了专利诉讼成为重要的牟利手段。美国专利诉讼的赔偿额要求，是不超过实际损失的 3 倍；损害赔偿赋予了专利权人可要求侵权企业支付高达 3 倍于专利许可的费用，此规定为专利权人提供了谈判筹码，使得目标企业更倾向于和解和支付专利许可费用。

从专利丛林过渡到专利陷阱，专利权人开始通过策略性地专利布局，故意设置专利陷阱，使得专利陷阱具有隐蔽性，通过有意模糊或隐藏权利要求，诱使对方在无意识中侵犯专利权，提起专利诉讼获得高额索赔。在此过程中，主要是有一批小企业或个人也发现了专利的价值，积极进行专利运营，故意设置专利陷阱，策略性选择目标公司，进而提起诉讼并获得高额索赔。探究专利陷阱的生成机制表明，近年来，专利价值日益凸显，专利从保护手段演变为竞争工具；专利权人通过策略性发起专利诉讼，可获得经济收益，专利诉讼也逐步演变为新兴的牟利手段；与此同时，法律体系的缺陷是专利陷阱的制度土壤，专利权人利用法律体系的漏洞和司法实践的偏差，策略性发起专利诉讼，加速了专利陷阱的蔓延。

# 第五章　专利诉讼：量化研究的突破口

由于专利丛林和专利陷阱具有隐蔽性，这是开展研究的难点所在；但专利丛林和专利陷阱的重要表现是触发专利诉讼，因此，可利用专利诉讼进行定量测度，以此为分析突破口，开展深入的研究工作，以期为中国企业提供急需的管理支持。

## 5.1　专利诉讼的历史与现状

专利诉讼是指诉讼当事人和其他诉讼参与人，在各级法院进行的涉及专利权及相关权益的各种诉讼的总称。近年来，随着专利的技术价值和经济价值凸显，专利诉讼已经从传统的知识产权的保护手段逐步演变为新兴的牟利手段；正是由于专利诉讼已成为企业策略性的牟利手段，在此背景下，导致全球主要经济体的专利诉讼数量呈现快速增长态势。专利权人通过发起专利诉讼，可获得经济收益，这促使专利权人热衷于申请专利并发起专利诉讼。

### 5.1.1　美国的专利诉讼

美国是专利陷阱的发源地，也是全球专利诉讼的主战场，因此积累了完备的专利诉讼信息；近年来，专利诉讼相关信息对外公开程度不断提高，尤其是美国专利诉讼案件涉及的单个专利数据信息，可通过公开的专利数据库或国家相关专利管理部门的网站获取，这为本书提供了必要的数据来源。

美国是专利陷阱的发源地，也是全球专利诉讼的主战场，因此美国有较完整的专利诉讼数据；中国企业由于缺乏应对专利诉讼的经验和方法，还以美国、欧洲为主的海外市场频繁成为专利诉讼的主要目标，因此对美国和中国涉及专利诉讼的审理机构进行分析。美国现行专利法属于美国联邦法院范畴，其规定于《美国法典》的第 35 篇。美国联邦法院系统包括，美国联邦地区法院（United States District Court）、美国联邦巡回上诉法院（United States Court of Appeals for the Federal Circuit）、美国联邦最高法院（United States Supreme Court）等。

在专利诉讼中，往往存在多个可供选择的发起专利诉讼的法院。选择在哪个法院发起诉讼，原告有一定的选择自主权。就专利诉讼案件而言，不同的地区法院具有不同的特征。一些法院因诉讼周期较短、原告胜诉率较高和判罚额较高而较受专利权人青睐，例如得克萨斯州东区联邦地区法院。据普华永道（2018）的统计，2008～2017 年得克萨斯州东区法院的原告胜诉率为 54%，平均诉讼时长为 2.2 年。

特拉华州联邦地区法院由于其注册企业众多等原因，一直以来的专利诉讼案件都较多。尤其是在 2017 年 TC Heartland 案件后，特拉华州联邦地区法院的专利诉讼案件更有快速增加的趋势。在该案判决中，美国最高法院将专利诉讼司法管辖范围从可以由“被告产品上市销售的任何地区”的法院管辖，缩紧为只能由“被告公司注册地、侵权行为地或被告长期经营地”的法院管辖(表 5.1)。

表 5.1　美国辖区专利诉讼案件

| 序号 | 地区 | 数量/件 | 胜率/% | 时长/年 | 赔偿额中位数/美元 |
|---|---|---|---|---|---|
| 1 | 特拉华州 | 241 | 41 | 2.1 | 15,332,276 |
| 2 | 得克萨斯州东区 | 184 | 54 | 2.2 | 11,932,921 |
| 3 | 新泽西州 | 81 | 48 | 2.7 | 11,048,463 |
| 4 | 弗吉尼亚州东区 | 36 | 22 | 1.0 | 26,366,936 |
| 5 | 佛罗里达州中区 | 37 | 49 | 1.9 | 369,863 |
| 6 | 威斯康星州西区 | 29 | 31 | 1.4 | 9,996,534 |
| 7 | 加利福尼亚州南区 | 34 | 32 | 1.9 | 1,676,460 |
| 8 | 得克萨斯州南区 | 30 | 17 | 2.1 | 108,123,900 |
| 9 | 佛罗里达州南区 | 27 | 37 | 2.0 | 3,149,243 |
| 10 | 得克萨斯州北区 | 20 | 55 | 2.5 | 8,117,824 |

美国联邦巡回上诉法院的职能是作为对专利确权、侵权诉讼的专属上诉法院，受理来自美国专利商标局的关于专利审查案件、美国联邦地区法院专利侵权案件以及来自美国国际贸易委员会的“337 调查”案件的上诉。美国联邦巡回上诉法院保持有固定的 12 名一线巡回法官，但是大部分判决并不是由全体法官共同决定的，而是通过随机挑选三名法官，来共同审理上诉案件，被称为三人法官小组。

美国联邦巡回上诉法院具有对专利上诉案件的专属管辖权(exclusive jurisdiction)。在 2009～2018 年，美国联邦巡回上诉法院受理的案件年均为 1483 件，以知识产权类案件居多。根据美国联邦巡回上诉法院公布的年度数据，2009～2018 年，该法院受理的来自地方法院的专利侵权上诉案件共计 4689 起；其中，2009～2015 年，受理的专利上诉案件呈现逐年增长的态势，由 398 件增长至 597 件，年均增长率为 6.99%，2015 年达到了峰值；此后，受理的专利上诉案件数量呈下降趋势(图 5.1)。

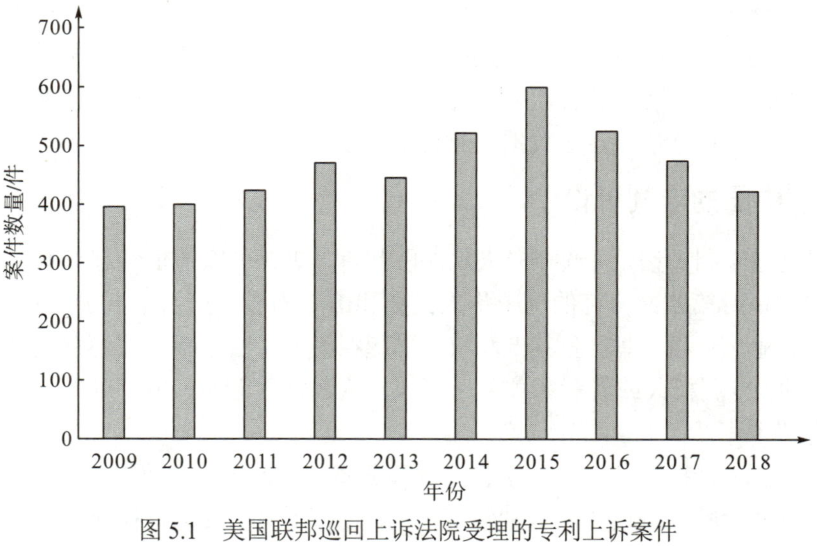


图 5.1　美国联邦巡回上诉法院受理的专利上诉案件

如果诉讼双方对上诉法院的判决不服，可以继续上诉至州最高法院，州最高法院可以考虑是否接受上诉。而美国联邦最高法院是专利诉讼的最终上诉法院，管辖权可以分为初审管辖权和上诉管辖权。对于州之间的争议，美国联邦最高法院拥有排他性的初审管辖权。但最高法院一般行使的管辖权，主要为上诉管辖权。上诉至最高法院的案件主要有两个来源：第一是审查美国联邦巡回上诉法院的判决；第二是审查各州最高法院的判决，以该案牵涉联邦法适用问题为限。

作为专利诉讼案件最终的裁决机构，美国联邦最高法院每年会从 7000～8000 件上诉案中，选大约 80 件作为重点案件，经过全体会议审查（plenary review）做出判决。通过这些案件，依据宪法、法律惯例和判例，美国联邦最高法院为社会大众提供对美国法律的权威的、统一的法律解释；美国联邦最高法院判决的每个判例，都能够反映出美国特定历史时期的重大主题、基本社会现实、主导的法律理论和法律思想。美国联邦最高法院是专利诉讼的最终上诉法院。从美国联邦最高法院判决专利诉讼案件的统计来看，美国联邦最高法院审理的专利案件并不多，2015～2019 年，分别判决了 2 件、1 件、4 件、2 件、2 件。美国联邦最高法院判决的比较知名的案件，包括 2016 年 12 月 6 日判决的三星与苹果的诉讼案，以及前文提到的 2017 年 5 月 22 日的 TC Heartland 案。

2011 年 9 月 16 日，美国正式签署了《美国发明法案》（America Invents Act，AIA），标志着美国自 1952 年以来最大规模的专利改革法案得以通过。本次改革的重要内容之一是，在美国专利商标局下设美国专利审查与上诉委员会（Patent Trial and Appeal Board，PTAB），由其专门审理当事人提起的专利无效和申诉请求案件。设立 PTAB 的主要目的在于，通过 PTAB 便捷高效的审理程序，改善 AIA 制订以前美国法院系统以及专利申诉和抵触委员会对 NPE 滥诉行为应对不力的状况。此次专利改革采取的主要措施为，取消双方再审程序（inter-parte reexamination），增设授权双方复审程序（inter parte review）和授权后复审程序（post-grant review）。

2020 年 2 月，Lex Machina（2020）发布了《2019 年度美国专利诉讼报告》，该报告中提供了大量美国专利诉讼的相关数据。2019 年度报告的内容涉及联邦地区法院专利诉讼、专利审查与上诉委员会专利无效请求等多个方面。该报告基于专利诉讼数据，对法院、法官、当事人的行为进行多方面的比较分析。相较于以往历年发布的年度报告，此次发布的 2019 年度报告是首次对近十年间的美国专利诉讼数据进行横向分析，重点围绕 2010～2019 年的专利诉讼数据进行比较分析。

### 5.1.2 中国的专利诉讼

在中国发起专利诉讼，可选择向人民法院起诉，或者可以请求管理专利工作的部门处理。2020 年 10 月第四次修订的《中华人民共和国专利法》第六十五条规定，“未经专利权人许可，实施其专利，即侵犯其专利权，引起纠纷的，由当事人协商解决；不愿协商或者协商不成的，专利权人或者利害关系人可以向人民法院起诉，也可以请求管理专利工作的部门处理。”

专利管理机关是指国务院有关主管部门和各省、自治区、直辖市、开放城市、计划单列市和经济特区人民政府设立的专利管理机关。专利管理机关是有权处理侵权案件的行政机关，目前，我国专利管理机关所调处的案件主要有四种，①专利申请权纠纷和专利权属纠纷；②专利侵权纠纷；③在发明专利申请公布后或实用新型、外观设计专利申请公告后，在专利权授予前实施发明创新的费用纠纷；④其他可由专利管理机关调解或处理的纠纷。

对于专利诉讼案件的调解或处理，专利管理机关比人民法院处理案件的速度快。涉及专利纠纷的案件大多数是专业性强、技术含量高、过程复杂的案件，需要专利部门的专业判定。这恰好与我国专利管理机关中，大多数人都是具有专业技术的情况相符合。当发生专利纠纷时，专利管理机关就可以很快地组成具有相应专业知识人员的专案组、合议组对其进行查处。

中国法院审判案件实行“四级两审”的审判制度，即人民法院分为基层人民法院、中级人民法院、高级人民法院和最高人民法院四级，审判案件则须经一审、二审两审终审。大多数的专利纠纷案件都在中级人民法院、高级人民法院的一审、二审程序中审结；也有少数专利案件由于诉讼标的数额巨大或有重大影响等原因，由高级人民法院作为一审法院，这类案件如果上诉，上诉法院就是最高人民法院。最高人民法院还有进行专利诉讼司法解释和对全国各级人民法院审判进行监督的特殊职能(蒋志培，2002)。

2019 年 1 月 1 日，最高人民法院知识产权法庭正式挂牌办公。知识产权法庭主要审理全国范围内的专利等专业技术性较强的知识产权上诉案件。除最高人民法院知识产权法庭，在全国还分别设有 3 个知识产权法院(北京、上海、广州)，以及 20 个知识产权法庭(南京、苏州、武汉、成都、杭州、宁波、合肥、福州、济南、青岛、深圳、天津、郑州、长沙、西安、南昌、兰州、长春、乌鲁木齐、海口)。

按照最高人民法院于 2014 年 10 月发布的《关于北京、上海、广州知识产权法院案件管辖的规定》，北京、上海、广州知识产权法院管辖的第一审案件的范围包括，专利、植物新品种、集成电路布图设计、技术秘密、计算机软件等技术类民事和行政案件；对国务院部门或者县级以上地方人民政府所做出的涉及著作权、商标、不正当竞争等行政行为提起诉讼的行政案件；涉及驰名商标认定的民事案件。北京、上海、广州知识产权法院还将审理当事人对所在市基层人民法院作的第一审著作权、商标、技术合同、不正当竞争等知识产权民事和行政判决、裁定提起的上诉案件，其中，广州知识产权法院负责广东省辖区除深圳市以外的上述案件。

北京知识产权法院专属管辖第一审行政案件主要包括，不服国务院部门作出的有关专利、商标、植物新品种、集成电路布图设计等知识产权的授权确权裁定或者决定的知识产权授权确权类行政案件；不服国务院部门作出的有关专利、商标、植物新品种、集成电路布图设计的强制许可使用费或者报酬的裁决的；不服国务院作出的涉及知识产权授权确权的其他行政行为的。广州知识产权法院管辖着广东省内专利、植物新品种、集成电路布图设计、技术秘密、计算机软件民事和行政案件；涉及驰名商标认定的民事案件。

《中华人民共和国专利法》从 1985 年开始实施，专利诉讼已积累长周期的时间序列数据；国家知识产权局和最高人民法院发布年度《中国知识产权保护状况》《中国知识产权年鉴》《中国法院知识产权司法保护状况》等统计报告，将历年来的中国专利申请、专利诉讼等信息对外公开，据此可以获得准确可靠的数据信息。为研究中国近年来的专利诉讼情况，本节专利诉讼数据来源上述统计报告，选取报告中全国地方法院年度新受理的民事一审专利案来测度专利诉讼，以反映当年专利权人发起专利诉讼的实际情况。

数据分析显示，中国专利诉讼数量呈现不断增长的态势；从 1985 年中国实施专利制度开始，专利诉讼开始出现，但是专利诉讼的数量还较少，2009～2018 年，专利诉讼数量呈现出快速增长的发展态势，从 4422 件增长至 21699 件，年均增长率为 19.33%(图 5.2)。

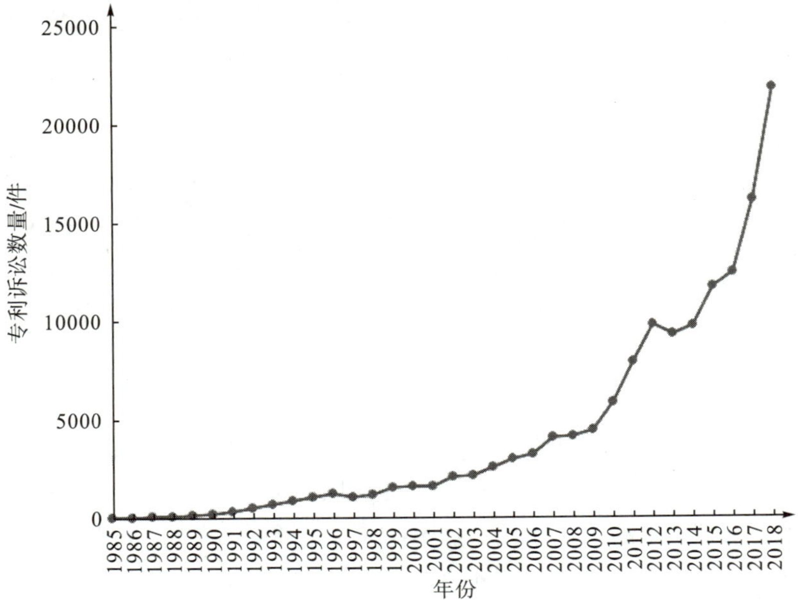


图 5.2　1985～2018 年中国专利诉讼数量

2020 年 4 月，最高人民法院正式发布了《最高人民法院知识产权法庭年度报告(2019)》。该报告数据显示，2019 年，法庭共受理技术类知识产权案件 1945 件，审结 1433，结案率 73.7%。其中，受理民事二审实体案件 962 件，审结 586 件；受理行政二审案件 241，审结 142 件；受理管辖权异议二审案件 481 件，审结 446 件；受理其他类型案件 261 件，审结 259 件。

2019 年，法庭共受理各类二审案件 1684 件。其中，一审法院为中级人民法院的为 1678 件，占比 99.6%，一审法院为高级人民法院的为 6 件，占比 0.4%。就案源地区分析，案件排名前五位的分别为北京知识产权法院、广州知识产权法院、上海知识产权法院、南京知识产权法庭、深圳知识产权法庭。表 5.2 中，二审案件来源为前 20 家法院、法庭分布情况，数据大致反映出技术类知识产权纠纷在全国的分布情况，并表明越是经济发达地区，涉及技术类知识产权的经济活动越活跃，相关纠纷也越多。

在法庭受理的 962 件民事二审实体案件中，侵害实用新型专利权纠纷 454 件，占总数的 47.2%；侵害发明专利权纠纷 234 件，占总数的 24.3%；计算机软件纠纷 142 件，占总数的 14.8%；此外，还包括了专利代理、许可合同纠纷，技术合同纠纷，植物新品种权纠纷，技术秘密纠纷，垄断纠纷，专利申请权及专利权权属纠纷，确认不侵权纠纷，职务发明人报酬纠纷，集成电路布图设计纠纷等(表 5.3)。

表 5.2　2019 年最高人民法院知识产权法庭二审案件来源及数量

| 来源 | 数量/件 | 来源 | 数量/件 |
| --- | --- | --- | --- |
| 北京知识产权法院 | 376 | 郑州知识产权法庭 | 44 |
| 广州知识产权法院 | 297 | 成都知识产权审判庭 | 39 |
| 上海知识产权法院 | 143 | 福州知识产权法庭 | 26 |
| 南京知识产权法庭 | 107 | 兰州知识产权法庭 | 25 |
| 深圳知识产权法庭 | 96 | 合肥知识产权法庭 | 24 |
| 宁波知识产权法庭 | 85 | 武汉知识产权审判庭 | 24 |
| 苏州知识产权法庭 | 71 | 石家庄市中级人民法院 | 22 |
| 杭州知识产权法庭 | 70 | 西宁市中级人民法院 | 16 |
| 青岛知识产权法庭 | 67 | 包头市中级人民法院 | 13 |
| 济南知识产权法庭 | 53 | 南宁市中级人民法院 | 9 |

表 5.3　民事二审案件

| 案由 | 数量/件 | 案由 | 数量/件 |
| --- | --- | --- | --- |
| 侵害实用新型专利权纠纷 | 454 | 技术秘密纠纷 | 12 |
| 侵害发明专利权纠纷 | 234 | 垄断纠纷 | 9 |
| 计算机软件纠纷 | 142 | 专利申请权及专利权权属纠纷 | 9 |
| 专利代理、许可合同纠纷 | 40 | 确认不侵权纠纷 | 8 |
| 技术合同纠纷 | 26 | 职务发明人报酬纠纷 | 7 |
| 植物新品种权纠纷 | 20 | 集成电路布图设计纠纷 | 1 |

在法庭受理的 241 件行政二审案件中，行政授权确权类案件 230 件，行政处罚类案件 7 件，其他行政案件 4 件。在行政确权类案件中，发明专利权无效行政纠纷 80 件，占总数的 34.8%；发明专利申请驳回复审行政纠纷 71 件，占总数的 30.9%；实用新型专利权无效行政纠纷 57 件，占总数的 24.8%；此外，还包括了实用新型专利申请驳回复审行政纠纷 9 件，占总数的 3.9%；外观设计专利权无效行政纠纷 13 件，占总数的 5.6%(图 5.3)。

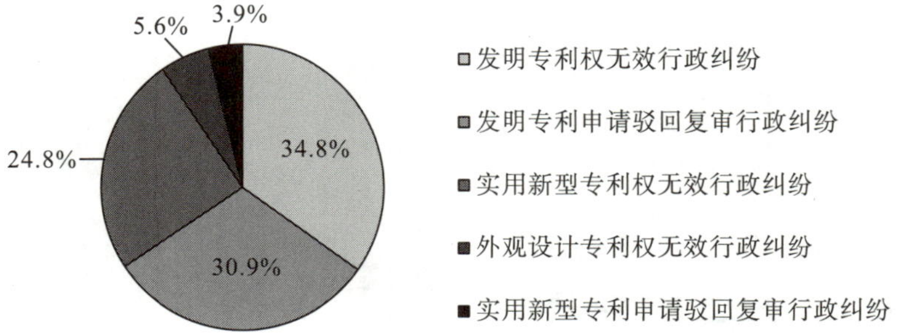


图 5.3　行政确权类案件(见彩图版)

在 2019 年，法庭共审结二审案件 1174 件。其中，以维持原审裁判方式结案的为 731，以撤诉方式结案的为 280 件，以调解方式结案的为 71 件，调撤率为 29.9%，以发改方式结案的为 92 件，发改率为 7.8%。在法庭发改的 92 件案件中，民事二审实体案件 66 件，管辖权异议二审案件 21 件，行政二审案件 5 件。在 2019 年，法庭二审实体案件的平均审理周期为 73 天，管辖权异议二审案件平均审理周期为 29.4 天。法官人均结案 39.2 件。

专利权无效宣告是指自国家知识产权局公告授予专利权之日起，任何单位或者个人若认为该专利权的授予不符合专利法规定的，可以向专利复审委员会请求宣告该专利权无效的制度。专利权无效宣告制度的设置，是为了纠正国家知识产权局对不符合专利法规定条件的发明创造授予专利权的错误决定，维护专利权授予的公正性，以保护公众利益。在当前的司法实践中，被控侵权人通常会对涉案专利提出无效请求，使得对方专利权人无法使用该专利发起专利诉讼，这也几乎成了专利侵权诉讼的“必然环节”。因此，专利权的无效宣告程序对于专利权人和公众都具有重要意义。

1985 年 4 月 5 日，中国专利局专利复审委员会成立，为中国专利局内设机构。1998 年，其更名为国家知识产权局专利局专利复审委员会；2001 年，更名为国家知识产权局专利复审委员会；2003 年底，经批准成为具有独立法人资格的国家知识产权局直属事业单位；2019 年，知识产权机构改革，更名为国家知识产权局专利局复审和无效审理部(以下简称“复审和无效审理部”)，为国家知识产权局专利局内设机构。

### 5.1.3 专利诉讼的趋势

1. 专利诉讼数量趋势

中国和美国是全球两大主要经济体。本节以中美两国为例，对二者近年来专利诉讼案件的变化趋势进行时间序列分析；其中，中国专利诉讼数据来源于国家知识产权局(China National Intellectual Property Administration，CNIPA)和最高人民法院发布的《中国知识产权保护状况》和《中国法院知识产权司法保护状况》，美国的专利诉讼数据来源于美国法院发布的年度 *Judicial facts and figures*；再通过对统计数据进行整理汇总，得到 1995～2019 年中美两国专利诉讼案件的长周期时间序列数据(图 5.4)。

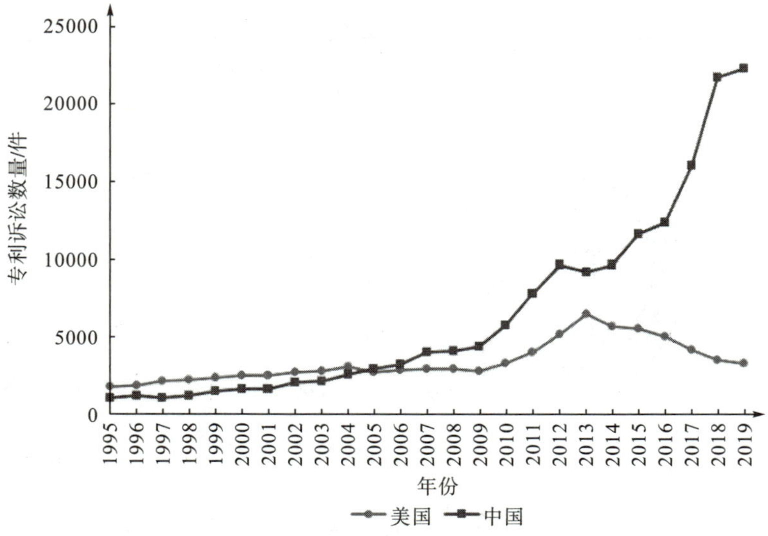


图 5.4 1995～2019 年中美两国专利诉讼数量

以上统计数据显示，1995～2019 年中美两国的专利诉讼呈现增长态势。中国的专利诉讼由 1995 年的 1051 件跃升至 2019 年的 22272 件，其中，1995～2013 年的年均增长率为 12.81%，此后继续快速增长，2013～2019 年的年均增长率为 18.21%；美国的专利诉讼数量在 1995～2013 年呈现持续增长的态势，年均增长率为 7.65%，此后受软件类专利诉讼减少和无效专利申请增加的影响，呈现下降趋势。

2. 专利无效请求数量

在专利诉讼发生后，被控侵权人通常会对涉案专利提出无效请求，使得对方专利权人发起的专利诉讼无法成立；随着专利诉讼数量的快速增长，专利无效请求数量也呈现增长的态势。为分析专利无效请求的数量，本节研究选择中美两国一定时间段的专利无效案件开展比较研究；美国的专利无效请求数量来源于美国专利审查与上诉委员会，中国的专利无效请求数量来源于《2008～2018 年度中国专利无效案件统计分析报告》(郑海洋，2019)，考虑到美国的专利无效案件是从 2012 年开始统计，研究选择 2012～2018 年的专利无效案件进行比较研究。

数据分析表明，美国 PTAB 的专利无效请求数量在 2012～2014 年快速增长，此后基本保持稳定，约为 1800 件。中国专利无效请求数量高于美国的，呈现持续增长态势，由 2012 年的 1900 件增长至 2017 年的 3430 件，年均增长率为 12.54%；2018 年由于部分案件尚未完结，导致无效请求数量下降(图 5.5)。

3. NPE 成为诉讼主体

近年来，专利诉讼数量快速增长，尤其是 NPE 发起诉讼的数量持续增加；针对 Lex Machina 发布《2019 年度美国专利诉讼报告》，对 NPE 进行分析。数据分析表明，无论是在 2010～2019 年，还是在 2019 年，最活跃的原告主要是 NPE，包括 Uniloc USA，Inc.、Uniloc Luxembourg S.A.、Melvino Technologies Limited、ArrivalStar S.A.、eDekka LLC、Hawk Technology Systems，LLC、Uniloc 2017 LLC 等(表 5.4)。

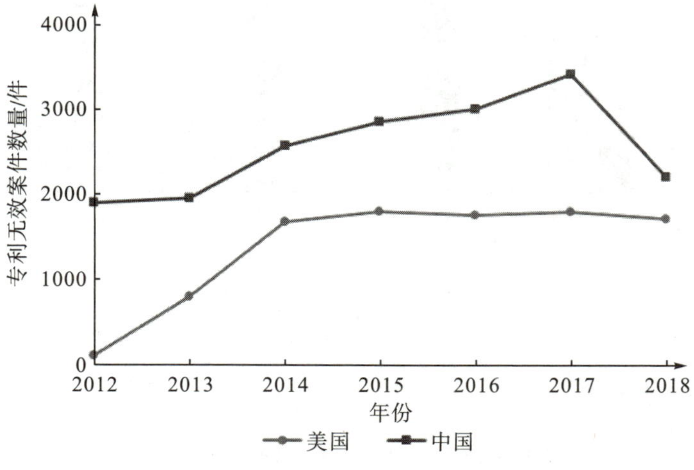


图 5.5　2012～2018 年中美两国专利无效案件数量

表 5.4　最活跃的原告

| 2010～2019 年 | | 2019 年 | |
|---|---|---|---|
| 原告 | 案件/件 | 原告 | 案件/件 |
| Uniloc USA，Inc. | 460 | Uniloc 2017 LLC | 44 |
| Uniloc Luxembourg S.A. | 396 | Symbology Innovations，LLC | 40 |
| Melvino Technologies Limited | 371 | Cedar Lane Technologies Inc. | 31 |
| ArrivalStar S.A. | 370 | Lighthouse Consulting Group，LLC | 31 |
| eDekka LLC | 251 | Genentech，Inc. | 30 |
| Hawk Technology Systems，LLC | 205 | Coding Technologies，LLC | 28 |
| Uniloc 2017 LLC | 205 | InterMune，Inc. | 27 |
| Data Carriers LLC | 195 | Data Scape Limited | 26 |

4. 专利诉讼的赔偿额

NPE 通过策略性选择目标公司，发起专利诉讼，主要目的是获得高额赔偿；对此，研究选择普华永道 2018 年的美国专利诉讼研究报告，对专利诉讼的赔偿额进行分析。图 5.6 的数据显示，1998～2002 年，NPE 在专利诉讼中获得的赔偿金额为 340 万美元，约为实施实体获得赔偿金额的 1/2；此后，NPE 获得的赔偿金额明显增加，其中，2013～2017 年为 1480 万美元，约为实施实体获得赔偿金额的 3.52 倍。

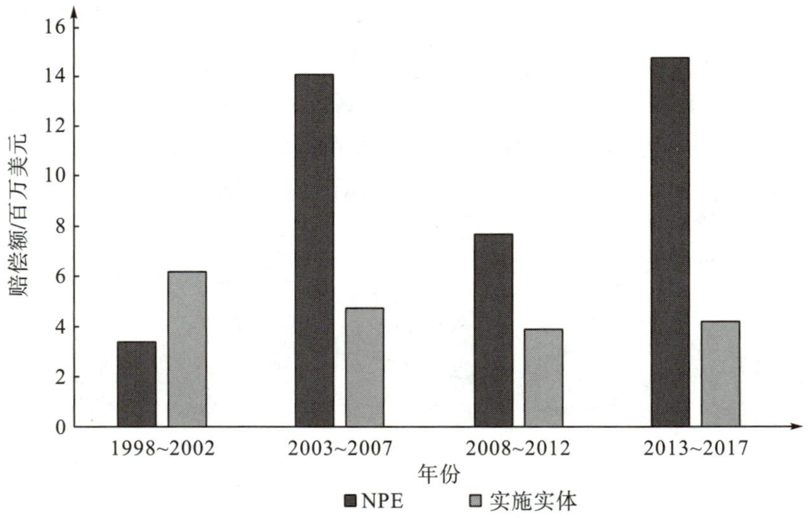


图 5.6　专利诉讼的赔偿额

5. 专利诉讼的胜诉率

本节研究选择普华永道的 2018 年美国专利诉讼研究报告，对专利诉讼的赔偿额进行分析。图 5.7 的判决结果显示，无论是过去十年间，还是在 2019 年，和解所占的比例均最多，约占总数的 75%；其中，双方协议撤诉率比原告自愿撤诉率高超过 10 个百分点。

从原告、被告的胜诉率来看，原告胜诉率要略高于被告胜诉率，被告胜诉的比例仅占总数的 4%，而且这一比例并未发生变化。

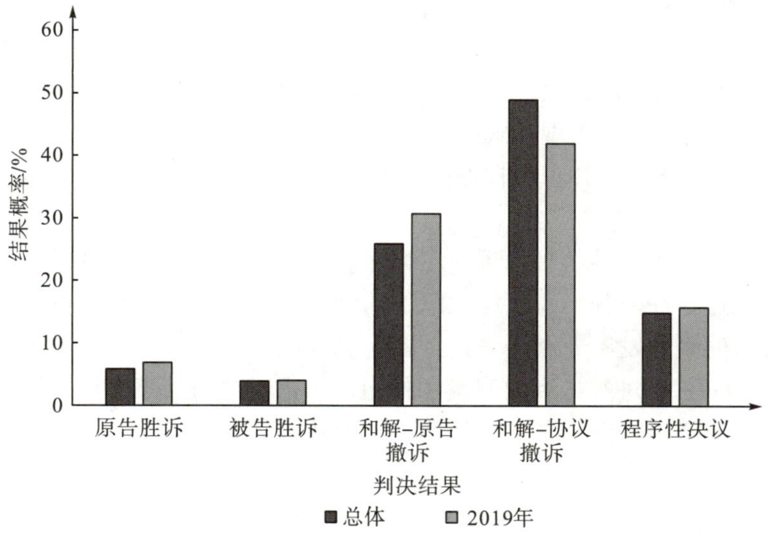


图 5.7　已审结专利案件的判决结果

## 5.2　专利陷阱与专利诉讼

专利陷阱的重要表现是触发专利诉讼。本节利用专利诉讼测度专利陷阱，以此为分析突破口，探究专利诉讼的基本概念及其异化、产生的影响、发生专利诉讼过程中涉及的相关机构，为后续研究提供着力点。

### 5.2.1　专利诉讼的异化

专利数量持续增长和专利价值深度挖掘，导致专利陷阱兴起，负面影响日益凸显。而专利陷阱有隐蔽性。而专利陷阱的重要表现是触发专利诉讼，因此，利用专利诉讼测度专利陷阱，以此为突破口开展定量研究工作。

专利权人通过发起专利诉讼，可获得高额经济收入，这也促使专利权人热衷于申请专利并发起专利诉讼。中国企业由于缺乏应对专利陷阱的经验和方法，面对专利陷阱的包围，频繁成为专利诉讼主要目标，在海外市场频繁遭受对手的专利诉讼。在这些专利诉讼案件中，大多数由于证据不足甚至是恶意诉讼，原告最终并未赢得诉讼，但严重干扰了被诉企业正常的经营活动，同时对企业声誉和技术研发产生了长期负面影响。

专利诉讼近年来已经逐渐异化为谋取不当利益的手段，具体表现为专利诉讼当事人采取的一系列诉讼滥用行为，并且以多种形式同时存在于整个专利诉讼的过程中。专利诉讼的失范是指在专利诉讼领域中，存在着诉讼当事人为了实现自身利益的最大化，不当运用专利诉讼损害他人合法利益与合理预期的行为，而当前的相关法律制度对其还不能够进行有效规制的现象。专利诉讼的失范行为主要包括，滥发专利诉讼警告函、滥用专利诉讼的诉前禁令、基于实质上无效的“问题专利”提起专利诉讼、滥用专利诉讼程序以长时间拖延诉讼、滥用标准必要专利进行诉讼的行为等。

随着全球主要经济体专利诉讼的大幅增长，专利已从单纯的排他性工具，逐步演变成谈判交易和商业战略的重要资产，这导致专利诉讼大量涌现；专利诉讼在技术不断进步的世界经济中，逐渐成为企业经常使用的一件利器，专利诉讼使得竞争对手无法通过模仿获取利益，同时还可以构建企业自身的强势形象，收取更高的许可费；以专利诉讼、构筑专利池和专利壁垒等为多种表现形式的外部威胁，是专利技术水平发展不均衡而引发的，是占据专利优势的一方利用知识产权保护的游戏规则，其目的是增加市场份额以及获取巨额利益。

同时，NPE 作为一种新兴的诉讼主体正快速涌现；除了大公司起诉小公司侵权这种常见模式外，还存在一种“蚂蚁绊大象”的专利诉讼模式，即一些持有专利的小公司，对研发能力强的企业发起专利诉讼，企图谋取高额的损害赔偿金。与其他企业采用的商业模式不同，NPE 不进行专利的开发和使用，而是通过购买等途径大量获得专利，故意设置专利陷阱，而且他们倾向于向无意中使用其专利研发产品，却不知侵权的公司发起专利诉讼。

### 5.2.2　专利诉讼产生的系列影响

随着全球主要经济体专利诉讼大量涌现，专利诉讼对技术创新的影响日益凸现。Bessen 等(2011)的研究指出，专利诉讼不但提高了企业的研发成本，还减少了技术的投资收益，从而削弱了对创新的激励；伴随着敲竹杠和互补性问题，专利诉讼导致交易成本和许可谈判人数增加，以及市场失灵和低效率。Cohen 等(2019)的研究表明，专利诉讼对目标企业的技术创新具有负面影响，目标企业在遭受到专利诉讼后，将大幅度地减少创新活动；专利诉讼已成为技术研发面临的新困扰。袁晓东和罗恺(2014)指出，中国专利申请将在较长时间保持高速增长，这一现象将长期存在，亟待开展相关的研究工作。

企业为了获取专利，积极开展专利竞赛，专利竞赛近年来逐步转变成专利诉讼，阻碍了后续的创新进程(Shaver，2012)。房四海等(2011)的研究表明，专利竞赛会促使竞争者之间进行更为主动的投资行为，导致更高的收益波动率、系统风险、价值耗散。赵小飞(2011)的研究指出，企业在专利竞赛过程中产生大量闲置专利和弱专利，既不能直接为企业带来研发费用的补偿，也不能给企业带来可观的利润；专利竞赛不仅消耗公司的资源和时间，而且推动了对低质量专利的需求，导致专利泡沫的大量涌现(Chien，2010)。

企业在加强专利保护的同时也使得专利诉讼现象愈演愈烈，对技术创新正产生日益严重的影响。企业对专利价值的过度开发，使技术专利与技术创新的关系正在分离；专利诉讼对目标企业的技术创新有负面影响，目标企业在遭受到专利诉讼后，将大幅度减少创新活动；众多的技术冲突和专利侵权，给创新和产业化带来困扰；专利诉讼不但对潜在市场进入者的创新活动产生阻碍作用，而且也不利于专利权人自身的创新行为。

随着专利数量的快速增加，其负面影响日益凸显，引起了众多学者的关注。Smeets(2014)开发了一个模型，用于预测专利诉讼发生后的创新减弱程度，结果表明专利诉讼对企业的研发强度有显著的负面影响；Ménière 和 Parlane(2008)认为，专利诉讼通过重新分配具有相似技术路径的企业的创新利润，对企业创新动力以及 R&D 效率产生影响。薛明皋和王璞钰（2009）分析专利申请增长率和专利侵权案件增长率对我国经济增长的作用机制，结果表明，专利申请量增长率能够促进经济增长，而专利侵权案件增长率阻碍经济增长。专利诉讼通过降低研发回报、加剧融资约束，进而降低创新投资，这些证据均证实专利诉讼在阻碍创新上起到重要作用（Mezzanotti，2015）。

由于企业发生专利诉讼会对形象和声誉产生负面影响，而企业获得专利可提升声誉和影响，所以一些注重声望的大企业，在涉及专利诉讼和侵权纠纷时，往往不会基于经济角度进行抉择，而更多地会考虑声誉形象。中国企业缺乏应对专利陷阱的经验方法，在技术研发和经营过程中易遭受专利诉讼；企业一旦陷入专利陷阱并遭受到专利诉讼，如果败诉不但意味着高额索赔，而且会对企业形象和业务拓展造成负面影响；即使最终胜诉，企业创新活动和正常经营在此期间也会受到严重干扰。

### 5.2.3　诉讼数据的应用

近年来，随着专利诉讼案件相关信息对外公开程度不断提高，尤其是专利诉讼案件涉及的单个专利数据信息，以及新兴的专利分析平台快速发展，可通过依托公开的专利分析平台或国家相关专利管理部门的官方网站，进行相关数据的检索和获取，这为开展研究提供了必要的数据来源。

专利诉讼数据的来源主要包括公开的专利数据库或国家相关专利管理部门的网站，其中，随着近年来专利分析平台的快速发展，数据的不断更新和功能的不断完善成为研究专利诉讼的主要数据来源。汤森路透（Thomson Reuters）的 Derwent Imovation 专利分析平台集成德温特世界专利索引（Derwent World Patents Index，DWPI）数据库、EPO 世界法律状态数据库（EPO Worldwide Legal Status Database，INPADOC）等多个专利数据库，其涵盖主要国家（或地区）的专利数据和相关文献；包括源自美国联邦地区法院的专利诉讼信息，如案件编号、诉讼日期、原告人、被告人和审理法院等，为研究美国的专利诉讼提供了必要的数据来源。

新加坡智慧芽信息科技公司的PatSnap专利分析平台整合了全球各大专利局专利数据库，涵盖中国、美国和欧盟等主要国家（或地区）的专利数据和文献，同时搭配不同的专利检索方式，实现快速检索专利；目前，已经包括了中国、美国、日本、加拿大、法国、英国、澳大利亚、西班牙等国的专利诉讼数据；此外还对专利诉讼、专利权利转移、专利许可以及专利质押、复审、无效、标准必要专利等进行数据的深加工，集成专利法律状态和专利诉讼分析等。

同时，从国家相关专利管理部门的网站或者其定期发布的报告中，也可提取专利诉讼数据。美国的专利诉讼数据可从美国专利商标局（United States Patent and Trademark Office，USPTO）发布的年度 *Performance and Accountability Report*（绩效与责信报告）中提取。中国的专利诉讼数据可从国家知识产权局和最高人民法院发布的《中国知识产权保护状况》和《中国法院知识产权司法保护状况》等统计报告提取，将历年来的中国专利诉讼等信息对外公开，据此可以获得准确可靠的数据信息。

## 5.3 专利申请与专利诉讼的相互作用

专利申请是形成专利系统，诱发专利陷阱的源头；近年来，全球范围内的专利申请呈现出快速增长的态势；与此同时，专利诉讼也开始大幅增长。面对专利申请与专利诉讼的快速增长，以及产生的深远影响，有必要对此展开深入研究，以揭示二者之间的相互作用关系。

### 5.3.1 研究设计

为了厘清专利申请与专利诉讼的相互作用关系，本节采用格兰杰因果检验(Granger causality)进行实证研究。格兰杰因果检验由克莱夫·格兰杰(Clive W.J. Granger)首先提出，不但可以用于检验变量间长期稳定的因果关系，还有统计上的预测功能，对变量未来发展趋势具有良好的预测性。格兰杰提出这种基于预测的因果关系后，经过 James Simons 的继续研究和发展逐渐成熟，被经济学家普遍接受并广泛应用；Christophe Hurlin 和 Baptiste Venet 在固定系数模型等方面做出了重要理论贡献，使格兰杰因果检验的理论体系日臻成熟。

格兰杰因果检验的原理是，在判断对其他变量(包括自身的过去值)的回归时，将 $X$ 的滞后期值包括进来能否显著地改进对 $Y$ 的预测，如果可以，则认为 $X$ 是 $Y$ 的格兰杰原因；同理，可以定义 $Y$ 是 $X$ 的格兰杰原因。格兰杰因果检验的前提条件是 $X$ 和 $Y$ 的时间序列是平稳序列，否则需对原序列进行差分；如果变量 $X$ 和 $Y$ 的时间序列 $x_t$ 和 $y_t$ 均为平稳序列，建立 $y_t$ 关于 $y$ 和 $x$ 的滞后模型，如下所示

$$y_t = c + \sum_{i=1}^{n} \alpha_i y_{t-i} + \sum_{i=1}^{n} \beta_i x_{t-i} \tag{5.1}$$

式中，$c$ 表示常数项，$n$ 表示滞后期。

检验 $X$ 的变化是不是 $Y$ 变化的原因，相当于针对原假设 $H_0: b_1 = b_2 = \cdots = b_n = 0$ 进行 $F$ 检验，即验证滞后项不属于此回归方程；$F$ 统计值服从标准的 $F$ 分布，若 $F$ 检验值大于标准 $F$ 分布的临界值，则拒绝原假设，说明 $X$ 的变化是 $Y$ 变化的格兰杰原因；否则接受原假设，说明 $X$ 的变化不是 $Y$ 变化的格兰杰原因。因此，采用格兰杰因果检验，对专利申请与专利诉讼的相互作用进行定量研究。

运用格兰杰因果检验，研究专利申请和专利诉讼的相互作用关系，需要依托长周期的时间序列数据展开分析。为此，研究样本的选择应该满足以下三个条件，一是专利申请与专利诉讼均经历了较长时间的数据积累，可以获得完整的时间序列数据；二是能够获取准确可靠的专利申请和专利诉讼数据，最好能通过公开渠道获得研究数据，以提高研究工作的可信度和可重复性；三是由于专利制度具有地域性，选择的研究样本应该具有代表性，以反映专利领域的主流态势。针对以上条件，本节选取中国的专利申请和专利诉讼数据为研究样本。

《中华人民共和国专利法》从 1985 年开始实施，专利申请和专利诉讼积累了长周期的时间序列数据；国家知识产权局和最高人民法院发布年度《中国专利统计年报》《中国

知识产权保护状况》《中国法院知识产权司法保护状况》等统计报告，将历年来的中国专利申请、专利诉讼等信息对外公开，据此可以获得准确可靠的数据信息。

国家知识产权局发布的年度《中国专利统计年报》，收录了历年来的专利申请受理数据信息。《中华人民共和国专利法》于 1992 年 9 月进行了首次修正，修改内容包括扩大专利保护范围、延长专利保护期限等；这对专利申请和专利诉讼均产生了重要影响，由于 1993 年是专利法修正后的第一个完整执行年，因此，选取 1993 年为统计起点。此外，针对时间序列数据进行格兰杰因果检验时，为保证预测趋势不出现偏差，通常要求样本容量不少于 20；综上所述，截取 1993～2014 年的时间序列数据展开分析（表 5.5）。

**表 5.5　中国 1993～2014 年专利申请与专利诉讼数据**

| 年份 | 专利申请/件 | 专利诉讼/件 |
|---|---|---|
| 1993 | 77276 | 680 |
| 1994 | 77735 | 833 |
| 1995 | 83045 | 1051 |
| 1996 | 102735 | 1184 |
| 1997 | 114208 | 1045 |
| 1998 | 121989 | 1162 |
| 1999 | 134329 | 1485 |
| 2000 | 170682 | 1595 |
| 2001 | 203573 | 1597 |
| 2002 | 252631 | 2081 |
| 2003 | 308487 | 2110 |
| 2004 | 353807 | 2549 |
| 2005 | 476264 | 2947 |
| 2006 | 573178 | 3196 |
| 2007 | 693917 | 4041 |
| 2008 | 828328 | 4074 |
| 2009 | 976686 | 4422 |
| 2010 | 1222286 | 5785 |
| 2011 | 1633347 | 7819 |
| 2012 | 2050649 | 9680 |
| 2013 | 2377061 | 9195 |
| 2014 | 2361243 | 9648 |

注：1. 以中国国家知识产权局年度受理的专利申请测度专利申请；2. 以全国地方法院年度新受理的民事一审专利案件测度专利诉讼；3. 专利法于 1992 年 9 月进行首次修正，对专利申请和诉讼均产生重要影响，选取 1993 年为统计数据的起点。

专利诉讼数据来源于国家知识产权局和最高人民法院发布的《中国知识产权保护状况》和《中国法院知识产权司法保护状况》，上述统计报告涵盖专利立法、行政执法和司法保护等知识产权信息，是反映中国年度知识产权保护的权威材料。选取其中全国地方法院年度新受理民事一审专利案测度专利诉讼，以反映当年专利权人发起专利诉讼的实际情况；以上专利诉讼数据为年度数据，由国家知识产权局和最高人民法院定期对外发布，据此可获取研究所需的长周期时间序列数据。

### 5.3.2　数据检验

针对时间序列数据进行格兰杰因果检验，首先需要对其进行单位根检验、协整分析以及建立误差修正模型，否则预测的因果关系可能是虚假的；采用 EViews 5.0 软件，对专利申请和专利诉讼的时间序列数据进行统计分析，它是格兰杰因果检验的常用工具。

1. 单位根检验

由于进行格兰杰因果检验分析的前提条件是两个序列是平稳的，因此，必须对两个序列进行平稳性检验，否则检验结果会出现“伪回归”现象；如果原序列不平稳，需要对其进行差分，直到成为平稳序列；如果原序列在成为平稳序列前经过 $d$ 次差分，则称该序列为 $d$ 阶单整序列，记为 $I(d)$。由于对变量取自然对数不会改变时间序列的性质及相互关系，还能消除可能存在的异方差性；因此，对专利申请($A$)和专利诉讼($L$)进行对数化处理，采用自然对数值 $\ln A$ 和 $\ln L$ 进行检验。表 5.6 结果表明，专利申请的原序列($\ln A$)和专利诉讼的原序列($\ln L$)均为非平稳序列；为此，需要对二者进行差分，结果显示专利申请的一阶差分序列($\Delta\ln A$)和专利诉讼的一阶差分序列($\Delta\ln L$)分别在 10%和 1%的置信水平上显著，均为平稳序列；因此，专利申请和专利诉讼的原序列均为一阶单整序列，即 $\ln A \sim I(1)$、$\ln L \sim I(1)$，满足后续检验的必要条件。

**表 5.6　单位根检验**

| 变量 | ADF 检验值 | 检验类型 | 临界值 1% | 临界值 5% | 临界值 10% | 结论 |
|---|---|---|---|---|---|---|
| $\ln A$ | 1.059 | (c,0,1) | −3.788 | −3.012 | −2.646 | 非平稳 |
| $\ln L$ | −0.321 | (c,0,1) | −3.788 | −3.012 | −2.646 | 非平稳 |
| $\Delta\ln A$ | −2.981 | (c,0,1) | −3.809 | −3.021 | −2.650* | 平稳 |
| $\Delta\ln L$ | −4.612 | (c,0,1) | −3.832*** | −3.030** | −2.655* | 平稳 |

注：*表示在 10%的置信水平上显著，**表示在 5%的置信水平上显著，***表示在 1%的置信水平上显著。

2. 协整分析

为检验专利申请和专利诉讼间的因果关系，首先需证明二者存在长期的动态均衡关系。协整反映了非平稳的单整序列之间存在的一种长期动态均衡关系，即两个非平稳时间序列的线性组合，相互抵消趋势项的影响，使该组合成为平稳的时间序列。由于专利申请和专利诉讼的原序列均为一阶单整序列，为此，采用协整分析检验专利申请和专利诉讼间长期的动态均衡关系。

根据 Engle-Granger 两步检验法，检验专利申请和专利诉讼间的协整关系；该方法首先需要估计变量的协整回归方程，并据此生成残差项；然后对残差序列进行平稳性检验，如果残差序列是平稳的，说明变量间存在协整关系，反之不存在协整关系。为此，首先采用最小二乘法(ordinary least square，OLS)，估计 $\ln A$ 和 $\ln L$ 的协整回归方程。

$$\ln A_t = -194.555 + 0.101t + 0.627\ln L_t$$
$$(-3.684^{***})(3.717^{***})(2.956^{***}) \quad R^2 = 0.992 \tag{5.2}$$

分析结果表明，截距项、$t$ 系数统计量、$\ln L_t$ 系数统计量均在 1%的置信水平上显著，模型的拟合优度高；这说明第 $t$ 年的专利申请不仅与申请年份有关，而且与专利诉讼有关。在协整回归方程的基础上，通过移项生成残差项，以便对其进行单位根检验。

$$\text{残差项} e_t = \ln A_t + 194.555 - 0.101t - 0.627\ln L_t \tag{5.3}$$

通过检验残差序列 $e_t$ 的平稳性，判断 $\ln A$ 和 $\ln L$ 之间的协整关系，即检验专利申请和专利诉讼是否存在长期稳定的均衡关系；如果残差序列 $e_t$ 是平稳的，说明 $\ln A$ 和 $\ln L$ 之间存在协整关系；反之，则说明二者不存在协整关系。协整分析要求统计量最低在 10%的置信水平上显著，利用 ADF 单位根检验的结果表明，残差序列 $e_t$ 在 1%的置信水平上显著，因此，残差序列 $e_t$ 是平稳序列；这说明，$\ln A$ 和 $\ln L$ 存在协整关系，即专利申请和专利诉讼之间存在长期稳定的动态均衡关系（表 5.7）。

**表 5.7　残差单位根检验**

| 变量 | ADF 检验值 | 检验类型 | 临界值 1% | 临界值 5% | 临界值 10% | 结论 |
|---|---|---|---|---|---|---|
| 残差（$e_t$） | -4.436 | (0,0,0) | -2.680*** | -1.958** | -1.608* | 平稳 |

注：*表示在 10%的置信水平上显著，**表示在 5%的置信水平上显著，***表示在 1%的置信水平上显著。

3. 误差修正模型

协整分析反映了专利申请和专利诉讼间存在长期稳定的动态均衡关系，但通常情况下，两变量的关系可能会偏离均衡点，即存在短期均衡或非均衡关系；如果这种偏离是暂时的，那么随着时间的推移，内在的均衡机制将促使系统重新回到均衡状态。为此，在协整分析的基础上，建立包括误差修正项在内的误差修正模型，以研究模型的短期动态和长期调整特征。式（5.4）结果表明，$\Delta\ln A_{t-1}$、$\Delta\ln L_t$、$\Delta\ln L_{t-1}$ 和 $e_{t-1}$ 的系数统计量分别在 1%、1%、5%和 1%的置信水平上显著，满足统计量最低在 10%的置信水平上显著的要求；这说明，短期内专利申请的变动受到前一时期非均衡程度的影响，即专利申请与专利诉讼长期均衡存在短期修正效应；当短期波动偏离长期均衡时，将以一定的调整力度将非均衡状态拉回至均衡状态。

$$\Delta\ln A_t = 0.493\Delta\ln A_{t-1} + 0.375\Delta\ln L_t + 0.243\Delta\ln L_{t-1} - 0.473e_{t-1}$$
$$(5.725^{***}) \ (4.657^{***}) \ (2.570^{**}) \ (-3.293^{***}) \ R^2 = 0.695 \tag{5.4}$$

4. 格兰杰因果检验

协整分析的结果表明，专利申请与专利诉讼之间存在长期稳定的动态均衡关系，但这种关系是否构成因果关系还需要进一步验证；为此，采用格兰杰因果检验，对专利申请与专利诉讼之间是否存在因果关系做进一步检验。为检验变量间的因果关系，必须考虑到滞后期；本书采用的时间序列为年度数据，所以滞后期也以年为单位计量；分析软件根据时间序列的长度限定了最长滞后期，EViews 5.0 软件限定的最长滞后期为 6 年，对滞后期 1～6 年逐一进行格兰杰因果检验，从而厘清专利申请与专利诉讼的相互作用关系。结果表明，专利申请与专利诉讼之间具有双向的格兰杰因果关系，存在显著的相互促进作用。对于原假设“ln$A$ 不是 ln$L$ 的格兰杰原因”，当滞后期为 1～4 年时，分别在 5%、1%、10%和 5%的置信水平上显著，即拒绝原假设，表明专利申请的前期变化能够解释未来的专利诉讼变化情况，专利申请是专利诉讼的格兰杰原因；这说明专利申请对专利诉讼具有显著的促进作用，专利申请的增加将导致专利诉讼在未来的涌现(表 5.8)。

**表 5.8　格兰杰因果检验**

| 原假设 | 滞后期 | $F$ 值 | $P$ 值 | 结论 |
|---|---|---|---|---|
| ln$A$ 不是 ln$L$ 的格兰杰原因 | 1 | 7.934 | 0.011** | 拒绝 |
| ln$L$ 不是 ln$A$ 的格兰杰原因 | 1 | 2.841 | 0.109 | 接受 |
| ln$A$ 不是 ln$L$ 的格兰杰原因 | 2 | 9.609 | 0.002*** | 拒绝 |
| ln$L$ 不是 ln$A$ 的格兰杰原因 | 2 | 4.340 | 0.031** | 拒绝 |
| ln$A$ 不是 ln$L$ 的格兰杰原因 | 3 | 3.193 | 0.063* | 拒绝 |
| ln$L$ 不是 ln$A$ 的格兰杰原因 | 3 | 6.261 | 0.008*** | 拒绝 |
| ln$A$ 不是 ln$L$ 的格兰杰原因 | 4 | 4.143 | 0.036** | 拒绝 |
| ln$L$ 不是 ln$A$ 的格兰杰原因 | 4 | 5.183 | 0.019** | 拒绝 |
| ln$A$ 不是 ln$L$ 的格兰杰原因 | 5 | 2.081 | 0.199 | 接受 |
| ln$L$ 不是 ln$A$ 的格兰杰原因 | 5 | 8.995 | 0.009*** | 拒绝 |
| ln$A$ 不是 ln$L$ 的格兰杰原因 | 6 | 0.959 | 0.561 | 接受 |
| ln$L$ 不是 ln$A$ 的格兰杰原因 | 6 | 147.717 | 0.001*** | 拒绝 |

注：*表示在 10%的置信水平上显著，**表示在 5%的置信水平上显著，***表示在 1%的置信水平上显著。

对于原假设“ln$L$ 不是 ln$A$ 的格兰杰原因”，当滞后期为 2～6 年时，分别在 5%、1%、5%、1%和 1%的置信水平上显著，即拒绝原假设，表明专利诉讼的前期变化能够解释未来的专利申请变化情况，专利诉讼是专利申请的格兰杰原因；这说明专利诉讼对专利申请也有显著的促进作用，意味着发起专利诉讼有助于谋取经济利益，这促使专利权人倾向于在未来提出更多的专利申请。

### 5.3.3　结果分析

为了研究专利申请与专利诉讼的相互作用，本节采用协整分析和误差修正模型进行分析表明，专利申请与专利诉讼存在着长期稳定的动态均衡关系；在此基础上，运用格兰杰因果检验针对时间序列数据进行的研究表明，专利申请与专利诉讼之间存在着显著的相互促进作用；其中，专利申请对专利诉讼具有显著的促进作用，当滞后期为 1～4 年时，这一作用分别在 5%、1%、10%和 5%的置信水平上具有显著性，这说明专利申请的增加将导致专利诉讼在未来涌现；与此同时，专利诉讼对专利申请也具有显著的促进作用，当滞后期为 2～6 年时，这一作用分别在 5%、1%、5%、1%和 1%的置信水平上具有显著性，这意味着专利诉讼促使专利权人在未来提出更多的专利申请。

以上研究表明，专利申请对专利诉讼具有显著的促进作用，由于中国的专利申请量近年来已跃居世界首位，尤其是来自国外的专利申请快速增加，可以预见中国的专利诉讼在未来也将爆发式增加。由于专利诉讼成为国外领先企业的竞争工具和牟利手段，这将对中国企业的创新活动产生严重困扰。长期以来，由于我国的专利立法对专利可能引起的负面效应考虑不足，政府部门尤其是地方政府在政策上大力鼓励专利申请。面对专利申请和专利诉讼快速增长态势，应正视其负面效应和潜在危害，在法律层面和政策导向上进行必要的调整；适当提高专利审查和授予标准，在政策导向上转变过度追求专利数量增长的倾向，以遏制专利诉讼的爆发式增长，从而减少其负面效应和潜在危害。

# 第六章　专利陷阱的主体类型

针对诉讼主体类型方面的研究明显滞后，现有研究工作主要针对生成机制、负面影响及影响因素等展开，还存在明显的薄弱环节。近年来，中国企业频繁成为专利诉讼的主要目标，亟待开展针对性研究工作；有必要以诉讼主体这一专利诉讼的核心要素为突破口，利用近年来逐步积累的专利诉讼数据，研究揭示诉讼主体的主要类型和关键特征，从而为应对潜在的专利诉讼提供管理支持。

## 6.1　诉讼主体类型的划分

近年来，专利诉讼呈现快速增长的态势，深刻影响着技术创新和产业竞争的格局。以智能手机产业为研究对象，运用社会网络分析方法，研究揭示诉讼主体之间的复杂关系，比较分析诉讼主体的差异；在此基础上，采用层次聚类分析方法，定量分析诉讼主体的关键特征，并对诉讼主体进行类型划分。

### 6.1.1　研究设计

1. *研究方法*

在专利诉讼过程中，诉讼主体通过专利这一诉讼客体，形成了错综复杂的诉讼关系网络。因此，本节首先运用社会网络分析方法，构建诉讼主体间的专利诉讼关系网络；然后，对专利诉讼网络进行量化分析，以阐释诉讼主体之间的诉讼关系，并比较分析诉讼主体存在的特征差异；在此研究基础上，针对诉讼主体存在的特征差异，运用层次聚类分析方法，选择量化分析指标，研究揭示各类诉讼主体的关键特征，并对诉讼主体的类型进行定量划分。

社会网络分析方法是一种重要的网络分析方法，从关系角度，研究社会现象和社会结构，对因某种关系聚集的行动者而形成的网络进行量化研究，为揭示行动者之间复杂的关系网络提供了可行性；诉讼主体近年来呈现多元化的发展趋势，且通过专利这一诉讼客体，形成错综复杂的诉讼关系网络。为此，运用社会网络分析方法，研究构建诉讼主体间的关系网络，有助于理清诉讼主体之间复杂的诉讼关系。

层次聚类分析是一种客观的分类方法，它能够在没有先验知识的情况下，依据样本之间的相似程度和亲疏关系，通过量化分析的过程，对样本数据进行分类。层次聚类分析的原理是，将每个研究样本单独作为一类，按照样本之间的相似程度和亲疏关系，将其中距离最近的样本聚成一个小类；然后，比较其他样本和小类间的相似程度和亲疏关系，将当前距离最近的样本或者小类再聚成一类；重复上述过程，直到所有的研究样本和小类，聚成一个大类为止。

运用层次聚类分析方法进行分类研究时，需要主要特征的相关数据作为聚类指标，而上述的社会网络分析为层次聚类分析提供了基础数据。因此，在层次聚类分析过程中，以社会网络分析得到的差异特征为聚类指标，并据此对诉讼主体进行类型划分；作为一种定量分类方法，层次聚类分析能够在没有先验知识的情况下，依据样本间的相似程度和亲疏关系，以逐次聚类的方式对研究样本进行分类，有助于减少主观判断对类型研究的干扰。

2. 研究样本

由于专利诉讼涉及的数据量较大，囿于数据处理能力，有必要选取某一特定技术领域开展研究。在选择研究样本时，应该满足一定的筛选条件：第一，所选行业是具有典型代表性的技术领域，属于当代主流的技术领域，能反映当代主流的技术特点；第二，所选行业应该已经积累了足够的专利诉讼个案，以便能够获取足够的研究样本；第三，专利诉讼的相关基础数据较为完备，能从专利数据库或公开网站，获取研究所需的相关数据开展统计分析。针对以上样本选择的条件，本节选取智能手机产业开展研究。

(1) 智能手机是“具有独立操作系统，用户可自行安装第三方服务商提供的程序，以不断扩充手机的功能，还可以通过移动通信网络，实现无线网络接入的一类手机的总称”(田青毅和张小琴，2009)。随着无线通信的兴起、数字广播的普及以及新一代视频压缩算法的采用，手机从普通通话工具逐步向智能化发展，改变了人类生活、工作和交流方式。因此，智能手机技术涉及移动通信、电子信息和软件等众多相关领域，智能手机产业是具有典型代表性的技术领域，属于当代主流的技术领域，能够反映当代主流的技术特点。当前智能手机所支持的众多应用中，视频通话、手机电视、推送、基于位置服务、返场通信是当前市场的热点，也是最受消费者重视的应用或者服务。

(2) 近年来，随着智能手机相关技术的快速发展，全球智能手机领域的市场竞争也日趋激烈。众多专利权人开始将技术专利作为重要的竞争工具，在智能手机领域申请和布置大量技术专利，并通过发起专利诉讼，谋取经济利益和竞争优势，这导致智能手机技术领域的专利纠纷和专利诉讼不断涌现。根据维护美国知识产权诉讼信息数据库的 Lex Machina 公司的统计数据结果显示，近十年来，以智能手机为代表的移动通信领域的专利诉讼案件逐年增加，而且几乎每周都会有新的专利诉讼案件出现。因此，智能手机行业积累了足够的专利诉讼个案，能够获取足够的研究样本。

(3) 由于进行社会网络分析和聚类分析等数据分析，需要原告、被告以及诉讼关系等专利诉讼数据作为数据基础，为此，研究需获取较为完备的专利诉讼基础数据。目前，美国的专利诉讼信息对外公开程度较高，而且可从公开专利数据库中，获取研究所需的专利诉讼信息开展统计分析；相比之下，其他国家和地区对外公开的专利诉讼信息仅涉及专利诉讼案件的数量、涉及诉讼的专利数量等，而对具体某一专利诉讼案件涉及的诉讼主体以及相互间的诉讼关系尚未对外公开，因此，难以通过公开渠道获取相关信息，对诉讼主体间的诉讼关系进行分析；此外，美国是智能手机专利诉讼的主战场，可从公开专利数据库中获取研究所需的专利诉讼信息，能够反映智能手机领域专利诉讼的情况。

3. 数据来源及处理

为获取历年来的专利诉讼数据，本节选用汤森路透(Thomson Reuters)的 Derwent Innovation 专利分析平台作为数据来源。Thomson Innovation 专利分析平台集成了德温特世界专利索引(Derwent World Patents Index，DWPI)数据库、EPO 的 INPADOC 世界法律状态数据库(EPO INPADOC Worldwide Legal Status Database)等多个专利数据库，其涵盖主要国家(或地区)的专利数据和相关文献；以及源自美国联邦地区法院的专利诉讼信息，包括案件编号、诉讼日期、原告人、被告人和审理法院等，为研究美国的专利诉讼提供了必要的数据来源。

对筛选智能手机专利所用的检索词，采用中国国家知识产权局原副局长杨铁军主编的《产业专利分析报告(第 5 册)》中研究确定的检索词。该报告是专门针对智能手机行业进行的专利信息分析，该专利分析报告在专利研究方法上，提出了智能手机专利数据检索的准确性和完整性的验证方法，保证数据检索的质量；该报告有助于引导和促进企业开展专利分析工作，提升专利信息运用水平(表 6.1)。

**表 6.1 智能手机技术及检索关键词**

| 一级分支 | 二级分支 | 检索词 |
|---|---|---|
| 人机交互 | 触控技术<br>感应技术<br>语言识别 | SPEECH，PHONETIC，VOICE，RECOGNITION，MAGNETIC，SENSOR，MAGNETOMETER，PHOTO，ACCELERATION，TRANSDUCER，TOUCH，PROXIMITY，ITO，WIRE，ELECTRODE，POLE，FILM，LAYER，COMPONENT，ELEMENT，CIRCUIT，LAYOUT，ELECTRIC，FIELD |
| 应用与服务 | 视频通话<br>手机电视<br>基于位置服务<br>基于 PUSH 的应用<br>基于 NFC 的应用 | NFC，NEAR FIELD COMMUNICATION，LOCATION，POSITION，CALL，INFORMATION，DISPLAY，REPORT，NAVIGAT，INTEREST，PUSH，CMMB，DMB，DVB，MEDIAFLO，ISDB，VIDEO，TELEPHONE |
| 低功耗设计 | 结构设计<br>操作模式<br>通信流程<br>系统进程<br>应用场景 | SAVE，ECONOMIZE，PINCH，REDUCE，LOWER，POWER，ENERGY，CIRCUIT，BATTERY |
| 智能手机 | | PDA，SMARTPHONE，PERSONAL DIGITAL ASSISTANT，MOBILE，WIRELESS，HELD，CELLULAR，PORTABLE，HAND，HANDHELD，HANDY，PHONE，STATION，TERMINAL，EQUIPMENT |

该分析报告中指出，人机交互、应用与服务和低功耗设计是智能手机的关键技术。其中，人机交互技术是研究人、计算机以及它们间相互影响的技术，直接影响用户体验；应用与服务是在智能手机的操作平台上，安装应用程序，从而使得智能手机的功能可以得到快速的扩展，能够给用户带来更为人性化的体验；随着智能手机的功能越来越强大，功率损耗也越来越大，因此，低功耗设计成为智能手机设计中一个越来越

迫切的问题(表 6.2)。

表 6.2　智能手机技术涉及的 IPC 分类号

| IPC | 定义 |
| --- | --- |
| H04Q 7/32 | 移动用户设备 |
| H04W 88/02 | 终端设备 |
| H04W 88/04 | 适用于向或从另一个终端或用户中继的终端设备 |
| H04W88/06 | 适用于在多个网络中操作的终端设备，例如，多模式终端 |
| H04M 1/73 | 节电的无绳电话机 |
| H04W 52/02 | 功率节省装置 |
| G06F 3/041 | 以转换方式为特点的数字转换器，例如，触摸屏或触摸垫，特点在于转换方法 |
| G06F 3/042 | 通过光电的方式将部件的位置或位移转换成为代码形式的数字转换器 |
| G06F 3/043 | 使用声波传输将部件的位置或位移转换成为代码形式的数字转换器 |
| G06F 3/044 | 通过用电容性方式将部件的位置或位移转换成为代码形式的数字转换器 |
| G06F 3/045 | 使用电阻性元件将部件的位置或位移转换成为代码形式的数字转换器，例如，单个连接的表面或两个平行表面相接触 |
| G06F 3/046 | 通过电磁方式将部件的位置或位移转换成为代码形式的数字转换器 |
| G06F 3/047 | 使用导线将部件的位置或位移转换成为代码形式的数字转换器 |

在提出智能手机关键技术及相应检索词的基础上，该分析报告同时指出，应利用国际专利分类号，对提取的相关专利进行技术领域限定。本节依托 Thomson Innovation 专利分析平台，提取历年智能手机领域涉及诉讼的专利数据。首先，本节选取美国专利授权数据库，将标题、摘要、IPC 分类号设为上述分析报告中确定的相关检索词；然后，将专利诉讼日期的截止时间设为 2013 年 12 月 31 日，提取智能手机领域涉及诉讼的专利；与此同时，将相关专利的公开日期限定在 1994 年 1 月 1 日～2013 年 12 月 31 日，共计 20 年，这也与美国发明专利的保护期限一致。基于以上的检索步骤，得到美国智能手机领域 232 条涉及诉讼的专利数据。

依托 Thomson Innovation 专利分析平台，逐条统计以上技术专利中涉及的专利诉讼信息，包括涉及诉讼的次数、诉讼日期、原告人、被告人以及相互间的专利诉讼关系等。结果表明，智能手机领域的专利诉讼案件是从 2002 年开始出现，2010 年以来呈现出爆发式增长的态势，截至 2013 年底，相关专利诉讼案件总计 1035 件，共涉及 232 件技术专利和 293 个诉讼主体；在智能手机领域的专利诉讼案件中，存在着专利权人就单件技术专利频繁发起专利诉讼，以及诉讼主体相互之间发起专利诉讼等复杂的情况(图 6.1)。

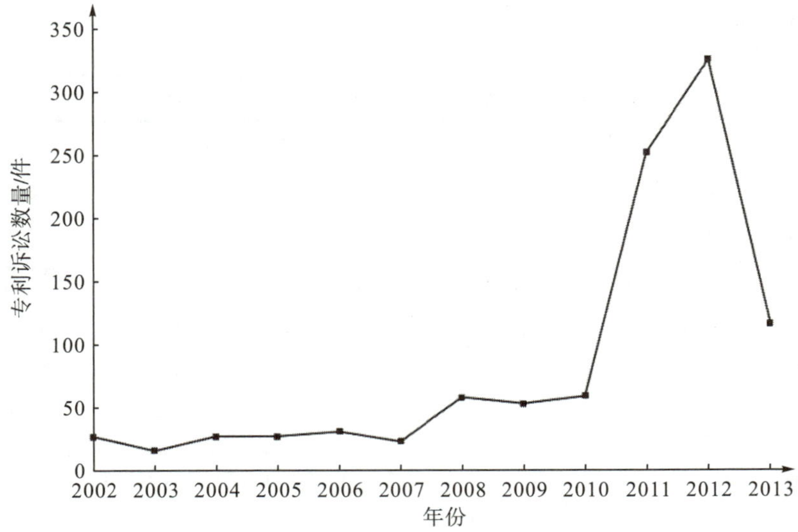


图 6.1　2002～2013 年美国智能手机专利诉讼

### 6.1.2　专利诉讼的社会网络

社会网络分析能够揭示诉讼主体之间错综复杂的诉讼关系，构建专利诉讼主体的诉讼关系网络，可以将诉讼主体之间存在的复杂诉讼关系直观地反映出来。为此，本节通过对诉讼主体之间的诉讼关系进行逐条统计，建立专利诉讼关系矩阵，在此基础上，进一步构建面向诉讼主体的专利诉讼关系网络，揭示诉讼主体相互间复杂的专利诉讼关系；同时，利用社会网络分析相关的指标值，定量分析诉讼主体的特征，比较分析诉讼主体存在的特征差异。

在专利诉讼的过程中，诉讼主体之间构成的诉讼网络主要是基于诉讼主体之间的诉讼关系构建的，为了理清诉讼主体之间错综复杂的诉讼关系，本节通过逐条读取专利诉讼案件涉及的原告、被告以及相互之间的诉讼关系等信息，对诉讼主体之间的诉讼关系进行逐一统计，获得二分类网络关系数据，在此基础上，建立专利诉讼关系矩阵，据此生成面向诉讼主体的诉讼关系网络。针对本书中的数据样本，在数据检索基础上，需要逐条统计专利诉讼案件涉及的诉讼主体，以及诉讼主体之间存在的专利诉讼关系，并根据诉讼主体及其相互之间的诉讼关系，建立诉讼主体的诉讼关系矩阵，以此作为社会网络分析的基础数据。

将以上建立的专利诉讼关系矩阵导入 UCINET 6.0，利用其内嵌的 NetDraw 软件绘制网络图，从而生成智能手机领域的专利诉讼网络。由于专利诉讼案件中涉及的诉讼主体众多，为了揭示主要的诉讼关系和诉讼主体，与此同时，为避免计算过程中的数据溢出，在构建专利诉讼网络的过程中，仅保留与两个以上（*K*-core>2）其他当事人存在专利诉讼关系的节点，而将与两个及以下（*K*-core≤2）其他当事人存在专利诉讼关系的节点去除，进而形成了 25 个主要诉讼主体的诉讼关系网络（图 6.2）。

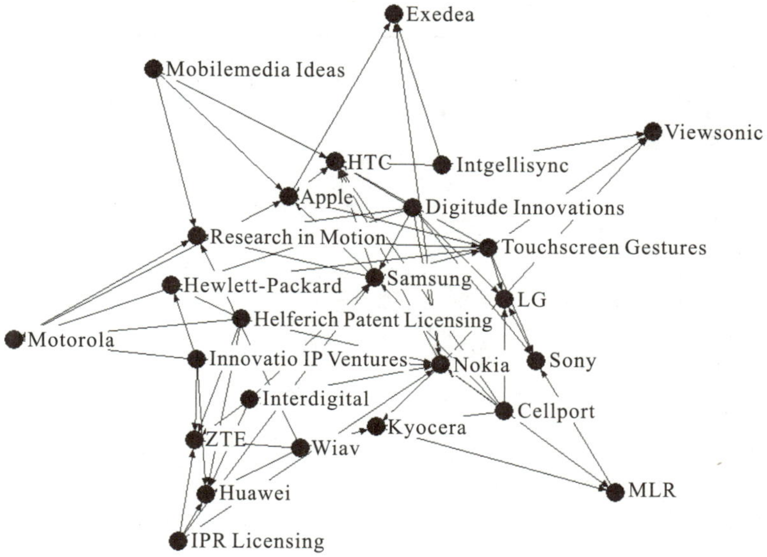


图 6.2　专利诉讼网络

在诉讼主体的诉讼网络中，节点代表诉讼主体，节点之间的连线代表诉讼主体之间发生的诉讼关系，箭头由原告人指向被告人。分析表明，诉讼主体之间存在紧密的诉讼关系，形成了错综复杂的专利诉讼网络，而且诉讼主体处于不同的网络位置，有必要进一步通过定量指标对诉讼主体的特征进行测度。

为对诉讼主体的诉讼网络进行定量分析，本节研究选择中心度(centrality)作为测度专利诉讼网络的分析指标，具体包括点的度数中心度(degree centrality)指标和点的中间中心度(betweenness centrality)指标，以分析诉讼主体的特征差异。度数中心度是指与某点直接相连的其他点的个数，分为出度中心度(out-degree centrality)和入度中心度(in-degree centrality)，出度中心度是指该点所直接指向的其他点的总和，入度中心度是指直接指向该点的点数总和(约翰·斯科特，2009)。在专利诉讼的网络中，出度中心度是指该诉讼主体起诉的其他诉讼主体的个数，入度中心度是指起诉该诉讼主体的其他诉讼主体的个数，中间中心度是指该点位于其他点“中间”的程度。在专利诉讼网络中，点的中间中心度高意味着该诉讼主体处于专利诉讼网络的中心位置(Kim and Song，2013)(表 6.3)。

**表 6.3　中心度指标**

| 诉讼主体 | 出度中心度 | 入度中心度 | 中间中心度 |
| --- | --- | --- | --- |
| Apple | 4 | 12 | 4.756 |
| Cellport | 7 | 0 | 1.306 |
| Digitude Innovations | 8 | 0 | 2.031 |
| Exedea | 0 | 4 | 0.531 |
| Helferich Patent Licensing | 21 | 1 | 7.355 |
| Hewlett-Packard | 0 | 3 | 1.394 |
| HTC | 1 | 9 | 1.671 |
| Huawei | 0 | 5 | 0.746 |

续表

| 诉讼主体 | 出度中心度 | 入度中心度 | 中间中心度 |
|---|---|---|---|
| Innovatio IP Ventures | 25 | 0 | 8.688 |
| Interdigital | 4 | 0 | 0.609 |
| Intgellisync | 3 | 0 | 0.010 |
| IPR Licensing | 4 | 0 | 0.609 |
| Kyocera | 1 | 4 | 0.326 |
| LG | 0 | 5 | 1.442 |
| Mobilemedia Ideas | 3 | 1 | 0.532 |
| Motorola | 3 | 4 | 6.299 |
| MLR | 3 | 3 | 1.134 |
| Nokia | 5 | 7 | 6.347 |
| RIM | 1 | 9 | 2.590 |
| Samsung | 4 | 7 | 5.343 |
| Sony | 1 | 3 | 0.296 |
| Touchscreen Gestures | 10 | 2 | 3.098 |
| Viewsonic | 0 | 3 | 0.151 |
| Wiav | 4 | 0 | 0.158 |
| ZTE | 0 | 5 | 0.746 |

在构建专利诉讼网络的基础上，对网络中各诉讼主体的关键特征进行测度和分析。为此，利用 UCINET 6.0 软件“Analysis”模块下“Centrality Measures”功能，分别选取“Degree”和“Betweermess”为分析对象，选择“Directed Versions”选项，计算专利诉讼网络中各诉讼主体的出度中心度、入度中心度和中间中心度，在此基础上，对诉讼主体的关键特征以及特征差异进行量化分析。

社会网络分析的结果表明，诉讼主体的出度中心度、入度中心度和中间中心度存在着显著差别，由于出度中心度、入度中心度和中间中心度分别用于测度诉讼主体起诉频度、被诉频度和网络位置的指标，因此，诉讼主体的出度中心度、入度中心度和中间中心度存在显著差别，这也意味着诉讼主体在起诉频度、被诉频度和网络位置等方面存在着显著差异。

具体来说，诉讼主体的出度中心度取值在 0～25，其中，Innovatio IP Ventures、Helferich Patent Licensing、Touchscreen Gestures、Digitude Innovations、Cellport、Nokia、Apple 和 Samsung 等诉讼主体的出度中心度较高，这说明，以上诉讼主体发起专利诉讼的频度较高；与此同时，Huawei（华为公司）、ZTE（中兴通讯）、Viewsonic、Exedea、Hewlett-Packard 和 LG 等诉讼主体的出度中心度为 0，这说明，以上诉讼主体尚未发起过专利诉讼。

诉讼主体的入度中心度取值在 0～12。其中，Apple、HTC、RIM、Samsung、Nokia、华为公司、中兴通讯和 LG 等诉讼主体的入度中心度较高，这说明以上诉讼主体成为被诉对象的频度较高；与此同时，Cellport、Digitude Innovations、IPR Licensing 和 Innovatio IP Ventures 等诉讼主体的入度中心度为 0，这说明，以上诉讼主体甚少成为被诉对象。

诉讼主体的中间中心度取值在 0～9，其中，Innovatio IP Ventures、Helferich Patent

Licensing、Nokia、Motorola、Samsung 和 Apple 等诉讼主体中间中心度较高，这说明，以上诉讼主体位于专利诉讼网络的中心位置；与此同时，Intgellisync、Viewsonic、Wiav、Sony、Kyocera、Exedea、Mobilemedia Ideas、Interdigital、中兴通讯和华为公司等诉讼主体的中间中心度较低，这说明，以上诉讼主体位于专利诉讼网络中的边缘位置。

以上社会网络分析的结果表明，诉讼主体的出度中心度、入度中心度和中间中心度存在着显著差别，即诉讼主体在起诉频度、被诉频度和网络位置等方面存在着显著的特征差异。其中，有些诉讼主体频繁成为专利诉讼的原告，有些则经常成为专利诉讼的被告，且诉讼主体在专利诉讼网络中的位置也存在着显著差别。研究还发现，诉讼主体以不同的特征呈现出多元化发展的趋势，其中，存在着众多以往被业界所忽视的企业类型，而且已有研究对此也没有予以足够关注；为此，有必要高度重视被忽略的企业类型，在此基础上，根据诉讼主体存在的显著的特征差异，进一步对诉讼主体进行类型划分。

### 6.1.3　诉讼主体的层次聚类

利用社会网络分析方法，对专利诉讼主体间错综复杂的诉讼关系进行量化分析，结果表明，诉讼主体在起诉频度、被诉频度和网络位置等方面存在显著的特征差异，这说明诉讼主体呈现多元化的态势；为此，有必要根据诉讼主体间存在的特征差异，运用层次聚类分析对诉讼主体进行类型划分，以减少主观判断对类型研究的干扰，进而揭示各类诉讼主体的关键特征。

首先，将聚类指标的相关数据导入到计算机系统，系统会将每个样本单独作为一类；其次，系统会按照样本之间的相似程度和亲疏程度，将其中距离最近的一些样本聚成一个小类；然后，再比较其他样本和小类间的相似程度和亲疏程度，将当前距离最近的样本或小类再聚成一类；最后，经过重复的聚类过程，直至所有的样本被聚类，从而完成层次聚类过程。

本节采用 SPSS 18.0 软件进行层次聚类分析，通过导入相关的分析数据，基于量化分析指标，对样本进行类型划分。运用层次聚类分析进行分类，需要主要特征的相关数据作为聚类指标，而上述社会网络分析为层次聚类分析提供了基础数据。因此，在层次聚类分析过程中，以社会网络分析得到的差异特征作为聚类指标，据此对诉讼主体进行类型划分；作为基于量化分析的分类方法，层次聚类分析能够在没有先验知识的情况下，依据样本之间的相似程度和亲疏关系，以逐次聚类的方式，对研究样本进行定量分类，这样有助于减少主观判断对类型划分研究产生的干扰。

为对诉讼主体进行层次聚类分析，需选取衡量诉讼主体关键特征的相关数据作为聚类指标。首先，在社会网络分析的基础上，将起诉频度、被诉频度和网络位置作为诉讼主体的关键特征，这些关键特征分别对应于出度中心度、入度中心度和中间中心度；然后，以出度中心度、入度中心度和中间中心度作为聚类指标，并将以上相关指标数据导入 SPSS 18.0 软件，在“分析”菜单的“分类”子菜单中，选择“层次聚类”命令，进行层次聚类分析；在此基础上，计算并生成层次聚类树形图，进而对诉讼主体进行类型划分（图 6.3）。

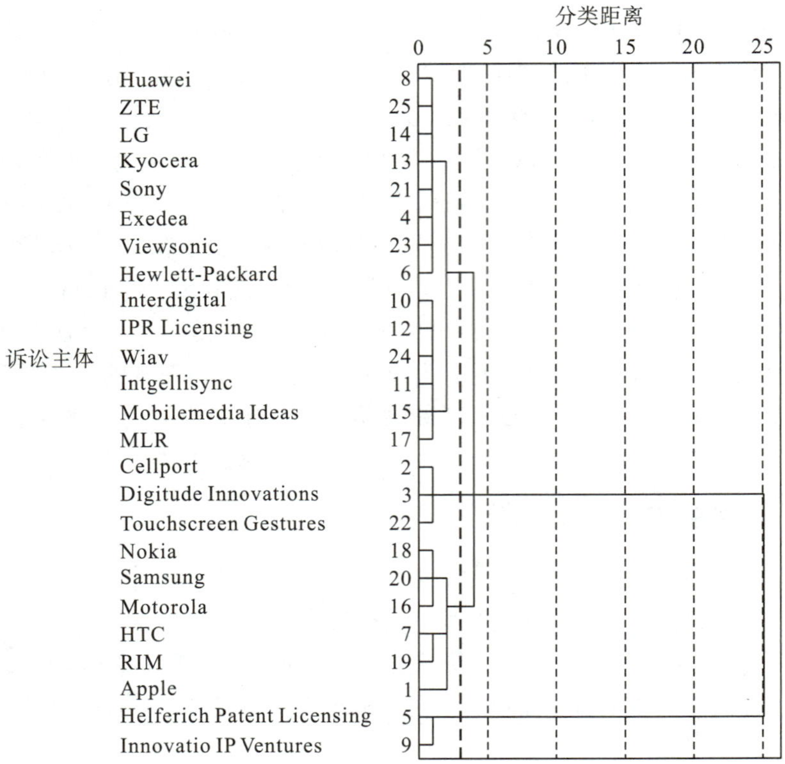


图 6.3　层次聚类树形图

根据层次聚类分析的原理，通过逐次聚类的方式生成层次聚类树形图。具体来说，第1步，Huawei 和 ZTE 最先聚为一个小类，样本之间的距离为 0.000；第 2 步，Interdigital 和 IPR Licensing 聚为一个小类，样本之间的距离为 0.000；第 3 步，Wiav 和 Interdigital 聚为一个小类，样本之间的距离为 0.203；第 4 步，Huawei 和 LG 聚为一个小类，样本之间的距离为 0.484；第 5 步，HTC 和 RIM 聚为一个小类，样本之间的距离为 0.845；第 6 步，Kyocera 和 Sony 聚为一个小类，样本之间的距离为 1.001；第 7 步，Exedea 和 Viewsonic 聚为一个小类，样本之间的距离为 1.144，……以此类推，比较其余样本和小类之间的距离，重复上述逐次聚类过程，以上 25 个诉讼主体经过 24 步，最终聚成一个大类。

在层次聚类树形图中，通过选取合适的分类距离，对诉讼主体进行类型划分；如果选取的分类距离过大，类型划分太少，则不便于开展针对性的研究工作，如果选取的分类距离过小，类型划分过多，则失去了分类的意义和目的；为此，本节研究首先将分类距离设为 3，然后在层次聚类树形图中的相应位置做垂线，该垂线与水平线相交的点数为聚类个数，与交点对应的研究样本为该聚类包含的内部成员，据此诉讼主体被划分为四种类型(表 6.4)。

其中，Huawei、ZTE、LG、Kyocera、Sony、Exedea、Viewsonic、Hewlett-Packard、Interdigital、IPR Licensing、Wiav、Intgellisync、MLR 和 Mobilemedia Ideas 诉讼主体被划分为一类，Cellport、Digitude Innovations 和 Touchscreen Gestures 诉讼主体被划分为一类，Nokia、Samsung、Motorola、HTC、RIM 和 Apple 诉讼主体被划分为一类，Helferich Patent

Licensing 和 Innovatio IP Ventures 诉讼主体被划分为一类。

表 6.4　主体类型及特征

| 类型 | 聚类成员 | 主要特征 |
| --- | --- | --- |
| I | Huawei，ZTE，LG，Kyocera，Sony，Exedea，Viewsonic，Hewlett-Packard，Interdigital，IPR Licensing，Wiav，Intgellisync，MLR，Mobilemedia Ideas | 甚少发起专利诉讼，但常成为被诉对象，处于诉讼网络的边缘位置 |
| II | Cellport，Digitude Innovations，Touchscreen Gestures | 经常发起专利诉讼，甚少成为被诉对象，处于诉讼网络的边缘位置 |
| III | Nokia，Samsung，Motorola，HTC，RIM，Apple | 经常发动专利诉讼，也常成为被诉对象，处于诉讼网络的中心位置 |
| IV | Helferich Patent Licensing，Innovatio IP Ventures | 频繁发起专利诉讼，甚少成为被诉对象，处于诉讼网络的中心位置 |

采用层次聚类分析方法，是为了对样本进行分类，是使各类型之间具有显著的特征差异，而各类型的内部成员之间具有相似性，达到对研究样本进行分类的目标；以上层次聚类分析的结果表明，各类型诉讼主体之间具有显著的特征差异，而各类型诉讼主体的内部成员之间也具有相似性。因此，达到了对样本进行分类的研究目的；在此基础上，根据上述聚类分析过程和样本分类的结果，对各类型诉讼主体的特征进行深入挖掘，研究揭示智能手机领域各类型诉讼主体的主要特征。

表 6.4 中，第 I 类诉讼主体主要是 Huawei、ZTE、LG、Kyocera、Sony、Exedea、Viewsonic、Hewlett-Packard、Interdigital、IPR Licensing、Wiav、Intgellisync、MLR 和 Mobilemedia Ideas 等追赶型企业，以上这类企业甚少发起专利诉讼，但却常常成为专利诉讼的被告，处于专利诉讼网络的边缘位置；而且此类企业近年来发展迅速，已经对智能手机行业的领先企业构成了威胁。例如，在 2013 年，Huawei 的智能手机销量已经跃升至全球第三位，仅次于 Apple 和 Samsung，并呈现出持续增长的发展态势，已经受到全球其他智能手机相关厂商的重点关注；但由于 Huawei 在智能手机领域起步较晚，技术积累和专利数量仍较少，导致此类企业在专利领域暂时还处于劣势位置，因此，经常遭受来自其他企业发起的专利诉讼，同时甚少主动发起专利诉讼。

第III类诉讼主体主要是 Nokia、Samsung、Motorola、HTC、RIM 和 Apple 等行业的领先企业，以上企业在智能手机产业中，拥有主要市场份额和技术专利，在专利领域处于优势地位，从而经常发动专利诉讼，以打压竞争对手；例如，Apple 与 Samsung 近年来相互间频繁起诉对方侵犯智能手机专利权，在多个国家和地区展开了旷日持久的专利战；虽然这类企业经常发动专利诉讼打压竞争对手，但也树大招风，觊觎此类行业领先企业的丰厚利润，其他企业也常针对此类企业发起专利诉讼，致使其常成为被诉对象，因此，这些企业处于专利诉讼网络的中心位置。

第 II 类和第IV类诉讼主体目前尚未受到业界的足够重视，但已成为专利诉讼重要发起者，却甚少成为被诉对象，二者的区别在于发起专利诉讼的频度不同，在专利诉讼网络的地位存在差异。具体来说，第 II 类诉讼主体包括 Cellport、Digitude Innovations 和 Touchscreen Gestures，发起专利诉讼的频度低于第IV类，处于诉讼网络的边缘位置；第IV类诉讼主体包括 Helferich Patent Licensing 和 Innovatio IP Ventures，发起专利诉讼频度高，处于专利诉讼网络的中心位置。对这两类诉讼主体分析表明，二者主要为从事专利运营的专业机构，以收取专利费或者赔偿金为营利目标，通过研发或收购取得专利权，然后开展授权谈判收取专利费，或者发起诉讼获取赔偿金。

第Ⅱ类和第Ⅳ类诉讼主体主要从事专利运营，其本身并不进行生产制造以及产品销售。因此，研究结果显示，一方面已成为专利诉讼的重要发起者，另一方面却甚少成为被诉对象。这两类诉讼主体由于业务特点和经营规模小，尚未引起业界的足够重视。近年来，Huawei、ZTE 等中国企业频繁成为专利诉讼对象，所以当企业在进入国际市场时，也开始重视针对爱立信、Samsung 和 LG 等企业的专利分析(李春燕，2015)；但是目前专利分析主要是针对传统的行业竞争者展开的，第Ⅱ类和第Ⅳ类非传统诉讼主体尚未引起业界足够重视；这两类诉讼主体不但是专利诉讼的重要发起者，而且由于其专业从事专利运营，拥有专利诉讼的丰富经验，中国企业对此必须予以重点防范。

### 6.1.4　重点类型的诉讼主体

在专利诉讼过程中，诉讼主体作为专利诉讼的核心要素，通过专利这一诉讼客体，形成错综复杂的诉讼关系网络。为此，本节以智能手机产业为研究样本，首先，采用社会网络分析方法，研究构建面向诉讼主体的专利诉讼网络；然后，对专利诉讼的网络进行量化分析，阐释诉讼主体之间存在的错综复杂的诉讼关系，比较分析诉讼主体的特征差异；在此研究基础上，针对诉讼主体的特征差异，采用层次聚类分析方法，定量分析诉讼主体的关键特征，对诉讼主体进行类型划分。

专利诉讼社会网络分析的结果表明，在智能手机领域，诉讼主体之间不但存在紧密的专利诉讼关系，已经形成了错综复杂的诉讼网络(与此同时，诉讼主体在出度中心度、入度中心度和中间中心度等方面均存在着显著差别，这意味着，不同的诉讼主体不仅在起诉频度、被诉频度和网络位置等方面存在着显著的特征差异)，而且诉讼主体已呈现出日益多元化的发展态势。此外，通过研究还发现，专利诉讼主体中还存在着众多被业界忽视的企业类型，已有研究对此尚未重视。

诉讼主体类型的研究表明，基于起诉频度、被诉频度和网络位置等方面存在的特征差异，诉讼主体可以划分为四种类型，其中行业领先企业和追赶企业是常见的诉讼主体类型，此外，还存在两类被业界忽视的诉讼主体，这两类诉讼主体主要为从事专利运营的专业机构，拥有专利诉讼的丰富经验，以收取专利费或赔偿金为经营目标，通过研发或收购取得专利，然后开展授权谈判收取专利费，或者发起诉讼获取赔偿金，目前已成为专利诉讼的重要发起者，却甚少成为被诉对象；由于业务特点和经营规模小，这两类诉讼主体尚未受到足够重视，对此必须引起高度警惕。

中国企业在海外市场频繁成为专利诉讼的对象，因此，在产品研发和经营的过程中，开始重视针对竞争对手，尤其是行业领先企业进行专利分析。研究表明，应对专利诉讼过程中，仅重视传统竞争对手是不够的，必须同时针对以上从事专利运营的诉讼主体进行重点防范；这两类非传统的专利诉讼主体近年来发展迅速，以收取专利费或赔偿金为经营目标，拥有专利运营和专利诉讼的丰富经验。因此，中国企业为有效应对专利诉讼，必须预先针对其开展专利分析，从而规避或减少专利诉讼及其后续索赔。

## 6.2 NPE 成为重要的诉讼主体

针对诉讼主体类型的研究表明，存在着两类被业界忽视的诉讼主体，这两类诉讼主体主要为从事专利运营的专业机构，拥有专利诉讼的丰富经验，以收取专利费或赔偿金为经营目标，通过研发或收购取得专利，然后开展授权谈判收取专利费，或者发起诉讼获取赔偿金，目前已成为专利诉讼的重要发起者，却甚少成为被诉对象；由于业务特点和经营规模小，这两类诉讼主体尚未受到足够重视，对此必须引起高度警惕。NPE 就是这类典型的诉讼主体，对此有必要展开深入的分析，研究揭示其诉讼策略、特征等。

### 6.2.1 NPE 的基本概念

个人或小企业向技术能力强、市场份额大的领先企业发起专利诉讼，是典型的专利陷阱，也被形象地称为“蚂蚁绊大象”。NPE 于 20 世纪 90 年代在美国产生，近年来的快速崛起是专利陷阱中值得重视的现象；该类主体并不制造和销售产品，其专门开展专利运营，收取专利许可费，或是通过发起专利诉讼，以获取高额的赔偿金。NPE 产生初期，由于当时的标准许可制度尚不完善，一些拥有标准要素专利的公司为了使自己的产品获得更大的竞争优势，不断起诉其竞争对手。NPE 的概念最早出现于美国联邦贸易委员会在 2003 年发布的《促进创新：竞争与专利法律政策的适度平衡》报告中；此后，对 NPE 的关注多集中到专利流氓(Patent Troll，也称专利蟑螂、专利地痞)这类主体上，甚至将两者趋于等同。

1999 年，Intel 公司的首席律师助理 Peter Dekin 首次提出“专利流氓”，即“非专利实施实体”就是指某人依靠专利获取巨大的收入，但他们并没有从事生产型业务，也没有这方面的意图，并且在绝大多数情况下从未涉足过相关生产领域。由于“专利流氓”从使用之初就具有贬义，容易导致对于原告的偏见，美国得克萨斯州东区联邦地区法院 Folsom 法官禁止在其法庭上使用“专利流氓”称呼原告。为表述更中立，美国联邦贸易委员会在 2011 年报告中，用专利主张实体(patent assertion entities，PAE)取代专利流氓的称呼。美国国家经济委员会和白宫经济顾问委员会 2013 年 6 月发布的报告中采用了此称呼。2013 年 8 月，美国政府问责局(Government Accountability Office，GAO)在其报告中，使用了专利货币化实体(patent monetization entities，PME)的称呼。

NPE 可定义为既不发展新技术，亦不直接参与市场，其目的仅仅是为了利用取得的专利权以获取利润，并对市场参与者造成重大威胁的实体。该定义方式存在缺漏，只提出 NPE 为“拥有专利”“利用专利来赚取大量金钱”，并“不使用该专利进行制造产品”。然而，这样的定义过于宽泛，将知识产权服务业中从事单纯知识产权管理的公司、大学等部分非营利型研发机构也纳入其中，这两种类型的组织以专利获利且不使用该专利制造生产，但并非为 NPE。

因此，NPE 的主要经营行为是通过寻求许可，或出售其专利技术给生产型公司或个人，当 NPE 提出收取相关许可费用要求时，侵权行为通常已经发生，并且该专利对生产型公司的产品生产起到很重要的作用；因此，生产型公司在迫不得已的压力下与NPE达成和解协议。这一定义强调了NPE行为方式的特点，即在侵权行为已经发生的情况下，主动发起专利诉讼攻击，但是这一定义也没有给出NPE发动攻击所利用的专利是从何而来。

对于NPE定义，还需提及其与专利法律的关系。NPE的运作是在法律规定范围之内的。NPE能够发起专利诉讼威胁，进而逼迫侵权生产实体厂商达成和解，支付高额的赔偿或许可费，其前提是NPE在法律范围内，利用其拥有专利权并依法行使自己的权利。作为受攻击的对象，厂商一般无还手之力，这是因为NPE不从事生产，被攻击的生产性实体厂商无法证明NPE同样侵权其专利，故而在专利纠纷中处于劣势地位；NPE具备专业的法律知识和诉讼应对能力，通过对涉诉专利的细致考量，在高成功率情况下才会发动专利诉讼威胁。

无论是自身研发还是收购所得的技术专利，NPE关注的仅仅只是专利所能够带来的收益。NPE所持有的专利，其价值相对较高，对于特定行业或企业的生产起着相当重要的作用，这也是NPE能够发起诉讼威胁、获取利益的重要砝码。NPE的前期活动具有高度的隐蔽性，仅通过收购或自研专利进行知识产权管理活动，极少会和受攻击对象发生直接的接触或交易，其攻击策略的部署极难被受攻击的对象所察觉到。

上述几种定义从不同角度解释了NPE，对上述定义进行归纳，并结合NPE与专利法律的关系，形成了对于NPE的定义：作为专利权人的个人、独立发明者或实体，或仅从事知识产权管理活动的实体，在相关法律规定的范围内，通过技术创新或购买收购获取专利，或仅管理专利，本身不以该专利制造生产产品，待真正使用该专利且欠缺该专利权并在商业上成功的公司具备侵权行为时，利用专利诉讼或授权来向目标对象索取巨额的权利金、和解金或赔偿款以获取利润(张克群等，2015a)。

NPE应该被界定为一个“中性”的市场主体，是知识产权市场上一个必不可少的参与者，扮演着价值发现者、供需匹配者以及价值实现和维护者等的多重角色。NPE本身不实施专利，但会执行专利。实施与执行有本质区别，实施是指将专利技术付诸实施，制造相应专利产品或使用相应的专利方法制造相关产品；而执行则是宣称拥有某项权利，并通过上述权利获取收益。NPE执行专利的方式多样，可以与特定的实体厂商进行专利授权，进而建立长期合作模式；可以构建专利池或专利交易平台，为专利技术的授权提供便利。

NPE对专利转化运用具有正面效应，包括诉讼在内的NPE的权利执行方式，从正面角度看，具有促进技术流转、提高创新绩效的有益效果。通过NPE活动，能够提升专利价值，提高市场对高质量专利的需求，带动和鼓励专利转化和技术进步。有部分专利权人出于种种原因不愿去执行其专利，此时，NPE的存在提供给专利权人一种选择，他们可以将专利卖给NPE并从中获利，进而拓宽了中小企业的专利执行渠道。这是一种“专利经销商”模式，它鼓励了专利交易，扫除了技术市场中的问题专利，加快了专利的流动，重新调整了市场参与者的激励机制，使市场达到“出清”的目的，一定程度上解决了专利市场失灵的问题。

此外，NPE的活动，也能从侧面反映我国企业创新实力正在提升。近年来，部分国外 NPE 购买了大量中国专利，并且支付了较高的价格，反映出中国专利的价值得到外国 NPE 的认可。如美国 iPEL 公司，已购买了一千多件中国的专利，大量专利是来自华为公司和中兴通讯。此外，越来越多的 NPE 购买中国企业专利后，对外国企业提出专利侵权诉讼，反映出部分外国企业正侵犯中国企业的专利权，侧面体现中国企业创新实力的提升。

NPE 本质上属于专利运营行为，无论是专利许可还是专利诉讼，NPE 商业模式本身没有对错，只有当 NPE 踏入专利投机阵营后，才会引发系列负面效应。①NPE 会影响专利技术的实施及产业化，投机型 NPE 没有实施其所持有专利技术的真正意愿，而是凭借其拥有的核心专利索取高额的权利金。同时，NPE 自身不生产任何产品也不提供任何服务，无法促成相互授权、合作制造等，导致部分专利技术无法进行转化和商品化。②增加被诉企业经营成本，影响持续创新能力。频繁卷入 NPE 提起的专利侵权诉讼，将加大企业防范专利风险的成本。NPE 在专利诉讼上有高度专业性，体现在其证据收集能力、诉讼赔偿额设定等多方面，且经常针对多个实施主体提出诉讼，诉讼成本较低。而被诉企业需要投入大量的人力、物力应付 NPE 提起的专利侵权诉讼，从而影响企业持续创新能力。近年来，一些 NPE 甚至运用国外法院不断扩展的管辖权，以销售量较小国的专利来裁判销售量大的中国市场的专利许可费率，这进一步压缩了中国企业的利润空间，导致企业创新投入不足。③可能对中小企业构成潜在威胁。当前，NPE 针对的对象多为大企业，主要原因在于大企业往往资金较为充裕，信息也相对公开，更容易成为 NPE 的目标。但这并不意味中小企业不会面临风险，近年来，NPE 的潜在目标范围正不断扩张，不仅是一些规模较大、实力雄厚的企业，一些初创企业及个人用户，也会成为其目标。中小企业由于产品结构较为单一、利润微薄，一旦面临 NPE 提起的专利侵权诉讼，将无力支撑其业务的进行。

### 6.2.2　NPE 的专利运营模式

NPE 的专利运营模式可以划分为三个主要行为，分别为专利获取、专利诉讼和专利赔偿。其中，专利获取是前期准备，只有获取了专利权，企业才能享有禁止他人实施其专利的权利；专利诉讼是关键步骤，选择在恰当的时机提起专利诉讼，使得目标对象措手不及，占据谈判的优势地位；专利赔偿是终极目标，NPE 主张专利的终极目的并非保护自己的市场或研究成果，而是为了获取高额的专利赔偿或专利许可费。

从技术所属的领域看，NPE 获取的专利大多集中在技术复杂型产业，如计算机、半导体、消费电子等领域，而非化工、纺织等传统产业。这是由于在传统产业，注重科研、专利挖掘的企业可以自给自足。但在技术复杂型产业，专利总量巨大，例如，美国专利局授权的软件专利数量激增，然而，没有任何一家企业能掌握所有的专利，这也使得技术领域中还存在着大量的专利空白区域。NPE 既可以获取具有首创性的核心专利，使得同行业企业很难避开它们进行研发和生产；也可以获取技术含量较低的边缘专利，这些边缘专利处于行业总体专利布局的空白区域，也极容易被其他企业侵权。

NPE 的专利获取，主要是进行专利购买，通常是从破产公司购买的。这种途径的优势在于，较低的成本和大量潜在侵权企业的存在。这是因为，由于专利交叉许可等显性协议，或者文化、相互威慑等隐性规则的大量存在，专利权先前的所有者往往对其他公司的侵权行为，采取漠视态度，并不会主动发起专利诉讼。也就是说，即使已经存在侵权行为，这些企业也不会采取任何专利诉讼的形式。而当专利人发生了改变，NPE 成为这些专利的所有者时，侵权企业则面临随时被起诉的危险。

从已经发生的众多由 NPE 发起的专利诉讼案件看，NPE 选择的被告多为技术能力强且市场份额大的领先企业。一方面，此类案件周期漫长、牵扯精力大，无论胜负与否，都将对企业业务产生巨大影响；另一方面，在专利纠纷案件中，专利权人通过正常渠道无法了解他人使用的方法，只能从其产品上推定其使用了专利，所以法律将举证的责任直接加在被告一方的身上。这就意味着，被告公司需要提供详尽的产品技术信息，这对于大企业无疑是一项非常复杂的工作。上述各方面压力往往促使被告企业在权衡利弊后“匆匆就范”，向 NPE 支付巨额许可费用。

在确认了其他企业的侵权行为之后，NPE 的诉讼时间不宜过早，也不宜过迟。不宜过早的原因在于，专利的保护期均自申请之日起计算，如果他人在申请日之后开始实施发明专利技术，则专利权人可以要求该实施人停止实施，但却不能要求其支付在技术公开之前的实施费用；在市场成长期，侵权企业的生产和销售量均较小，应待市场发展壮大、产品形成规模后再进行起诉。不宜过晚是因为，维持专利需要缴纳高额年费；专利权在时间上不是无限的，一旦超过了保护期限相关技术则进入公共领域，侵权行为也不复成立。

专利赔偿的方式分为经济赔偿和保全两种。其中，保全是指在一定期限内责令侵权人停止相关侵权行为，包括生产、销售侵权产品等。在《中华人民共和国专利法》中还规定了诉前保全，即专利权人有证据证明他人在实施或者即将实施侵权其专利权的行为，如果不及时制止将会使其合法权益受到难以弥补的损害，可以在起诉前，向人民法院采取责令停止有关行为和财产保全的措施。诉前保全措施类似于英美法系中的临时禁令，也可称为禁令救济。一般来说，对于专利权人，取得禁令往往要比取得经济赔偿更为有效。NPE 之“意”并不完全在禁令，而是重点在经济赔偿，潜在的禁令恰恰构成了一种强大的威慑。

经济赔偿金额的计算方式有三种，包括侵权人因侵权行为获得的利益；被侵权人因为侵权行为而受到的损失；按照专利许可费的倍数合理确定。由于 NPE 没有将专利投入实际生产，故第二种计算方法在 NPE 案件中并不适用，NPE 可以选择第一种或第三种计算方法索取赔偿。如果采取第一种计算方法，可以根据该侵权产品在市场上销售的总数乘以每件侵权产品的合理利润所得之积计算。如果采取第三种计算方法，一般许可费用是取销售额的 4.5%，倍数一般为 1～3 倍，赔偿金额不超过实际损失的 3 倍。

上述专利获取、专利诉讼、专利赔偿三者虽然在时间上呈顺序关系，但在实质上有机结合，环环相扣。专利获取是专利诉讼和专利赔偿的前提，专利诉讼为专利获取的内容、渠道和时机指明方向，专利赔偿所得则为 NPE 进一步的专利收购或研发活动提供了资金保障，共同构成了 NPE 的策略行为(朱雪祎等，2007)。

### 6.2.3　NPE 发起诉讼的数量

近几年，国内 NPE 活动已经出现，国外 NPE 机构也开始在中国市场发起专利侵权诉讼，这也引起业界对于 NPE 的关注。NPE 在不同国家呈现出一些新特点，NPE 在美国侵权风险高发，仍需警惕。NPE 诉讼向欧洲转移，德国法院成为美国之外的首选侵权诉讼战场，未来存在较大风险。中国有可能成为 NPE 新的目标国，但不会出现短期内爆发增长(中国信息通信研究院知识产权中心，2018)。

2018 年 1 月，知识产权交易公司 RPX(2018)发布了美国 NPE 专利诉讼统计报告，报告数据显示，2011 年，NPE 共起诉 2905 家企业，被告数量达到峰值；此后，被告数量仍处于高位；2013 年，NPE 起诉了 2670 家企业，共发起 3608 次专利诉讼；此后，便呈现出波动下降的趋势，2017 年起诉了 1994 家企业；相较于实施实体发起的专利诉讼，2017 年 NPE 发起了 1540 件专利诉讼。在 2011～2015 年，处于 NPE 发起专利诉讼的高峰期，不仅发起诉讼的数量多，而且占所有专利诉讼数量的比例也较高(图 6.4)。

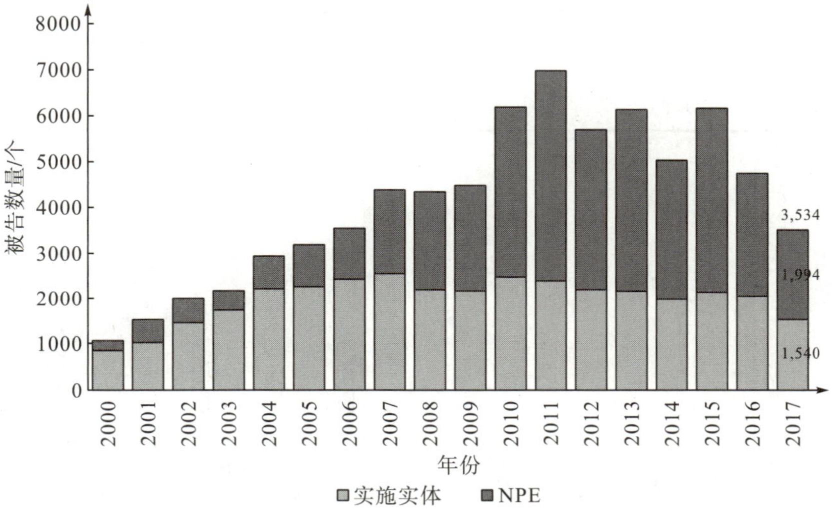


图 6.4 专利诉讼的被告数量

在专利诉讼案件中，往往存在多个可供选择的发起专利诉讼的法院，原告可以在其中选择一个法院发起诉讼，具有一定的选择自主权。普华永道公司(2018)发布的《2018 年美国专利诉讼研究报告》中的统计数据显示，1998～2017 年，美国涉及 NPE 的案件主要集中在得克萨斯州东区联邦地区法院、特拉华联邦地区法院、加利福尼亚北区联邦地区法院等几个司法辖区内。

其中，得克萨斯州东区联邦地区法院审理的涉及 NPE 的专利诉讼案件最多，达 73 件，占所有涉及 NPE 的专利诉讼案件总数的 20.39%。在美国的 94 个司法辖区中，得克萨斯州东区、特拉华、加利福尼亚北区、伊利诺伊北区、加利福尼亚中区和纽约南区这六个辖区法院所审理的涉及 NPE 专利诉讼案件之和为 218 件，占所有 NPE 的专利诉讼案件的 60.89%(表 6.5)。

1997～2016 年，消费品等十大行业的专利诉讼案件总和占美国全部专利诉讼案件的 84%，美国 60%的专利诉讼案件涉及消费品、生物/制药技术、电脑硬件/电子产品、软件和工业/建筑等五大行业；其中，涉及消费品行业的专利诉讼案件占比 16%，是所有行业中专利诉讼案件最多的行业。值得注意的是，生物/制药、电脑硬件/电子产品和软件这三个行业中的 NPE 专利诉讼案件较多，各占 3%；在这十大行业中，电信行业的 NPE 专利案件在整个行业中的占比最高，每 3 个电信专利案件中就有一个涉及 NPE（图 6.5）。

**表 6.5　司法辖区审判案件情况**

| 序号 | 辖区 | 涉 NPE 判决/件 | 生效判决/件 | 涉 NPE 裁判/% |
|---|---|---|---|---|
| 1 | 得克萨斯州东区 | 73 | 184 | 40 |
| 2 | 特拉华 | 53 | 241 | 22 |
| 3 | 加利福尼亚北区 | 38 | 163 | 23 |
| 4 | 伊利诺伊北区 | 23 | 76 | 30 |
| 5 | 加利福尼亚中区 | 16 | 80 | 20 |
| 6 | 纽约南区 | 15 | 69 | 22 |
| | 所有确定判决 | 358 | 1634 | 22 |

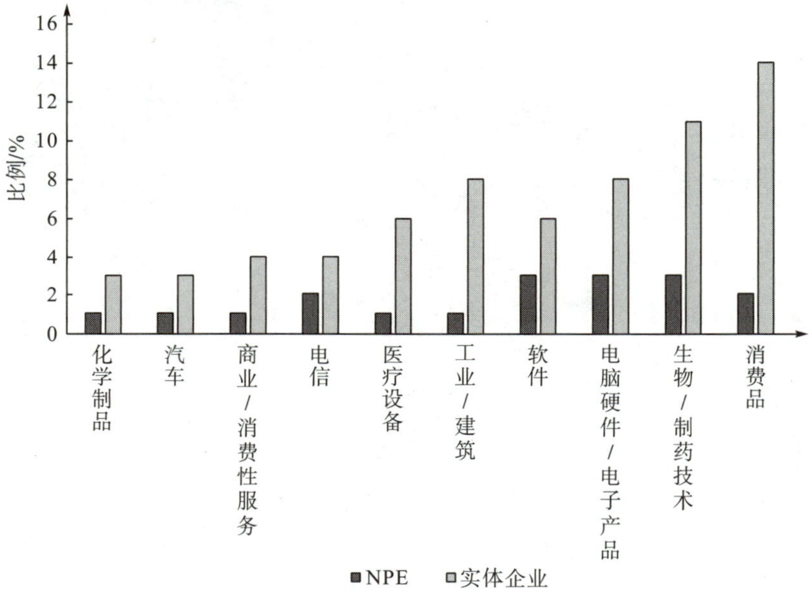


图 6.5　专利诉讼量前十的行业

除地方法院的专利诉讼案件，专利审判和上诉委员会（Patent Trial and Appeal Board，PTAB）的专利行政审查也非常重要。2012 年，专利审判和上诉委员会受理的案件仅有 112 起，2013～2014 年，案件数量从 790 起暴增到 1677 起，2015～2017 年维持在 1800 起的高位。从 PTAB 审查类型来看，提起双方重审程序（inter partes review，IPR）的案件量最多，2017 年有 1711 起。

2017 年，专利审判和上诉委员会案件量排名前十位的请求人主要为大型企业，如三星、苹果、华为、谷歌和 Facebook 等；其中，Unified Patents 是美国一家专注于打击 NPE 专利滥诉的专利组织（表 6.6）。2017 年，专利审判和上诉委员会案件排名前十位的被请求人中，NPE 占据 6 席，包括高智、Uniloc 卢森堡公司、Rovi Guides 与 Rovi Corporation（表 6.7）。

表 6.6　PTAB 请求人 TOP10

| 排名 | PTAB 请求人 | 案件量/件 |
|---|---|---|
| 1 | 三星电子 | 59 |
| 2 | 康卡斯特 | 53 |
| 3 | 华为 | 46 |
| 4 | Unified Patents | 46 |
| 5 | 苹果 | 45 |
| 6 | 谷歌 | 36 |
| 7 | Facebook | 35 |
| 8 | 哈里伯顿能源服务公司 | 32 |
| 9 | 微软 | 31 |
| 10 | 辉瑞公司 | 31 |

表 6.7　PTAB 被请求人 TOP10

| 排名 | PTAB 被请求人 | 案件量/件 | 类型 |
|---|---|---|---|
| 1 | Uniloc 卢森堡公司 | 58 | NPE |
| 2 | Rovi Guides，Inc. | 44 | NPE |
| 3 | 基因泰克公司 | 43 | |
| 4 | 艾拉克瑞技术公司 | 39 | |
| 5 | Rovi Corporation | 39 | NPE |
| 6 | Godo Kaisha IP Bridge1 | 30 | NPE |
| 7 | 华为 | 30 | |
| 8 | 斯伦贝谢技术公司 | 29 | |
| 9 | 高智 | 26 | NPE |
| 10 | Lone Star Silicon Innovations LLC | 25 | NPE |

### 6.2.4　专利诉讼的收益

1. 专利诉讼的胜率

普华永道发布的 2018 年美国专利诉讼研究报告中的数据显示，在专利诉讼案件中，专利实施实体类型的权利人的胜诉率为 37%，NPE 权利人的胜诉率为 25%，专利实施实体的权利人的胜诉率比 NPE 高约 12 个百分比。值得注意的是，经审判程序(Trial)审理的案件，NPE 专利权人的胜诉率比在简易程序中高 56 个百分比；专利实施实体的权利人的胜诉率比在简易程序中高 50 个百分比。由此可见，与简易程序相比，在审判程序中专利权人更容易胜诉(图 6.6)。

即使在审判程序中，陪审团审判和法官审判案件中的专利权人胜诉率也存在很大差别。在陪审团审判的案件中，NPE 专利权人的胜诉率比法官审判的案件高 36 个百分比；

专利实施实体的专利权人的胜诉率比法官审判的案件高 22 个百分比。这说明，专利实施实体的权利人比 NPE 的专利权人更容易胜诉，陪审团审判的案件中专利权人比法官审判更容易胜诉(图 6.7)。

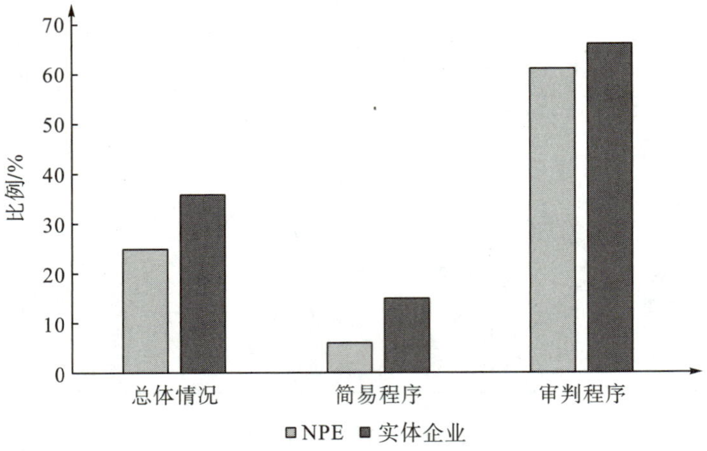


图 6.6　专利权人的胜诉率

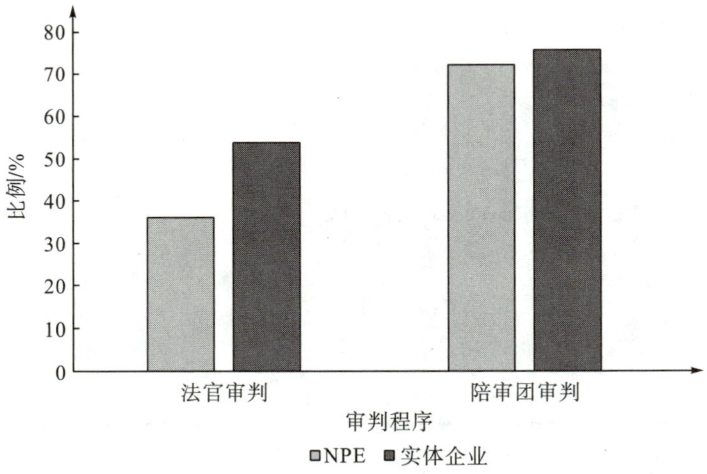


图 6.7　不同审判程序中的胜诉率

研究显示，2008～2017 年，得克萨斯州东区联邦地区法院审理的涉及 NPE 的专利诉讼案件胜率最高，达到 52%；在专利诉讼中，往往存在多个可供选择的发起专利诉讼的法院。选择在哪个法院发起诉讼，NPE 具有一定的选择自主权。由于一些法院因诉讼周期较短、原告胜诉率较高和判罚额较高而较受 NPE 的青睐，例如得克萨斯州东区联邦地区法院。其他受到 NPE 青睐的法院，依次为加利福尼亚中区联邦地区法院、特拉华联邦地区法院、加利福尼亚北区联邦地区法院、纽约南区联邦地区法院、伊利诺伊北区联邦地区法院，涉 NPE 裁判胜率分别为 31%、25%、14%、13%、9%(表 6.8)。

表 6.8　司法辖区审判案件情况

| 序号 | 辖区 | 涉 NPE 胜率/% |
|---|---|---|
| 1 | 得克萨斯州东区 | 52 |
| 2 | 特拉华 | 25 |
| 3 | 加利福尼亚北区 | 14 |
| 4 | 伊利诺伊北区 | 9 |
| 5 | 加利福尼亚中区 | 31 |
| 6 | 纽约南区 | 13 |
| | 所有确定判决 | 28 |

图 6.8 中数据显示，在专利诉讼案件中，NPE 权利人的总体胜率为 25%。经进一步分析可知，NPE 中企业类型专利权人在专利诉讼中的胜诉率略高于平均值，胜率为 31%；而高校/非营利性组织的胜率为 47%，约为总体胜率的两倍；相比之下，个人类型的 NPE 在专利诉讼中的胜率低于平均值，只有 18%。

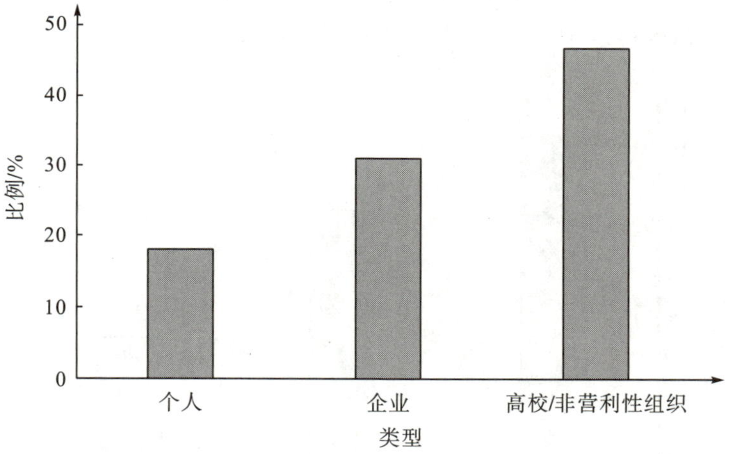


图 6.8　不同类型 NPE 的胜率

2. 诉讼的赔偿金额

NPE 策略性选择目标公司，发起专利诉讼，主要目的是获得高额赔偿。普华永道公司 2018 年美国专利诉讼研究报告中的数据显示，1998～2002 年，NPE 在专利诉讼中获得的赔偿金额为 340 万美元，约为实施实体获得赔偿金额的 1/2；此后，NPE 获得的赔偿金额明显增加，其中，2003～2007 年为 1400 万美元，约为实施实体获得赔偿金额的 2.94 倍，2013～2017 年为 1480 万美元，约为实施实体获得赔偿金额的 3.52 倍（图 6.9）。

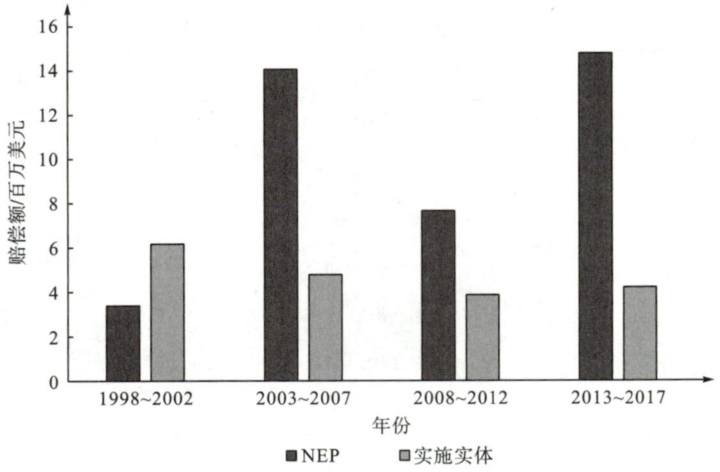


图 6.9　赔偿额

在美国，NPE 的类型主要包括企业、高校/非营利性组织和个人，不同类型的 NPE，在专利诉讼中获得的损害赔偿金数额、胜诉率等也有着显著的差别。1998～2016 年，高校/非营利性组织在专利诉讼中获得的损害赔偿金额为 1630 万美元，远高于企业和个人类型的 NPE 案件赔偿额，分别为 1300 万美元和 670 万美元(图 6.10)。

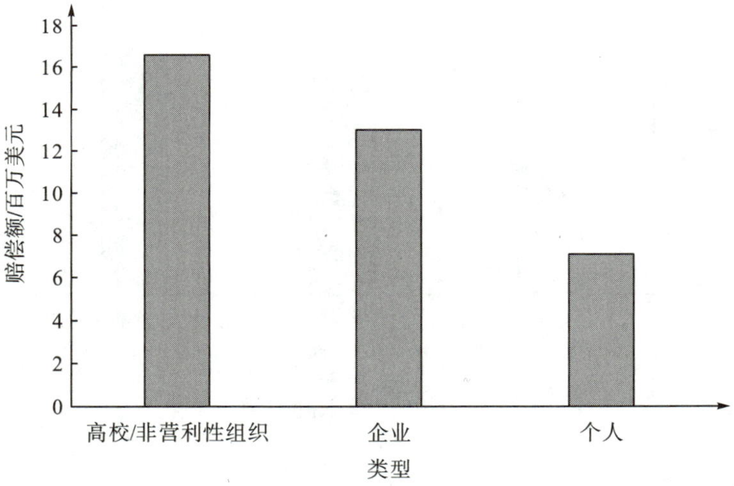


图 6.10　不同类型 NPE 的赔偿额

3. 诉讼的和解金额

NPE 的目标除了获得高额的赔偿金额，还有收取高额的和解费用。RPX 发布的 2017 美国 NPE 专利诉讼的统计报告数据显示，2011 年美国专利改革法案(America Invents Act，AIA)颁布后，NPE 诉讼的平均和解金额为 210 万美元，2014 年 Alice 案件后，NPE 诉讼的平均和解金额下降到 150 万美元。2008～2011 年与 2014～2017 年，分别有 61% 和 78%案件的和解金额少于 50 万美元；在上述的两个时间阶段内，分别有 15%和 8%案件的和解金额在 50 万～500 万美元；与此同时，有 5%案件的和解金额已超过 1000 万美元(图 6.11)。

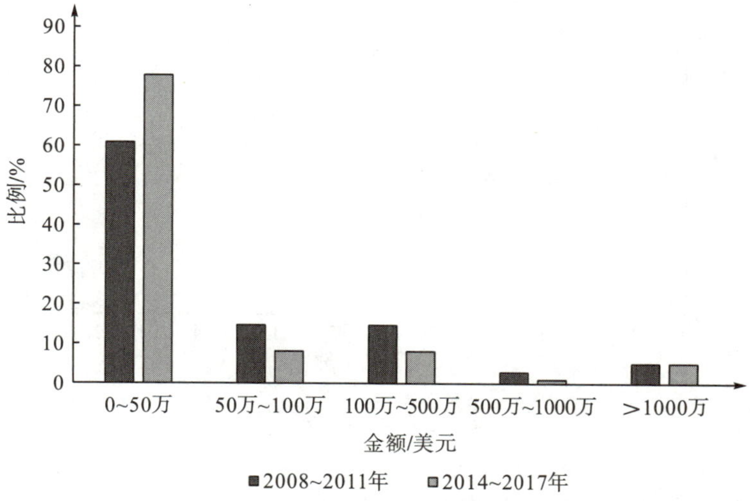


图 6.11　和解金额

和解金额的降低可能是诉讼成本下降的体现。在 AIA 法案签署颁布前，涉及专利有效性和可专利性的诉讼成本十分昂贵。但随着 AIA 法案的签署与颁布，建立了全新的“专利授权后的重审(post-grant review)”和“双方重审程序(inter partes review)”。专利重审程序的内容设计，一方面允许第三方对授权专利质量加以监督，并对专利有效性进行挑战，有利于提高授权专利的整体质量；另一方面注重专利权人合法权益保护，避免专利权人遭受无止境的专利无效请求的干扰，防止程序滥用而影响专利的正常推广和使用。此外，利用行政裁决实现专利效力纠纷高效、快速的解决，避免大量专利诉讼出现以及由此引发的资源浪费。

软件与商业方法的可专利性在美国一直备受关注，Alice 公司在美国拥有四件方法专利，2007 年 5 月，持续联系结算(Continuous Linked Settlement，CLS)银行向地区法院提起 Alice 公司拥有的专利无效的诉讼。同年 8 月，Alice 公司对 CLS 提起侵权反诉。2011 年 3 月，法院做出裁决，Alice 公司的专利不具有专利性。此后，Alice 公司向联邦巡回上诉法院(CAFC)提起上诉，但上诉维持了地方法院的判决。2014 年 6 月，联邦最高法院也坚持了这一立场，Alice Corporation v. CLS Bank International 的判决推翻了美国法院此前坚持的商业方法可被授予专利的立场。现今，被告可援引 Alice 判例基于可专利性异议提前结束案件，或可在授权后提出异议，由专利审查和上诉委员会(PTAB)审查专利的有效性。

### 6.2.5　NPE 的地域分布

欧洲近十年的 NPE 诉讼案件每年增长率在 19%左右，并且从 2011 年以来，NPE 发起的专利诉讼数量呈现快速增长的态势，欧洲案件数量的激增与美国的立法和司法环境变化相关，导致部分 NPE 将专利诉讼转移至欧洲(图 6.12)。

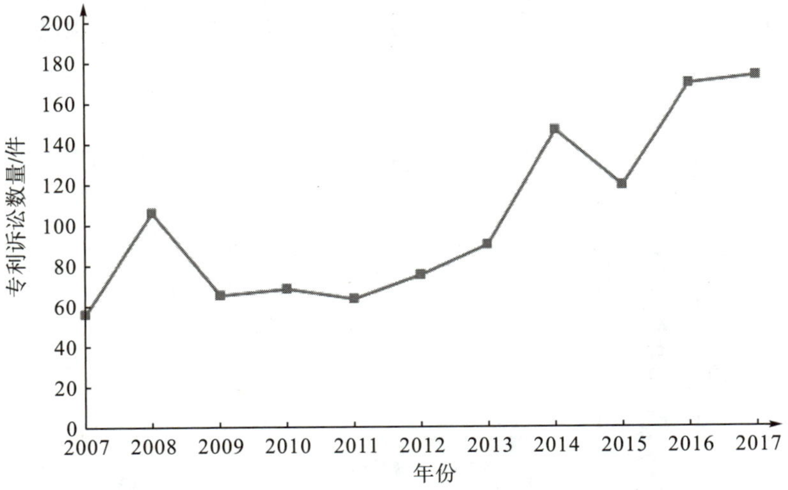


图 6.12　欧洲 NPE 涉案量

诉讼案件量排名前五位的 NPE 均为美国公司，其涉案数量超过欧洲总诉讼量的 60%。其中，美国的 Intellectual Ventures 诉讼案件量排名第一，其在欧洲发起的侵权诉讼接近欧洲总诉讼量的 1/5。NPE 通常有成百上千个子公司或者附属机构，NPE 在欧洲成立子公司并将专利转让给子公司，利用子公司在欧洲发起专利诉讼(表 6.9)。

**表 6.9　近五年 NPE 发起诉讼 TOP10**

| 原告排名 | NPE | 所属国家 | 占比/% |
|---|---|---|---|
| 1 | Intellectual Ventures | 美国 | 19.18 |
| 2 | Marathon Patent Group | 美国 | 14.29 |
| 3 | Acacia Research Group | 美国 | 10.20 |
| 4 | PanOpitis Patent Management | 美国 | 8.98 |
| 5 | FORM Holding (Vringo) | 美国 | 8.16 |
| 6 | SISVEL | 意大利 | 6.53 |
| 7 | France Brevets | 法国 | 4.90 |
| 8 | IPCom | 德国 | 3.67 |
| 9 | Tivo Corp | 美国 | 3.27 |
| 10 | Xperi (Tessera Technolgies) | 美国 | 2.86 |

2013～2017 年，NPE 发起诉讼案件量排名前十位的企业包括美国、中国、德国、韩国以及西班牙的公司，这些公司多属于 ICT 技术领域。其中，沃达丰是被 NPE 诉讼最多的公司，其涉诉案件占到欧洲 NPE 诉讼总量的 7.80%(表 6.10)。

表 6.10　NPE 发起诉讼中被告 TOP10

| 排名 | 被告 | 涉 NPE 案件比例/% | 涉 NPE 案件量占总诉讼量比例/% |
|---|---|---|---|
| 1 | 沃达丰 | 7.80 | >80 |
| 2 | 中兴 | 7.50 | >80 |
| 3 | 华为 | 6.90 | >80 |
| 4 | 德国电信 | 6.50 | >80 |
| 5 | HTC | 6.50 | >20 |
| 6 | 西班牙电话公司 | 5.30 | >80 |
| 7 | LG | 5.30 | >80 |
| 8 | 三星 | 5.00 | >40 |
| 9 | Alphabet | 3.40 | >20 |
| 10 | 苹果 | 2.80 | <20 |

近年来，欧盟 NPE 相关活动激增，尤其在 ICT 领域增长迅猛。Darts-ip 数据分析显示，2007～2016 年 NPE 涉案量年增长率为 19%。排名前 5 的 NPE 均为美国公司，自 2013 年以来，前 5 家公司涉案量占欧盟总量的 60%，且 5 家公司具有数百家实体和分支机构。在过去五年间，欧盟 NPE 诉讼激增可能与美国相关法律修订相关，导致本土对 NPE 诉讼吸引力下降(图 6.13)。

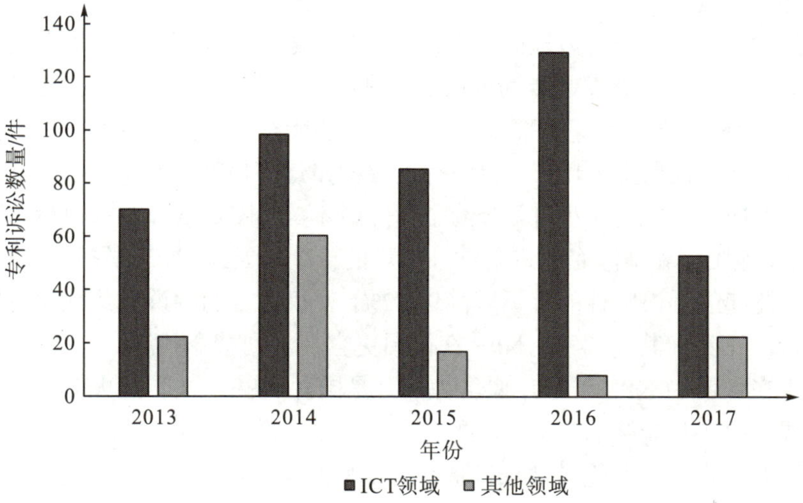


图 6.13　NPE 诉讼技术领域

按 NPE 在欧洲发起专利诉讼数量占各国专利诉讼总量的比例排序，依次是德国、意大利、荷兰、英国和法国，所占比例分别为 19.5%、6%、5.5%、4.2%、4%。其中，德国成为 NPE 发起诉讼最为活跃的国家，19.5%的专利诉讼是由 NPE 发起的；而其他国家中由 NPE 发起专利诉讼的比例值约为 5%(图 6.14)。

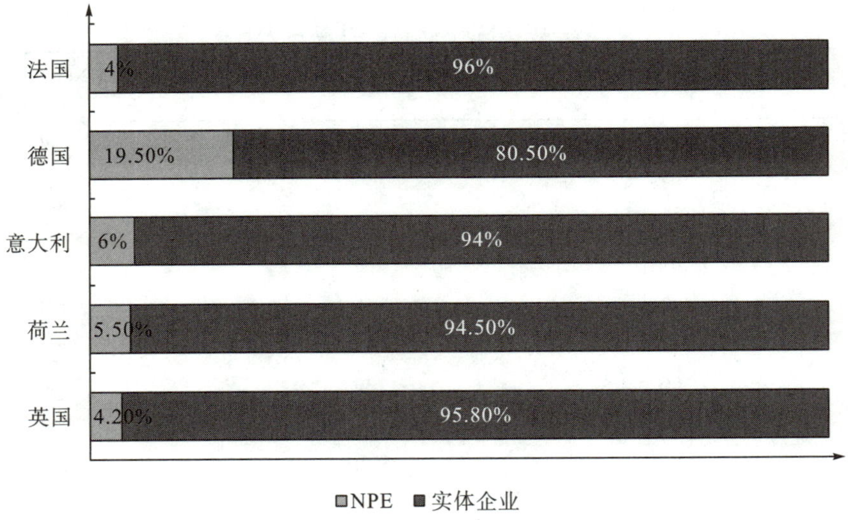


图 6.14　NPE 在欧洲各国诉讼量占专利讼诉总量的比例

在德国由 NPE 发起专利诉讼的比例逐渐增加，其主要原因包括，德国专利侵权诉讼和专利无效程序的分离。德国地区法院负责审理侵权诉讼案件，联邦专利法院负责审理无效案件。被告对原告专利提起专利无效诉讼程序，原则上经被告申请，法院可决定中止侵权诉讼的审理工作，然而在实践中，仅有不到 10%的案件因未决专利异议程序而中止审理。专利侵权案件一审程序的审理时间为 18 个月，专利无效程序的平均审理时间为 24 个月。侵权诉讼审结时，无效诉讼的审理尚未审结，因此，德国法院假定专利有效进行裁定。德国的两套司法系统明显是对发起专利诉讼的专利权人更为有利，通常会在无效判决完成前就会颁发侵权禁令。德国诉讼程序简化单一。德国的所有专利侵权诉讼案件都通过书面呈交，并且没有美国的证据交换环节，也没有英国的口述陈述案情环节。德国法院的审理速度快，开庭的平均时间仅需 3 小时，节约了律师成本。德国是欧洲范围内最大的成员国市场，是世界上其他国家和地区企业进入欧洲市场的一个重要入口，有很多大公司在此落户。在德国，NPE 发起的诉讼案件的胜诉率高达 52%，侵权诉讼的胜诉率是欧盟各国中最高的国家。另外，相比欧洲其他国家，NPE 在德国更容易拿到禁令救济。

近年发生在中国的 NPE 诉讼，原告大部分是国外 NPE，被告绝大多数也是国外的企业，诉讼领域集中在智能终端。其中，两起案件以原告撤诉结案，原因是被告在专利复审委员会发起了对原告的专利无效请求，原告的专利被宣告全部无效或者部分无效。从目前的判决案件数据以及业内已经发起诉讼的 NPE 案件来看，中国境内由 NPE 发起的诉讼量依然非常小，NPE 即使进入中国，也不会出现短期内爆发的情况。

## 6.3　主体类型分析的应用

为规避潜在的专利陷阱，必须提前筛选出高风险专利权人；然而，在云计算技术领域中，持有相关技术专利的企业众多，为此，有必要选择合适的分类指标，将这些企业进行定量分类，进而提出具有针对性的管理策略。

### 6.3.1　应用背景

我们在受到大连某公司的正式委托后，与相关企业进行沟通交流，制定详细的合作方案；选择其重点推进的云计算技术领域，开展合作与成果应用；该公司为国内软件行业的领军企业，准备在云计算技术领域进军国际市场，尤其是美国市场，但在该领域面临着专利陷阱的困扰；在上述的研究中，我们运用专利地图分析工具，对云计算技术领域的专利布局进行深入分析，掌握了美国云计算技术领域的竞争态势。

从美国云计算技术领域的专利地图可以看出，美国云计算技术领域的专利不仅数量较多，而且分布范围也较广。主要专利权人的专利分布显示，IBM 公司的云计算技术专利分布范围广，在各个子技术领域中均有涉及，而微软公司、甲骨文公司、日立公司、思科公司则各有侧重；从云计算技术领域的时间切片图可以看出，到 2014 年，随着虚拟机领域专利数量的持续增加，云计算技术发展迅速，已成为美国的高密度专利产业。

在上述研究的基础上，为提前规避和应对潜在的专利陷阱，有必要对云计算技术领域中的高风险专利权人进行筛选；针对技术领域中的高风险专利权人，选择合适的定量分类指标，将这些企业进行定量分类，进而提出具有针对性的管理策略，积极进行专利预警，从而在企业进军美国市场的过程中，在产品研发和市场开发环节，有效规避潜在的专利陷阱，提升研究成果在实际应用过程的效果。

### 6.3.2　分析模型

在上述专利诉讼主体类型的研究中，构建面向诉讼主体的专利诉讼网络，比较分析诉讼主体的特征差异，定量分析诉讼主体的关键特征，对诉讼主体进行类型划分。在此基础上，考虑到云计算产业的专利不仅数量较多，而且分布范围也较广，已成为美国的高密度专利产业，然而在云计算技术领域中，持有专利的企业众多，且各企业持有专利的数量及分布各不相同又各有侧重；为此，有必要选择合适的分类指标，将这些企业进行定量分类，进而提出一套可供企业使用的分析模型。

基于专利数及其年增长率，研究提出云计算产业的竞争者分析矩阵。通过对全球云计算的整体发展情况开展聚类分析，研究发现选取专利数量 100 作为衡量专利累计持有量的参数，在此基础上，可以将云计算领域的相关专利权人聚类为两类；专利数量高于 100，说明该企业在云计算领域已具有一定的技术积累与技术实力；若专利数量低于 100，则表明该企业在云计算领域的技术能力相对较弱，或该企业是通过专利诉讼或授权，而非通过提供云计算服务来获取经济收入。

通过研究发现，1994～2013 年世界云计算专利的年增长率为 18.3%，这代表了世界云计算专利增长的均衡水平；因此，选取 20%作为衡量年增长率的另一参数，专利增长率高于 20%的企业，说明该企业具有一定的后续发展潜力；若专利增长率低于 20%，则说明该企业进入平稳发展阶段。与此同时，本书高度重视企业近五年的技术研发速度，选取专利增长率 10%对其进一步精准分类，即当 1994～2013 年的专利年增长率达 20%，且近五年增长率达 10%时，该企业才能被认定具有发展潜力。

基于专利数量和专利年增长率，本书研究提出云计算产业的竞争者分析矩阵，将竞争者分为四类：狮型企业、龙型企业、蛇型企业和蝎型企业。狮型企业专利数量高于100，但年均增长率低于20%，或近五年增长率低于10%，这类企业通常具有雄厚的技术力量，典型代表有IBM、微软和华为等；龙型企业专利数量高于100，且年增长率高于20%，近五年平均增长率高于10%，这类企业具有较强的技术实力和后续发展能力，典型代表有中兴、谷歌和亚马逊等；蛇型企业专利数量低于100，但年增长率高于20%，且近五年增长率高于10%，这类企业通常技术能力弱，但表现出极大的发展潜力，极易“化蛇为龙”，典型代表有腾讯、极进网络和博科通讯等；蝎型企业专利数量低于100，年均增长率低于20%，它们通常主要以专利授权或诉讼获取收入，典型代表有高智等(图6.15)。

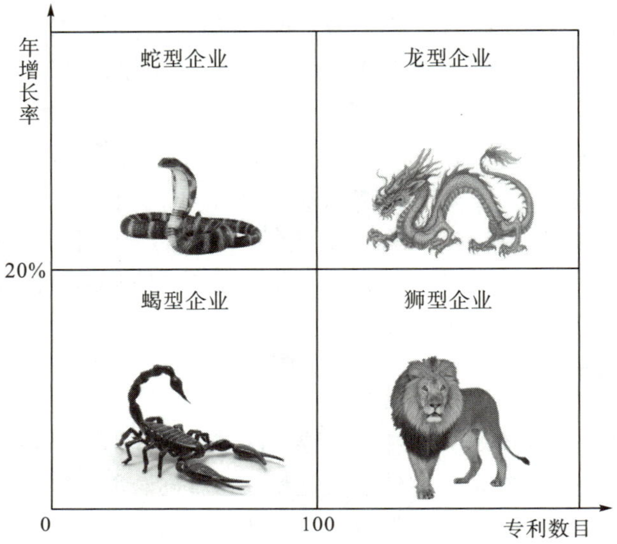


图6.15　竞争者分析矩阵

### 6.3.3　类型分析

1. 狮型企业

IBM(国际商业机器公司或万国商业机器公司，International Business Machines Corporation)属于狮型企业，作为云计算的先驱之一，IBM于2007年推出“蓝云”计划，2008年又提出“智慧地球”的概念，显示出IBM对云计算产业的重视。

1994年～2014年3月底，IBM在云计算领域的专利共有5610件。从图6.16可以看出，1994～1997年，专利数目一直保持稳定；1998年的专利数量出现高速增长，增长率高达89.7%；之后又进入一段时间的平稳期，1998～2005年，专利年增长率仅为7.1%；受云计算概念提出的影响，2006年的专利增长率为51.7%；1994～2013年年增长率为14.6%，但近五年专利年增长率为23%，发展速度逐渐加快。

IBM总部坐落于美国纽约，因此公司大部分专利在美国申请，占其专利总量的77.4%。IBM专利的第二大所属国是中国，占其专利总量的8.0%，这表明IBM对中国市场的重视；日本排在其专利申请的第三位，占其专利总量的6.0%，日本在云计算技术领域处于领先地位，因此提前在该国进行专利布局是明智的做法；IBM 第四大专利分布地区是欧洲专利局，占专利总数的 2.9%(图 6.17)。

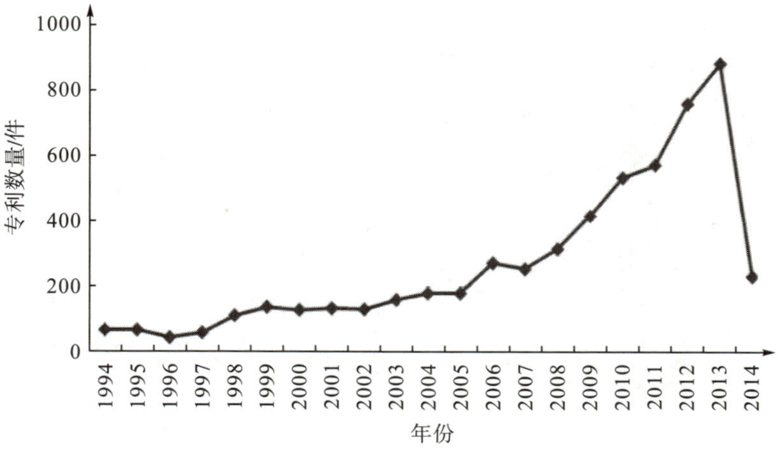


图 6.16　IBM 授权专利数

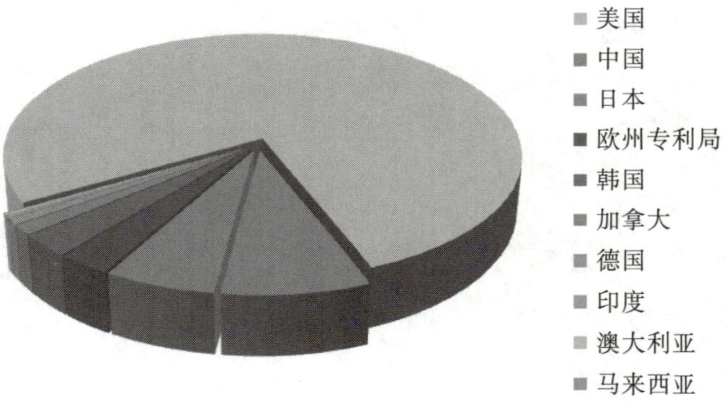


图 6.17　IBM 专利国家/地区分布(见彩图版)

IBM 云计算专利主要分布在 G06F，数量最多的是 G06F0009(电数字数据处理的程序控制装置)，其次是 G06F0012(在存储器系统或体系结构内的存取、寻址或分配)、G06F0015(通用数字计算机)及 G06F0017(特别适用于特定功能的数字计算设备或数据处理设备或数据处理方法)；可以得出 IBM 的云计算研发对数据处理、存储、计算机和数据处理的重视(图 6.18)。

由 IBM 云计算技术的专利地图可以看出(图 6.19)，其专利分布集中区域为个人数字助理、存储管理、地址转换、虚拟机、并行处理及分布式计算等领域，这些也是现今云计算发展的热门领域；同时，IBM 在局域网及存储设备方面也有研究，由此可见，IBM 在云计算领域走在前列，代表行业的最新发展动向。IBM 作为世界云计算专利数量最多的专利权人，其云计算相关技术研发起点要早于其他企业。2008 年 IBM 已经提出“智慧地球”，云计算的应用得到进一步发展；到 2014 年 3 月底，虚拟技术与并行计算领域逐渐成为 IBM

的研究重点，此时 IBM 累计专利数量已经高达 5610 件，高于中国地区获授权专利总和。

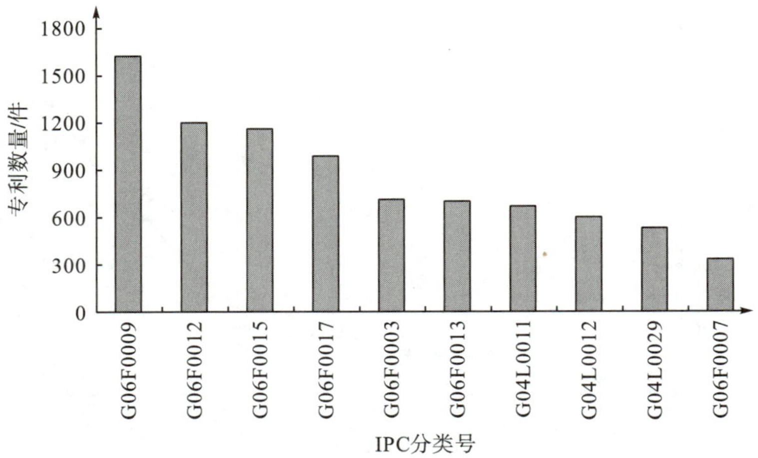


图 6.18　IPC 分类统计

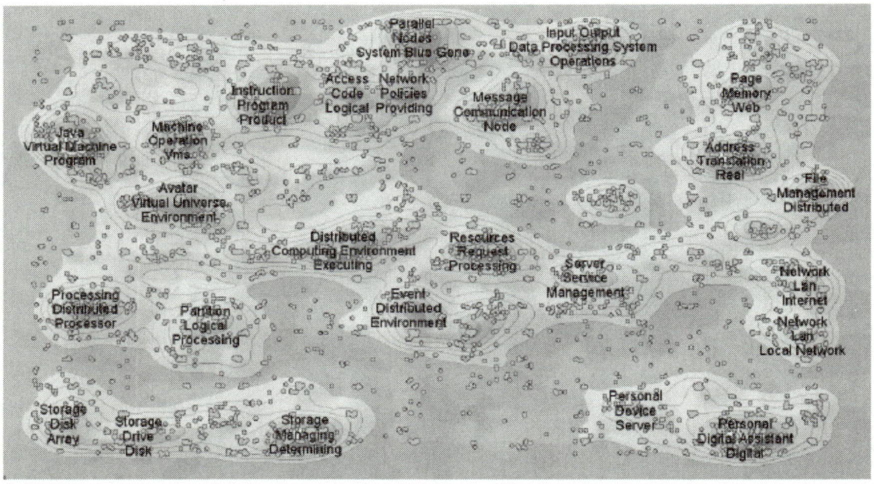


图 6.19　IBM 专利地图(截至 2014 年 3 月底)(见彩图版)

2. 龙型企业

中兴公司是较早参与云计算技术研究的企业之一，截至 2014 年 3 月底，中兴公司共持有云计算专利 408 件。从数量上看，中兴与 IBM 等世界巨头相比差距还较大，但是中兴公司发展十分迅速，在中国企业云计算实践中处于领先地位。

中兴公司云计算专利的申请始于 2005 年，之后快速增长，在 2011 年申请量达到顶峰，2005～2011 年，专利年增长率高达 114%；2012～2013 年授权专利数量有所下降，但在 2014 年的第一季度，专利授权数量已超过 2013 年全年数量的 1/2，2014 年专利数量可预见将有所增长；2005～2013 年的专利数量年增长率为 64.6%，远高于世界平均水平(图 6.20)。

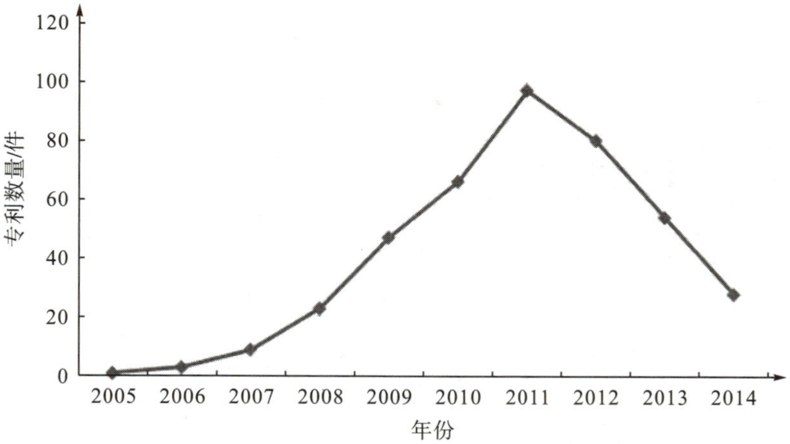


图 6.20 中兴授权专利数

与狮型企业将其所在国作为主要专利分布国一样，中兴绝大多数专利都分布在中国，占专利总数的 91.9%。中兴的主要专利分布国其次是美国和韩国，比例分别为 2.2%和 2.0%。数据分析表明，作为中国云计算的领先企业，中兴最为重视国内市场，对美国市场与韩国市场也较为重视，但中兴在国际市场上的竞争力仍然较弱(图 6.21)。

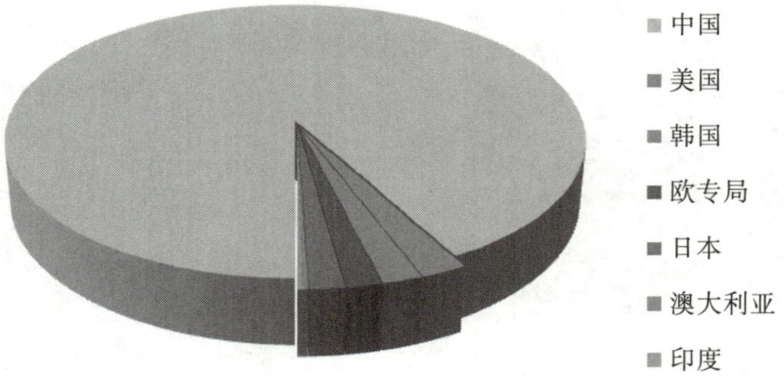


图 6.21 中兴专利国家/地区分布(见彩图版)

从中兴公司专利的 IPC 分布中可以看出中兴的研究重点(图 6.22)，超过 1/2 的专利分布在 H04L 领域，即数字信息的传输领域。从 IPC 组级别来看，其最主要的研究领域为 H04L0012(数据交换网络)，专利数量为 285 件；其次为 H04L0029(H04L0001～H04L0027 单个组中不包含的装置、设备、电路和系统)，专利数量为 147 件；其余专利主题的专利数量与前两个 IPC 分类差距较大，专利数量较少。

图 6.23 显示，中兴公司专利主要集中在虚拟局域网、用户接入领域，介质存取地址控制、数据系统管理等领域也是其研究重点，这些重点也是云计算的关键技术。与狮型企业相比，中兴专利地图中，由较多专利聚集而形成的研究热点较少，中兴公司在云计算领域的研究有待加强。

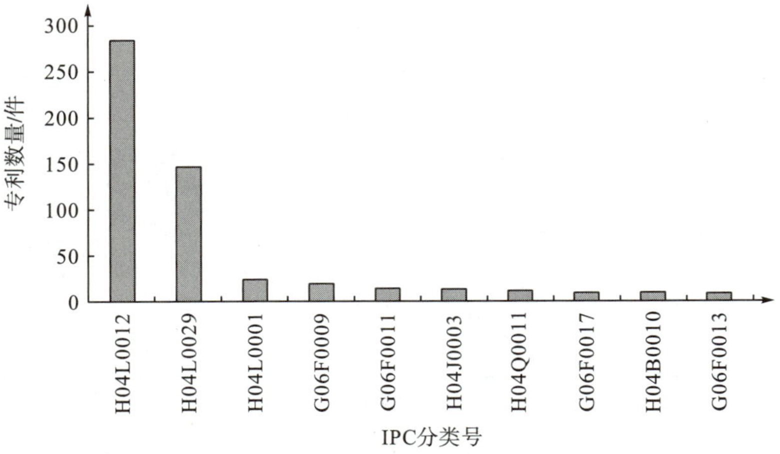


图 6.22 IPC 分类统计

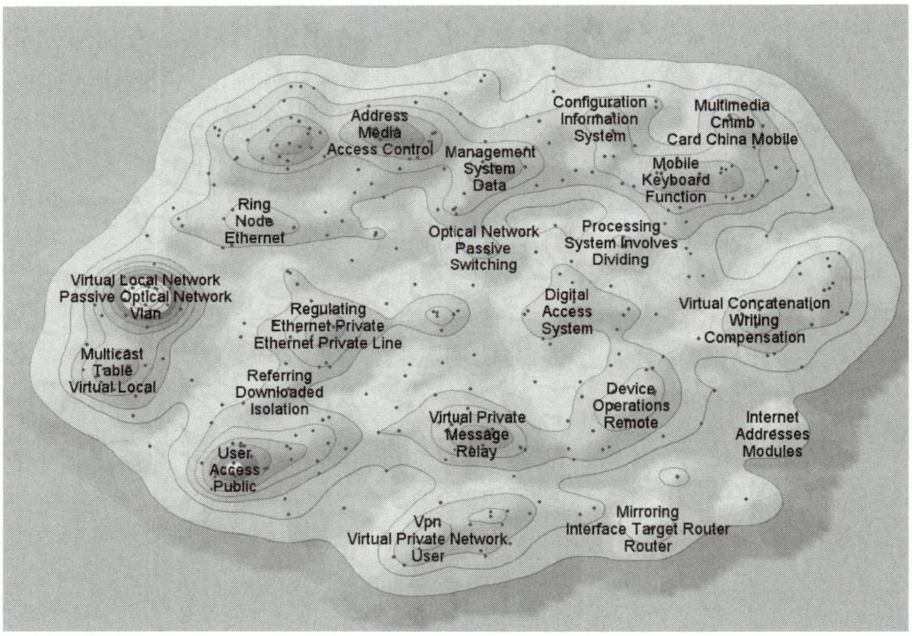


图 6.23 中兴云计算专利地图(见彩图版)

3. 蛇型企业

美国康孚系统公司(CommVault Systems，Inc)成立于 1996 年，致力于数据备份和恢复系统的革新，是世界领先的数据管理软件及相关服务最主要的供应商，致力于从根本上保护、管理并访问数据和信息。

康孚公司的云计算专利共有 78 件，从图 6.24 可以看出，云计算专利从 2008 年开始出现，之后保持上升趋势，2008～2013 年专利数量的年增长率为 40.6%。

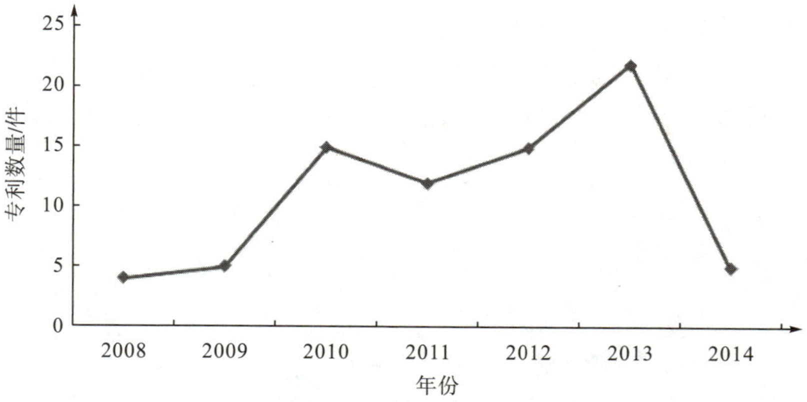


图 6.24　康孚授权专利数

康孚公司的专利主要集中在美国，占专利总数的 87.2%，其次为澳大利亚，占专利总数的 7.7%；由此得出康孚公司的主要市场为美国与澳大利亚(图 6.25)。

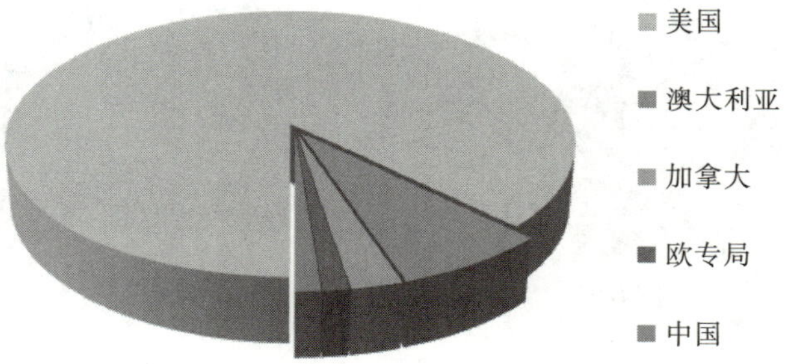


图 6.25　康孚公司专利国家/地区分布(见彩图版)

如图 6.26 所示，康孚公司云计算专利排在前 10 名的 IPC 号是 G0600F17(特别适用于特定功能的数字计算设备或数据处理设备或数据处理方法)、G06F0012(在存储器系统或体系结构内的存取、寻址或分配)、G06F0007(通过待处理的数据的指令或内容进行运算的数据处理的方法或装置)等。

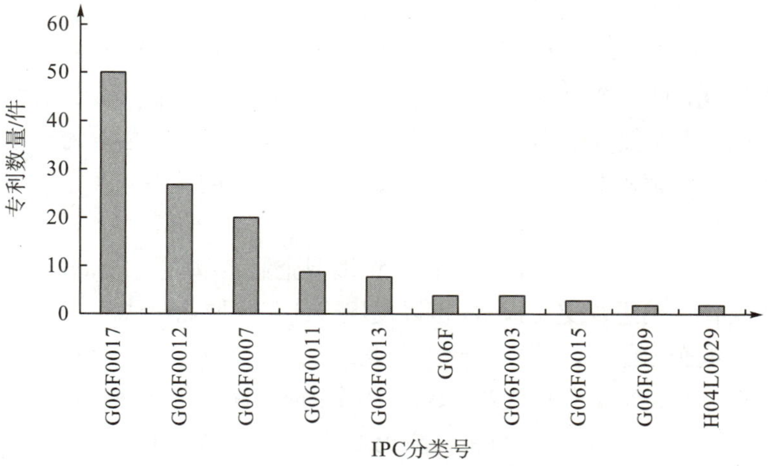


图 6.26　康孚 IPC 分类统计

从康孚公司的专利地图（图 6.27）可以看出，康孚公司的云计算专利主要分布在应用程序结构化访问、存储操作、数据分类技术及应用和基于网格技术的存储资源管理方面，在数据备份及更新和卷管理等领域也有所涉及；从整体上看，其云计算专利略显分散。

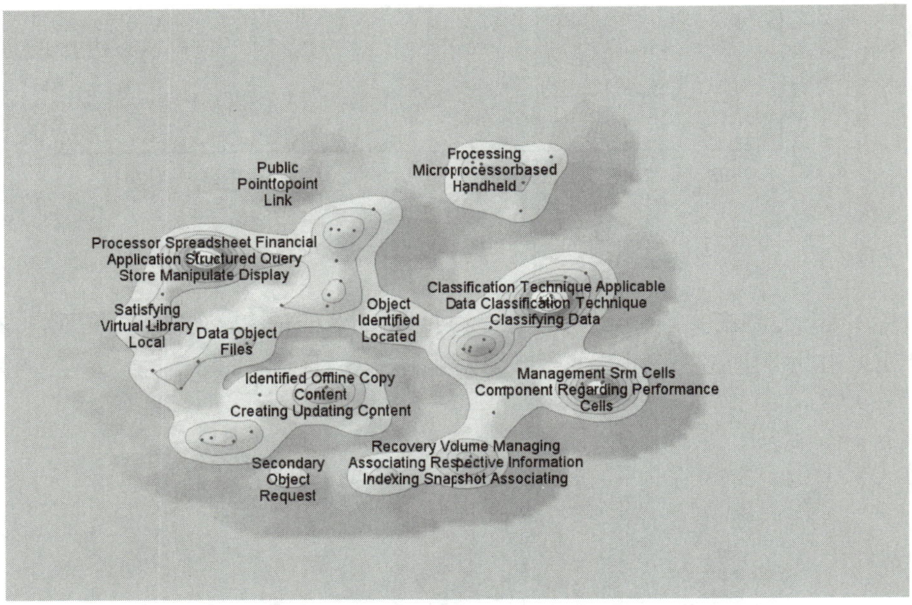


图 6.27　康孚云计算专利地图（见彩图版）

4. 蝎型企业

蝎型企业虽然专利数量少，专利增长速度慢，但是企业数量众多，且多为名不见经传的企业甚或个人，不易引起业界关注，因此其他企业在开展技术创新时可能会在无意中触及其专利；蝎型企业中部分企业专利数持续增长，未来有可能继续成长为蛇型企业甚至龙型企业，需要在其发展初期关注其技术动向；此外，部分此类企业主要以专利诉讼与专利许可为商业模式，并以此作为收入来源。

20 世纪 80 年代以来，美国施行一系列“亲专利”变革导致以专利为谋取利益手段的企业甚或个人出现，这类企业被称为专利主张实体；通常经由独立研发或者专利转让取得专利权，以专利诉讼及授权谈判为主要手段，以收取专利费或赔偿金为营利目标；而云计算技术专利的经济价值不断提高，成为众多专利主张实体的关注热点，相关专利数量不断增加。

蝎型企业与专利主张实体存在相关性，将蝎型企业名单与从 patentfreedom.com 网站得到专利主张实体名单进行交叉检索，可以发现云计算领域业已成为多家以专利诉讼或授权获得收入的蝎型企业的关注热点；此类企业最早出现于美国 IT 行业，近年来逐步向全球范围蔓延，而作为云计算产业新兴市场的中国正成为新的关注焦点，对于此类隐蔽性强的“碰瓷专业户”，需要予以高度重视，避免触及其专利（表 6.11）。

表 6.11　云计算领域的蝎型企业

| 蛇型企业 | 专利数/件 |
|---|---|
| Rockstar Consortium LLC | 78 |
| Intertrust Technologies Corp | 50 |
| Intellectual Ventures | 32 |
| Institute for Information Industry | 20 |
| Interdigital | 19 |
| Round Rock Research LLC | 17 |
| Wisconsin Alumni Research Foundation | 13 |
| Walker Digital LLC | 4 |
| Rambus | 4 |
| Wi-Lan | 3 |
| Commonwealth Scientific and Industrial Research Organization | 2 |

蝎型企业数量众多，仅以 Round Rock Research LLC 为例进行分析。Round Rock Research LLC 是一家创立于 2010 年的专利授权公司，该公司主要以专利许可与诉讼为商业模式，其持有专利主要集中在半导体器件领域，广泛分布于美国、欧洲与亚洲，曾授权给苹果、索尼、三星、联想、IBM 与谷歌等多家企业。

云计算是 Round Rock Research LLC 关注的技术领域之一，截至 2013 年，该公司持有 17 件专利，主要通过收购其他公司专利与自主研发获得；由于该企业专利数较少且增长率低，尚不为业界所熟悉，隐蔽性强，为了避免无意中触及其专利，在开展技术创新时需要格外警惕(图 6.28)。

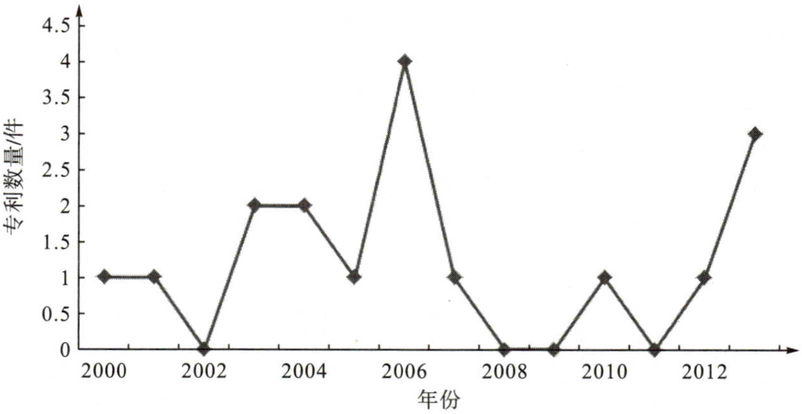


图 6.28　Round Rock Research LLC 授权专利数

截至 2012 年 Round Rock Research LLC 持有的 17 件云计算专利主要在美国市场，占其专利总数的 58.8%；此外，该公司在欧洲专利局、日本、德国、加拿大与韩国均有专利分布，这说明该企业已经开始在全球范围内布置专利；中国企业对此应予以高度重视，并积极开展相关专利申请和预警(图 6.29)。

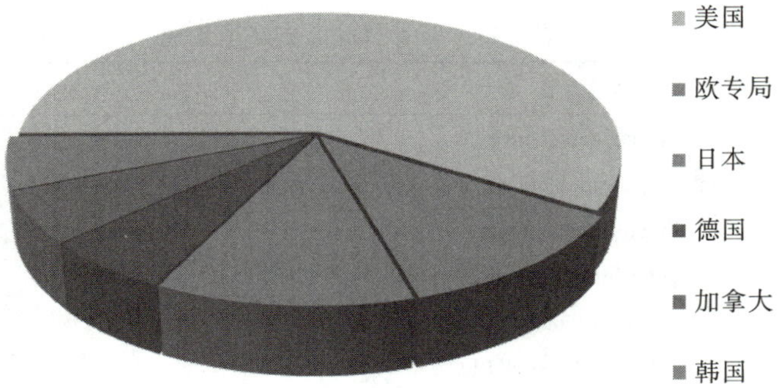


图 6.29　Round Rock Research LLC 专利国家/地区分布(见彩图版)

为提前规避和应对潜在的专利陷阱，必须对目标技术领域中的高风险专利权人进行筛选；我们的研究表明，在防范和应对专利诉讼过程中，仅重视传统的竞争对手是不够的；近年来，NPE 已成为重要的诉讼主体，必须同时对该类诉讼主体进行重点防范；这类非传统的诉讼主体近年来发展迅速，以收取专利费或赔偿金为经营目标，拥有专利运营和专利诉讼的丰富经验；因此，中国企业为防范和有效应对专利诉讼，必须预先对传统竞争对手和 NPE 开展专利分析，从而规避或减少专利诉讼及其后续负面影响。

# 第七章　面向专利预警的专利地图和技术联系分析

专利陷阱的负面影响日益凸显，专利预警是应对专利陷阱的重要手段。因此，本章以专利地图和技术联系为分析的突破口，研究提出专利地图和技术联系指数结构化的分析工具，用于专利预警以应对专利陷阱。

## 7.1　专利预警的概念、方法与发展

专利预警是通过收集、整理和分析相关的专利信息，对各种专利威胁和可能导致的危害加以分析和评价。专利预警能辅助政府进行科学决策，帮助企业防范应对专利风险，对提高专利运用和管理水平具有重要意义。

### 7.1.1　专利预警的概念与分类

“预警”(early-warning)一词源于军事领域，是指通过提前发现、分析和判断敌人的进攻信号，并把威胁程度报告给指挥部门，以便提前采取应对措施。国内外的现有文献对专利预警定义不一致，目前没有统一定义。一般认为，专利预警(patent early-warning)是通过检索和分析专利信息，对相关利益主体面临的专利风险及可能产生的危害及其程度进行研究和预测，发出预警预报，根据预警结论制定应对策略，以此来维护相关主体的利益，减少或者避免因为风险而带来的损失，而为了实现上述专利预警目标，制定的整个管理体制和运作程序就是专利预警机制(张勇，2015)。

专利预警可以根据面向不同层面的主体，分为狭义专利预警和广义专利预警。①其中，狭义专利预警通常是指针对专利侵权风险的预警工作。专利风险落实到微观层面，具体到利益主体，最主要的就是专利侵权风险；其中，是否发生侵权，是技术实施运用主体最关心和最直接的利益问题。专利侵权预警具有明确的指向性，仅仅以分析和预测具体的市场行为涉及的技术实施或产品销售等一系列行为，是否存在侵犯他人专利权的风险为目标，其一般由企业等微观市场主体，在生产、销售、出口、参展等不同的产业化阶段进行操作，这种预警的结果往往只以避免损失为目标。从理论上来说，凡将专利预警理解为对某一种或有限的几种特定风险类型的预警都属于狭义专利预警。从上面的分析可见，狭义专利预警主要从微观层面上分析具体的侵权风险，而这种风险仅仅是众多专利风险类型中的一种。如果将预警工作局限于这样的小范围，则难以发挥专利预警在技术创新、市场拓展中对不同层面、不同类型主体的作用。为此，应当从系统论的角度全面理解和阐释专利预警的内涵。②专利风险的普遍性特征决定了专利预警应当立足专利信息分析，同时敏锐捕捉相关信息，并将专利信息置于技术创新、市场演变以及产业革新的广阔背景之中，以全面而宽广的视角，从最广泛的角度去分析预测专利风险，以科学系统的方法对风险进行评估，进而提出抗御风险、化解危机的对策，尽力使各种专利风险处于可防可控的状态，并不断

以内生力量扭转专利风险，化危为机；综上，就是广义的专利预警。广义的专利预警不仅包括了所谓的专利侵权预警，而且囊括了因专利制度的实施而为国家、行业和企业等不同层面主体带来的各种风险的预警，既有微观层次预警，也有宏观层次预警；既有国内市场预警，也有国外市场预警等；由于专利风险的二重性，因此广义的专利预警不仅致力于风险的排除，而且努力寻求从风险到机遇的转变，从而创造新的机会和增值点。例如，企业通过对技术研发风险的预警，找到适合企业研发创新和申请专利保护的机会点，可抢占先机进行技术研发突破并及时保护研发成果；国家通过高新技术产业宏观专利风险预警，可以寻找到在全球产业技术分工中的机会点，从而及时调整产业布局，制定新的产业引导政策，推动产业健康发展。广义专利预警以狭义专利预警为概念内核，以专利风险多元性为出发点，全面系统解释了专利预警的内涵和外延，是专利预警能够全面发挥其服务经济社会发展作用的理论基础。通常情况下，“专利预警”一般是指广义专利预警。

### 7.1.2　专利预警的方法

传统意义上，专利预警中的专利分析主要通过表格、折线图、柱状图、雷达图等展示出来，基于 IPC 结构分析、变化趋势分析等单级引文信息进行分析。然而，随着技术构成日益复杂，基于单级引文的分析已难以反映技术之间的关联度以及发展路径；仅通过专利的摘要和正文等进行专利预警分析，难以反映一件专利的关键信息。

针对海量专利与引文数据，识别技术发展趋势成为专利预警的重要手段。首先，根据设置的参数，利用趋势项提取算法，构建专利预警系统方法，以此进行技术预测分析；其次，在此基础上，以特定期限内的专利数据为技术指示，根据专利随时间的变化趋势，产生相应的警报；然后，提出用于研究单个技术动态变化的算法，基于专利之间引用的权重展开，通过构建大规模的专利引用网络，对专利开发及技术变更路径进行识别和分析；再然后，利用专利引用网络分析方法，研究技术溢出路径的识别问题，并分析专利技术溢出路径；最后，研究提出 k-Means 运算法，其可用于弥补专利预测技术的缺陷，使得专利预警系统日趋成熟。

专利计量法与社会网络分析逐渐应用于专利预警中的技术监测。基于专利引用生成的专利网络测度指标，如技术中心度指标、技术周期指标和关键词聚类等，有助于深入分析高技术的发展趋势和识别新产品开发的方向；通过评估专利间引用的权重，在大规模专利引用网络内，识别专利开发路径与详细的技术变更，并且证明此算法能用于分析单个技术的复杂动态变化；将专利引用和社会网络分析方法相结合，通过计算相对距离和专利在专利引用网络中的位置，以分析技术演进过程并识别重要的或即将兴起的技术。

近年来，专利地图用于针对特定技术领域开展专利预警。专利地图有类似地图的指向功能，通过挖掘专利文献中蕴含的大量信息，如法律信息、经济信息、技术信息等，将其以直观的图表形式反映出来。日本是最早运用专利地图分析方法的国家，1968 年日本专利办公室出版了第一份关于航空微米测量技术的专利地图；随后专利地图的涉及领域以及对象不断扩展，逐渐转移到工业领域，尤其是那些大型的技术公司。1997 年开始，日本专利局为了促进各产业专利信息的应用，大规模地制作各产业的专利地图。

随着专利分析工具的日臻完善，专利地图的分析功能不断增加和完善。在绘制专利地图时，有必要利用停用词清单进行纠偏，以提升专利地图分析的准确性；专利地图的可视化分析方法，可以用于反映专利文件中的关联信息，并结合语义网络及聚类算法，以了解技术的本质特征。在研发和决策过程中，运用专利地图分析专利之间存在的复杂技术关系，有利于在技术创新时，绕开竞争对手设置的专利陷阱。通过分析专利地图中空缺点，掌握技术发展趋势和研发机会，进而开展针对性的专利布局；通过利用专利引用和社会网络分析的方法，生成专利引用地图，借此经过深入的分析和准确的计算，专利在引用网络中所处的位置及其相对其他专利的距离，进而识别技术演进的过程及其趋势性问题。

近年来，众多学者提出构建面向应用的预警系统和预警机制。通过整合各方面的资源，形成一个集专利信息收集、分析、发布和反馈于一体的企业专利预警机制的人工智能模型；专利预警系统的建立和应用，能够及时发现与识别潜在的危机因素，及时采取相关的防范措施，以避免或者应对风险发生的意外性与不确定性；为了对国外专利战略布局进行专利预警分析，有必要对国外专利权人在我国的专利布局，包括专利数量、技术领域等信息进行动态持续监测；对中国知识产权预警系统的构建进行了探讨，指出预警系统主要包括搜集与传输、分析与识别、危机评价以及危机管理等。通过构建企业的专利分析系统，用户可以利用该专利分析系统，定制研究所需要的专题，在此基础上，构建相应的专利数据库。

### 7.1.3　专利预警的发展

近年来，专利陷阱愈演愈烈，专利预警的重要性日益凸显；有效评估专利侵权诉讼风险，可帮助各方提前决定专利诉讼策略；通过提出技术预警指标体系及模型，并运用在石油行业，可以帮助企业进行技术检测、预测并规避潜在的技术危机。由于专利陷阱的负面影响日益凸显，企业应积极开展专利预警，可为发起专利诉讼或者和解、谈判专利许可费用等提供决策支持。近年来，中国企业在国际市场上发展迅速，在进入美国、欧洲等国家市场之前和实际过程中，应先围绕竞争对手主要技术范围、经营领域展开专利分析。

针对专利陷阱开展的专利预警，近年来逐步引起学术界的关注和重视。全球范围的专利诉讼呈现快速增长态势，对企业产生的负面影响日益凸显，对此有必要采取针对性的应对措施；中国企业在进军国际市场之前，应熟知目标国家和地区的知识产权规则，遇到专利战时能从容应对。企业应加强专利预警，深入分析行业整体和竞争对手的专利布局，开展针对性的专利运营，应对市场竞争中潜在的专利诉讼。随着策略性的专利侵权诉讼已成为企业的重要竞争工具，积极开展专利预警对降低企业损害风险具有重要意义。

专利陷阱近年来呈现出持续蔓延扩展的态势，中国企业尚缺乏应对专利诉讼的方法经验；频繁的专利诉讼严重干扰企业的技术研发和正常经营，而防范应对专利诉讼的手段是多元的，我们选择的是开展专利预警；专利预警主要从两个方面展开，一方面是针对技术领域展开分析，另一方面是针对单个专利展开分析。目前，专利预警难以满足紧迫的管理需求，亟待开展深入的研究工作。

## 7.2 面向专利预警的专利地图分析

为了规避潜在的专利陷阱，必须针对目标技术领域，分析技术发展态势，开展专利预警。近年来，在云计算技术领域中，专利权人积极进行专利申请，已布局了大量的技术专利。为此，有必要采用专利地图，对云计算技术态势进行研究，开展专利预警分析，从而为企业规避专利陷阱提供决策支持。

### 7.2.1 分析工具与数据来源

1. 分析工具

将复杂的专利信息直观地表达出来，需要借助可视化的分析方法和工具；专利地图是一种通过高维聚集海量专利数据，直观、形象地揭示项目之间的复杂关系、显示技术全景及技术分布格局的专利分析和可视化工具。目前，专利地图的分析工具以 Thomson Reuters（汤森路透）的 Aureka、Thomson Innovation 和 Thomson Data Analyzer 为代表，此外，还有 exCITEr 和 Patentguider 2.0 等分析软件。其中，Aureka 和 Thomson Innovation 在专利数据分析方面具有突出优势，而 Thomson Innovation 是在 Aureka 基础上经过更新和完善的专利分析平台。

Thomson Innovation 是国际主流的专利分析平台，提供自 1963 年以来 100 多个国家 40 多个专利机构的专利信息；通过文本聚类、引证分析以及专利地图等分析方法，提供全面、综合的分析报告，包括全球专利信息、科技文献以及商业和新闻内容；并凭借其强大的分析和可视化工具，快速、轻松地识别相关信息，在知识产权和业务战略方面提供快速、准确的决策；Thomson Data Analyzer 可利用专利权人、专利族等字段，对原始数据进行清理，并通过选取两种不同类型项目生成交叉相关图，发掘项目间存在的内在联系。

目前，由于强大的分析功能和汤森路透的支持，Thomson Innovation 在国际上已得到广泛应用，但在中国仍处于市场导入期，国内用户对该分析平台尚不熟悉；除此之外，限制 Thomson Innovation 广泛应用的主要因素是收费过高，汤森路透对其采取年收费的方式，即使是面向高等院校的优惠方案，2013～2015 年的使用费也分别达 54000 美元、56700 美元、59535 美元，并仅开放两个 IP 账户以供使用。

2. 数据来源

由于专利属于海量数据，需通过数据挖掘的方法提取相关专利；本节选择 Thomson Innovation 数据库中，美国的授权专利库为基础数据来源，这些数据专利库涵盖 2400 多万条专利信息；如何确定关键词及其逻辑算法，将云计算产业相关技术专利从海量数据中挖掘出来，是研究面临的一大难题。

本节通过分析云计算产业的主要障碍与关键技术，确定专利检索关键词；考虑到研究技术领域以及公开时间等限定条件，通过逻辑算法，对云计算产业的技术专利进行数据挖掘。研究表明，云计算产业的主要障碍与关键技术包括云安全、虚拟化技术、海量分布式存储、分布式资源管理、并行编程模式和数据管理等；在此基础上，可确定数据挖掘的关键词，并利用 IPC 分类号和公开日期等筛选条件，通过逻辑算法，对云计算产业的专利进行数据挖掘。

由于未经处理的专利数据存在企业名称书写不统一、单复数变化、拼写错误和企业并购等问题，需要在数据分析前进行数据清理；针对原始数据，通过 Thomson Data Analyzer 专利权人叙词表和手工清理，将同一集团的母子公司及已发生并购的企业持有的专利进行整合，使专利权人标准化，如将太阳微系统与甲骨文合并为甲骨文。基于上述分析，得到 1994 年 1 月 1 日～2014 年 3 月 31 日的技术专利 60971 件。

### 7.2.2　专利地图的绘制

美国云计算相关专利总数量为33469件，1994～2013年美国专利的年增长率为17.3%。美国云计算关键技术的专利数量一直处于稳步增长，整体增长趋势与世界专利数据增长趋势一致；其爆发式增长始于1998年，其专利增长率高达92.3%；2006年专利增长率达46.1%，这与世界专利在2006年出现的爆发式增长一致（图7.1）。

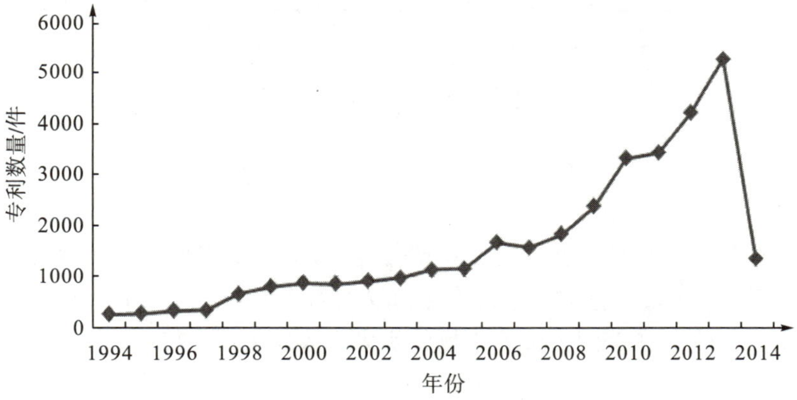


图 7.1　美国授权专利数

从表 7.1 中可以看出，美国云计算专利权人中获得专利授权最多的是 IBM，其次是微软。这两家公司的专利占据了美国全部获批专利的 19.7%以上，远远高于其他专利权人，呈现“两超”的格局；这两家公司也是世界上持有云计算技术专利授权最多的公司，从这一点可以看出，美国的云计算发展水平在一定程度上可以反映出世界的云计算发展的领先水平。排名前 10 的专利权人中，日立与富士通均属于日本企业，这两家企业在美国申请了众多专利，除反映出其对美国市场的重视以外，更表现出其较高的国际化水平。

美国授权专利主要集中于 H04L0012（数据交换网络）、G06F0015（通用数字计算机）、G06F0009（电数字数据处理的程序控制装置，例如，控制器）与 G06F0017（特别适用于特定功能的数字计算设备或数据处理设备或数据处理方法），上述领域均为云计算产业的基础技术（图 7.2）。

表 7.1　美国 Top10 专利权人

| 专利权人 | 数量/件 | 专利权人 | 数量/件 |
|---|---|---|---|
| IBM | 4287 | 惠普 | 895 |
| 微软 | 2301 | 英特尔 | 878 |
| 甲骨文 | 1256 | 富士通 | 652 |
| 日立 | 1115 | EMC | 614 |
| 思科 | 1017 | 美国电报电话 | 571 |

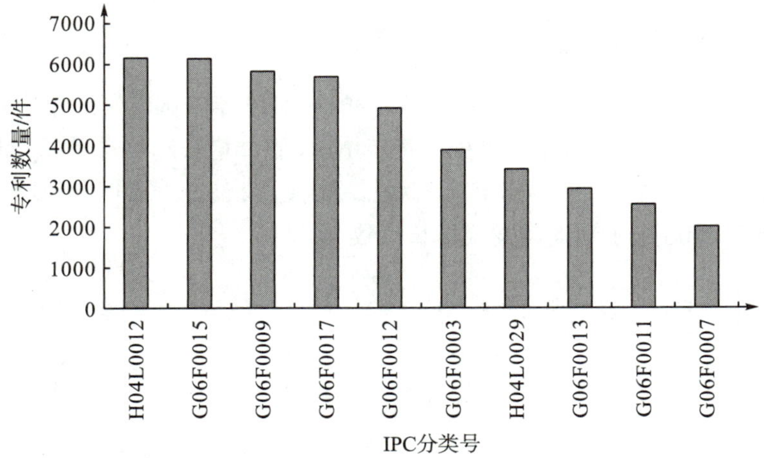


图 7.2　美国授权专利 IPC 分类

鉴于企业通常会在总部所在地首先申请优先权，因此，在研究中可以把专利权人国别与专利优先权等同。80.8%的授权专利的优先权国为美国，另有 10.5%专利的优先权国为日本，反映出日本企业在美国云计算市场的实力不容忽视(图 7.3)。

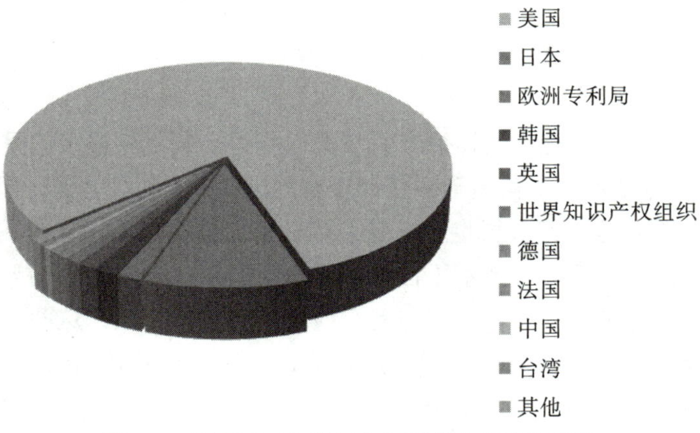


图 7.3　美国授权专利优先权国分布(见彩图版)

## 7.2.3　专利地图的应用

专利数据分析显示，美国专利的最大优先权国为美国，即专利权人在美国会进行临时申请、延续申请，使得本国优先权数量明显超过其他国家。但值得注意的是，在存储设备、图像显示与存储读取等领域存在众多专利，其优先权国为日本；在个人数字助理领域，存在部分专利优先权国为韩国；此外，优先权国为欧洲专利局和英国的专利数量明显少于其他国家，但分布相对均匀，大多技术领域均有涉及。

图 7.4 是美国云计算专利在 2014 年的分布地图，可以看出，美国云计算专利不仅数量较多，而且其分布的峰值也较多，包括 Storage Device Mangament(存储设备管理)、Personal Digital Assistant(个人数字助理)、Generating Document Processing(生成文档处理)、Electronic Programmable Consumer(消费电子)、Machine Host(计算机主机)、Memory Managing Access(内存管理访问)、Packet Switch Routing(分组交换路由)等。

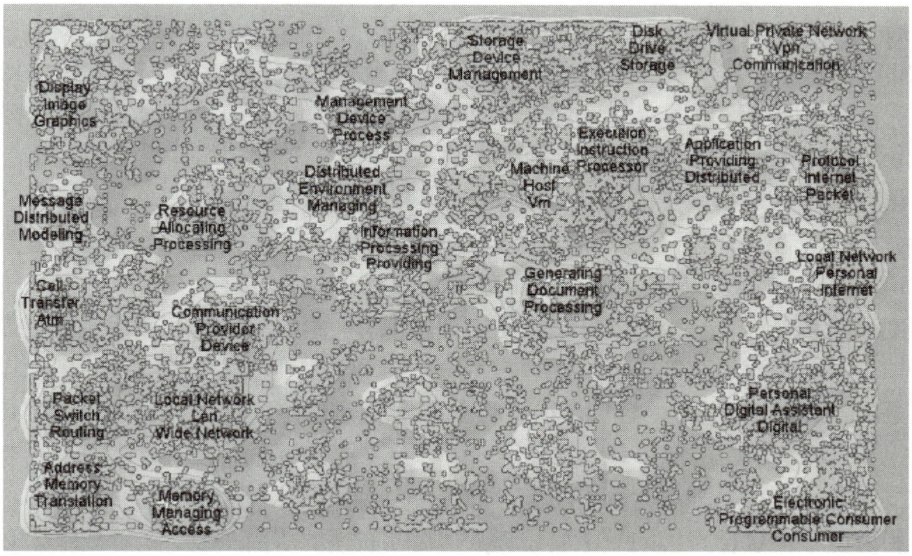


图 7.4 美国云计算专利地图(截至 2014 年 3 月底)(见彩图版)

上述针对云计算技术的专利地图分析，是课题组利用专利地图开展专利预警的研究之一；我们一直致力于解决中国企业面临的专利问题，在受到大连某公司正式委托后，与其进行沟通交流，制定详细的合作方案。该公司是软件行业的领军企业，而软件行业是专利密集型行业，也是专利陷阱高发区，该公司近年来从承接外包业务向自主开发转型，高度重视专利运营管理。我们选择该公司重点推进的云计算技术，开展合作与成果转化应用，运用专利地图分析工具，进行专利布局分析和对高风险专利权人进行筛选，以提前规避和应对潜在的专利陷阱。

该公司为国内的行业领先企业，准备在云计算技术领域进军国际市场，尤其是美国市场，但在云计算技术领域面临着专利陷阱的困扰；为此，课题组针对该技术领域特点和企业需求，利用专利地图分析工具，重点分析了美国云计算产业的竞争态势，也已应用于该公司云计算领域的专利预警分析，在产品研发和市场开发过程中，有效规避了潜在的专利陷阱，取得良好的实际应用效果。

## 7.3　面向专利预警的技术联系分析

为预警专利丛林和专利陷阱可能带来的专利诉讼，考虑到专利诉讼是发生于主体之间的，且深度扩展的技术联系是专利诉讼的重要诱因，研究测度技术联系有助于专利主体的预警分析。因此，本节以专利多级引用为突破口，对专利引用进行深入挖掘，提出测度专利权人间技术联系的定量方法，用于对专利权人间的技术联系进行定量测度和趋势分析。

### 7.3.1　技术联系的测度

1. 研究思路

随着技术体系的复杂化和专利数量的快速增长，技术研究开发往往涉及多个主体的专利，企业的技术联系呈现错综复杂的发展态势；在此背景下，技术冲突和专利诉讼在全球大量涌现，成为创新管理和专利运营需要面对的新挑战。专利预警是应对这一态势的重要手段，由于深度扩展的技术联系是专利诉讼的重要诱因，针对技术联系定量测度开展研究工作，将有助于为专利预警提供必要的分析工具。

为分析预警特定专利权人间潜在的专利诉讼，考虑到深度扩展的技术联系是专利诉讼的重要诱因，本节通过研究构建测度技术联系的定量方法，对特定专利权人间的技术联系进行测度和趋势分析。专利文献包含重要的技术信息，其中一项专利引用了其他专利，这是一个知识输入、积累和范式形成的过程，一项专利被其他专利引用则是一个知识输出、范式积累和转变的过程(杨中楷等，2010)；该专利引用的这些在先专利，通常对其有借鉴意义和技术关联。因此，专利引用信息体现对在先专利的继承和发展，进而反映专利之间复杂的技术联系，可以利用专利引用信息研究测度专利权人间存在的技术联系。

专利引用不但包括直接的一级引用，而且包括间接的引用关系。随着技术体系的复杂化和专利数量的快速增长，研究开发往往直接或者间接涉及多个主体的专利，仅利用直接的一级引用，难以反映专利权人间存在的间接的技术联系，因此有必要进一步对引用信息进行挖掘；涵盖专利直接引用和间接引用的多级引用，与一级引用相比，能够更为全面地反映专利权人间复杂的技术联系，尤其是存在的间接联系；以往囿于数据库和分析工具，研究主要基于专利的一级引用展开；随着数据库和分析工具的发展完善，有必要、也有可能研究基于多级引用的技术联系测度，从而分析特定专利权人以预警潜在的专利诉讼。

因此，本节利用近年来专利数据库和分析工具快速发展的契机，以专利的多级引用为突破口，研究构建定量测度技术联系的结构化方法。首先，分析专利引用与技术联系之间的相关性，基于专利多级引用关系研究构建技术联系指数，以测度和分析专利权人间的技术联系；然后，选择具有代表性的典型企业，提取和分析两个专利权人间的专利引用数据，得到相应的时间序列数据，运用研究提出的测度方法，对二者间的技术联系进行定量测度和趋势分析，从而分析预警特定专利权人间潜在的专利诉讼。

2. 专利引用信息的挖掘

技术进步是累积创新的过程，每一项发明都建立在前人研究成果的基础上；专利发明者在进行技术创新时，需借鉴和引用相关的在先技术，专利权人间的技术联系可以用其持有的专利间的引用关系来反映；其中，某专利直接引用其他专利被称为一级引用，通常一级引用的专利间技术联系最为密切；后续专利对在先专利的引用体现了技术发展的规律、技术之间的继承和累积以及不同技术领域的交叉和渗透(Jaffe and Trajtenberg，2002)。由于一级引用便于获取数据进行统计分析，常被用作引用分析的数据来源(Lampe，2012)。然而，随着技术体系的日益复杂，直接的一级引用难以反映复杂和间接的技术联系，需要进一步对专利引用信息进行挖掘。

专利的多级引用关系是指某件专利直接引用或间接引用其他专利，多级引用信息中涵盖了专利之间直接和间接的引用关系；分析某件专利的引用情况，应该考虑到专利的间接引用关系，将专利的引用信息逐级展开，对其中涉及的多级引用信息进行深入分析(Atallah and Rodríguez，2006)。如图 7.5 所示，以专利 P1 为例，专利 P1 一级引用的专利为 P2，二级引用的专利为 P3 和 P4，三级引用的专利为 P5；通过对专利 P1 的多级引用关系进行深入挖掘，可揭示专利 P1 和 P3、P4、P5 之间存在的间接技术联系。

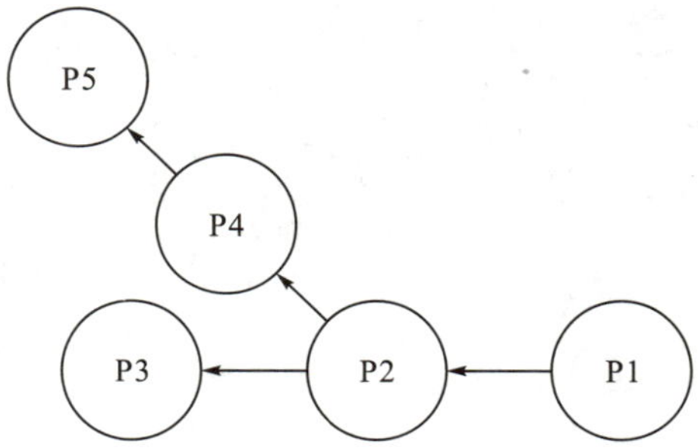


图 7.5 多级引用示意图

相对于直接的一级引用，通过对专利的多级引用信息进行挖掘和利用，不但可以揭示出专利间直接和间接的引用关系，而且可以追溯相关技术的源头和演进，进而厘清专利权人间错综复杂的技术联系。专利的多级引用信息能够更好地揭示相应的基础专利，为获取更多的技术信息，应该考虑利用更长的引用链(citation chain)(Wartburg et al.，2005)。为此，对专利的引用信息进行挖掘，基于专利的多级引用关系，研究构建测度技术联系的定量方法，用于对专利权人间的技术联系进行定量测度和趋势分析。

3. 多级引用级数的确定

专利引用关系普遍存在，一个技术专利不仅与一级引用的专利之间有直接的技术联系，而且与多级引用的专利之间有间接的技术联系。随着专利引用级数的不断增加，与目标专利存在技术联系的相关专利信息将呈现的更为全面。但当专利的引用级数过多时，引用关系离目标专利越远，干扰信息就越多(万小丽，2014)；各级引用信息与目标专利之间的技术联系，随着引用级数的增加而逐渐减弱。因此，利用专利的多级引用关系测度技术联系，需要设定合适的引用级数。

确定合适引用级数的本质，实际上是确定两个主体之间，可通过多少个具有中介作用的其他主体建立联系，目前有关该领域较成熟的是小世界理论（small world theory）。这一理论又被称为“六度分隔理论”（six degrees of separation theory）（图 7.6）。

通过著名的邮件传递实验发现，美国任意两个人之间要建立起联系只需要平均 5.2 个中间人，即两个人建立联系的平均连接次数是 6.2 次；该理论认为你和任何一个陌生人之间所间隔的人不会超过五个，也就是说最多通过五个人你就能够认识任何一个陌生人（Milgram，1967）。随后小世界理论被逐步应用到众多领域，涉及的主体也从人进一步扩展至其他主体类型。

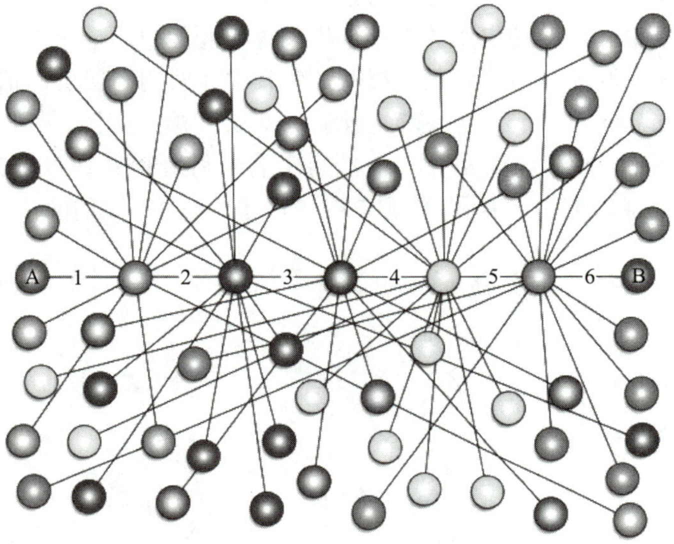


图 7.6　小世界理论示意图

近年来，有学者研究发现专利引用网络中存在着小世界现象。Hung 和 Wang（2010）研究了专利引用网络的幂律分布、优先连接等现象，发现专利引用网络符合小世界网络的规律。因此，两个专利权人之间如果存在技术联系，可通过不超过五级的专利引用建立起专利联系。因此，可考虑利用专利的五级引用信息，对企业间技术联系进行定量测度。此外，研究也将通过后续的应用实例，进一步分析和验证将多级引用级数设定为五级的合理性。

4. 技术联系指数的构建

利用包括一级引用在内的多级引用信息，可比仅采用一级引用信息，更为全面地反映专利权人间的技术联系。专利权人间的专利引用数量可以反映其技术联系，分析和提取专利引用数量，需要利用专利的多级引用信息，即不仅需要考虑一级引用关系涉及的专利数量，还需要考虑二级及以上引用级数涉及的专利数量。不同级数的专利引用信息，对技术联系的影响和贡献存在差异，随着专利引用级数的增加，每级引用信息对技术联系的影响和贡献将呈现逐级减弱的趋势。

考虑到各级引用信息对技术联系的差异影响，需要确定各级专利引用的权重。评价专利的技术影响，被引是直接引证，被引的被引是间接引证，需要引入“折减系数”，以降低间接引用关系的专利权重，并研究提出将该系数确定为0.5(Trajtenberg et al.，1997)；为此，各级专利引用对技术联系的影响和贡献，与上一引用级数相比以0.5的比例逐级递减，按此对各级专利引用赋予权重；在此基础上，研究构建专利权人间的多级引用指数(multi-stage citation index，MCI)，即

$$\mathrm{MCI}_{i,j}=\sum_{k=1}^{5}\frac{1}{2^{k-1}}P_{ik} \tag{7.1}$$

其中，$\mathrm{MCI}_{i,j}$为专利权人$i$对专利权人$j$的多级引用指数；$k$为专利权人$i$引用专利权人$j$的级数；$P_{ik}$为引用级数$k$对应的专利权人$i$的专利数。

通常，专利权人$i$对专利权人$j$的多级引用指数$\mathrm{MCI}_{i,j}$，与专利权人$j$对专利权人$i$的多级引用指数$\mathrm{MCI}_{j,i}$并不一致。

为了直接反映和测度目标专利权人之间的技术联系，在上述构建的多级引用指数的基础上，研究提出技术联系指数(technological linkage index，TLI)，以专利权人二者相互间的多级引用指数$\mathrm{MCI}_{i,j}$和$\mathrm{MCI}_{j,i}$的平均值测算，用于对专利权人$i$和专利权人$j$之间的技术联系进行定量测度和趋势分析，即

$$\mathrm{TLI}_{i,j}=\frac{\mathrm{MCI}_{i,j}+\mathrm{MCI}_{j,i}}{2} \tag{7.2}$$

其中，$\mathrm{TLI}_{i,j}$为专利权人$i$和专利权人$j$之间的技术联系指数；$\mathrm{MCI}_{i,j}$为专利权人$i$对专利权人$j$的多级引用指数；$\mathrm{MCI}_{j,i}$为专利权人$j$对专利权人$i$的多级引用指数。

为计算多级引用指数$\mathrm{MCI}_{i,j}$、$\mathrm{MCI}_{i,j}$和技术联系指数$\mathrm{TLI}_{i,j}$，首先依托Thomson Innovation专利数据库，利用其专利检索功能，设置专利权人为选择的研究样本，筛选出专利权人$i$的相关专利；然后，将各专利的引用信息逐条逐级展开，统计其中与专利权人$j$存在一至五级引用关系的专利数量。同理，按照上述的步骤，再逐条检索统计专利权人$j$的相关专利中，与专利权人$i$存在1～5级引用关系的专利数量；最后，根据引用级数及其对应的专利数量，利用上述研究构建的计算公式，分别计算得到多级引用指数$\mathrm{MCI}_{i,j}$、$\mathrm{MCI}_{i,j}$，在此基础上，根据上述研究提出的计算方法，再计算得到技术联系指数$\mathrm{TLI}_{i,j}$。

### 7.3.2 技术联系与专利诉讼

为了预警专利丛林和专利陷阱可能带来的专利诉讼，研究测度技术联系将有助于专利诉讼的预警分析；利用近年来专利数据库和分析工具快速发展的契机，以专利的多级引用为突破口，对专利的引用信息进行深入挖掘，通过分析专利引用与技术联系之间的相关性，研究提出基于专利的多级引用关系，测度特定专利权人之间技术联系的定量方法，研究构建多级引用指数MCI和技术联系指数TLI，用于对特定专利权人之间的技术联系，进行定量测度和趋势分析，从而分析预警特定专利权人间潜在的专利诉讼。

运用以上研究提出的技术联系测度方法，选择具有代表性的典型企业为研究对象，对代表性典型企业之间的技术联系进行定量测度分析；由于专利数据是典型的大数据，为避免计算过程的数据溢出，有必要选取某一特定技术领域开展研究，在选择研究样本时，也

应满足一定的条件。第一，所选行业应处于重要的技术领域，能够反映当代主流技术的发展特征和专利现状；第二，所选样本是行业内具有代表性的典型企业，能够反映和代表行业的特征；第三，专利引用的相关数据完备，能从数据库中获取研究所需的数据开展统计分析。

近年来，专利陷阱快速涌现并持续蔓延，导致引发专利诉讼，这使得专利诉讼在全球范围呈现快速增长的态势。企业一旦陷入专利诉讼并遭受高额索赔，不但会严重干扰正常经营活动，同时还会对企业声誉和技术研发产生长期的负面影响，而专利预警是应对这一态势的重要手段。随着技术联系日益复杂，可运用以上研究提出的分析方法，针对目标技术领域的特定专利权人，对技术联系进行定量测度和趋势分析，如果该指数呈现出持续快速的上升趋势，这表明未来与该专利权人可能发生专利诉讼；在此基础上，专利权人可以预警潜在的专利诉讼，并采取有效措施应对潜在的专利诉讼，减少专利诉讼对企业产生的负面影响。

### 7.3.3　面向专利预警的应用

针对以上条件，本节选取苹果公司和三星电子为研究样本，以在美国的智能手机专利为基础数据。智能手机涉及移动通信、电子信息和软件等众多技术领域，能够反映当代主流技术的发展特征，是具有典型代表性的技术领域。

1. 数据来源

专利权人在智能手机领域积极申请专利，专利引用逐渐积累，形成了长周期的时间序列数据；在智能手机领域，苹果公司和三星电子是具有代表性的典型企业；针对研究目标，研究需以专利的引用数据作为基础，美国拥有长周期的专利引用数据，并能从公开的专利分析平台中获取研究所需的相关数据。

本节依托 Thomson Innovation 专利数据库。首先，利用关键词等检索条件，筛选出某一技术领域相关专利；然后，为避免因此带来的数据干扰，对同一实际控制人的专利进行甄别和归并，这主要是由于母公司控股多个子公司，可以分别申请和持有专利，而且可能发生并购行为，使同一实际控制人的专利表现为不同的专利权人持有；最后，利用专利引证分析功能，检索另一个目标专利权人，确定出现的引用级数；在此基础上，对两个专利权人相关专利进行多级引用深入分析，同时，确定引用级数及对应的专利数，作为测度技术联系的数据基础。

2. 数据处理

为测度苹果公司和三星电子的技术联系，需要在专利数据库中，预先筛选出二者相关专利。对于筛选智能手机专利所用的检索词，采用《产业专利分析报告》中，研究确定的检索词，该分析报告分析和提炼了智能手机涉及的关键技术、检索词以及对应的 IPC 分类号。本节依托 Thomson Innovation 的美国专利授权库，首先将标题、摘要和 IPC 分类号设为该报告确定的检索词和分类号；然后，考虑到苹果公司和三星电子分别于 2007 年和 2003 年首次推出智能手机，出于谨慎性原则，选取 2002 年为样本数据起始点，由于专利诉讼数据更新存在滞后，选取 2014 年为样本数据截止点(表 7.2)。

表 7.2　苹果公司和三星电子专利诉讼

| 专利诉讼 \ 年份 | 2002 | 2003 | 2004 | 2005 | 2006 | 2007 | 2008 | 2009 | 2010 | 2011 | 2012 | 2013 | 2014 |
|---|---|---|---|---|---|---|---|---|---|---|---|---|---|
| 新增/件 | 0 | 0 | 0 | 0 | 0 | 0 | 0 | 0 | 0 | 15 | 9 | 29 | 0 |
| 累计/件 | 0 | 0 | 0 | 0 | 0 | 0 | 0 | 0 | 0 | 15 | 24 | 53 | 53 |

在此基础上，提取两者之间发生的专利诉讼案件。首先，基于以上筛选出的智能手机专利，利用原告(PF)和被告(DF)字段，提取苹果公司和三星电子互为原告和被告的诉讼专利；然后，逐条厘清并统计诉讼专利涉及的专利诉讼案件信息，得到苹果公司和三星电子在 2002～2014 年每年新增的专利诉讼案件数量；最后，由于专利诉讼对企业经营和技术创新的影响是多年累计的结果，在新增专利诉讼案件数量的基础上，对每年的专利诉讼案进行累加计算(表 7.3)。

表 7.3　三星电子引用苹果公司专利

| 年份 | 级数 | | | | |
|---|---|---|---|---|---|
| | 1 | 2 | 3 | 4 | 5 |
| 2002 | 0 | 1 | 2 | 4 | 0 |
| 2003 | 0 | 3 | 2 | 1 | 0 |
| 2004 | 0 | 3 | 3 | 2 | 1 |
| 2005 | 0 | 4 | 4 | 0 | 1 |
| 2006 | 0 | 6 | 9 | 3 | 0 |
| 2007 | 0 | 3 | 17 | 13 | 3 |
| 2008 | 1 | 11 | 17 | 5 | 2 |
| 2009 | 2 | 4 | 19 | 6 | 1 |
| 2010 | 4 | 9 | 15 | 7 | 0 |
| 2011 | 6 | 20 | 25 | 11 | 3 |
| 2012 | 14 | 9 | 18 | 10 | 4 |
| 2013 | 26 | 33 | 23 | 17 | 4 |
| 2014 | 73 | 142 | 141 | 37 | 0 |

为获取三星电子对苹果公司专利的引用情况，本节首先利用 Thomson Innovation 专利数据库的专利引证分析功能，逐条分析三星电子相关专利的多级引用信息，将各条专利的多级引用信息逐级展开；然后，从最小的引用级数开始进行逐级检索，确定三星电子各条专利对苹果公司专利的引用级数；最后，统计得到各引用级数对应的专利数量，作为后续计算二者多级引用指数 MCI 和技术联系指数 TLI 的数据基础。

同理，对苹果公司引用三星电子专利进行多级引用分析。首先，将苹果公司专利的引用信息逐级展开；然后，从最小的引用级数开始进行逐级检索，以确定苹果公司各条专利引用三星电子专利的级数；最后，统计得到各引用级数对应的专利数量(表 7.4)。

表 7.4　苹果公司引用三星电子专利

| 年份 | 级数 | | | | |
|---|---|---|---|---|---|
| | 1 | 2 | 3 | 4 | 5 |
| 2002 | 0 | 0 | 0 | 0 | 0 |
| 2003 | 0 | 0 | 0 | 0 | 0 |
| 2004 | 0 | 0 | 0 | 0 | 0 |
| 2005 | 1 | 1 | 0 | 0 | 0 |
| 2006 | 1 | 1 | 0 | 0 | 0 |
| 2007 | 1 | 1 | 0 | 0 | 0 |
| 2008 | 2 | 1 | 0 | 0 | 0 |
| 2009 | 1 | 5 | 1 | 0 | 0 |
| 2010 | 11 | 9 | 3 | 0 | 0 |
| 2011 | 8 | 22 | 4 | 0 | 0 |
| 2012 | 19 | 11 | 2 | 0 | 0 |
| 2013 | 61 | 37 | 2 | 1 | 0 |
| 2014 | 130 | 108 | 10 | 0 | 0 |

统计结果表明，苹果公司和三星电子的专利引用主要分布在 1～3 级，引用级数在 5 级的专利数量已经很少，这说明二者如果存在技术联系，可以通过 1～5 级的引用关系反映，这从现实层面表明将多级引用级数设定为五级具有合理性。

3. 数据分析

基于以上专利多级引用数据和研究提出的技术联系测度方法，本节计算苹果公司和三星电子的多级引用指数和技术联系指数，以 A 表示苹果公司，S 表示三星电子，则苹果公司对三星电子的多级引用指数为 $MCI_{A,S}$，三星电子对苹果公司的多级引用指数为 $MCI_{S,A}$，苹果公司和三星电子的技术联系指数为 $TLI_{A,S}$。数据分析结果表明，$MCI_{S,A}$、$MCI_{A,S}$和 $TLI_{A,S}$在 2002 年还处于低水平，此后逐步呈现快速增长的态势，说明二者间的技术联系日益紧密。

为了直观呈现技术联系指数 $TLI_{A,S}$的变化趋势，绘制趋势图 7.7。基于时间序列数据的分析表明，2002～2009 年为低基数的增长阶段，年增长率为 36.6%；2009～2014 年，技术联系指数进一步大幅攀升，年增长率为 94.5%，其中 2010 年相对 2009 年的增长率高达 121%。这不但表明苹果公司和三星电子的技术联系快速趋于紧密，而且作为竞争对手，这意味着可能爆发专利诉讼(表 7.5)。

事实上，苹果公司和三星电子于 2011 年爆发了二者间的首次智能手机专利诉讼。专利诉讼数据统计结果也表明，苹果公司和三星电子从 2011 年爆发专利诉讼以来，至 2014 年底在智能手机领域累计发生 53 件专利诉讼案。技术联系指数的快速上升领先于专利诉讼的出现，而且技术联系指数 TLI 可利用本书提出的方法进行测算。因此，测度和分析技术联系指数 TLI 的变化趋势，有助于预警专利权人间潜在的专利诉讼(图 7.7)。

表 7.5　多级引用指数与技术联系指数

| 年份 | $MCI_{S,A}$ | $MCI_{A,S}$ | $TLI_{A,S}$ |
|---|---|---|---|
| 2002 | 1.5 | 0 | 0.75 |
| 2003 | 2.13 | 0 | 1.06 |
| 2004 | 2.56 | 0 | 1.28 |
| 2005 | 3.06 | 1.5 | 2.28 |
| 2006 | 5.63 | 1.5 | 3.56 |
| 2007 | 7.56 | 1.5 | 4.53 |
| 2008 | 11.5 | 2.5 | 7 |
| 2009 | 9.56 | 3.75 | 6.66 |
| 2010 | 13.13 | 16.25 | 14.69 |
| 2011 | 23.81 | 20 | 21.91 |
| 2012 | 24.5 | 25 | 24.75 |
| 2013 | 50.63 | 80.13 | 65.38 |
| 2014 | 183.88 | 186.5 | 185.19 |

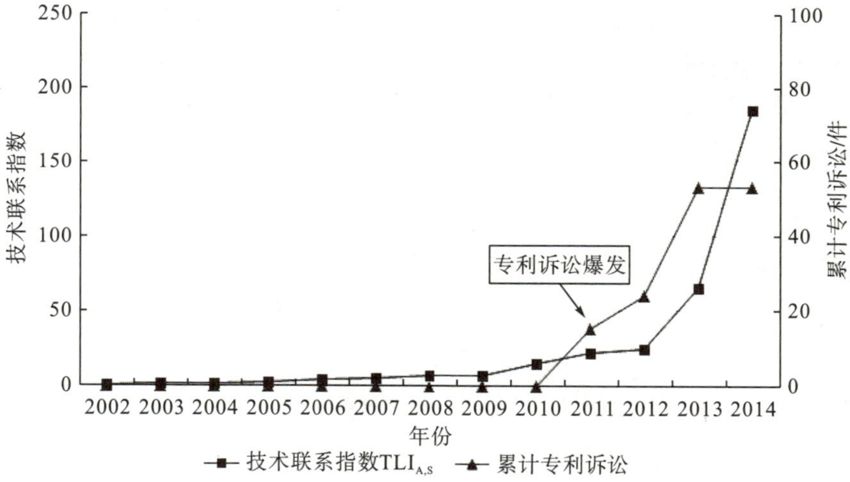


图 7.7　技术联系指数与专利诉讼

为定量测度技术联系，分析预警专利权人间潜在的专利诉讼，以专利的多级引用为突破口，对专利引用信息进行深入挖掘，通过分析专利引用与技术联系之间的相关性，研究提出了基于专利的多级引用关系，测度专利权人间技术联系的定量方法，研究构建了多级引用指数 MCI 和技术联系指数 TLI，用于对专利权人之间的技术联系进行定量测度和趋势分析，为应对快速增长的专利诉讼提供必要的分析工具。

运用以上研究提出的技术联系测度方法，本书研究选择了苹果公司和三星电子作为研究样本，对二者的技术联系进行测度分析；基于长周期的时间序列数据研究表明，苹果公司和三星电子的技术联系指数在 2002 年还处于低水平，此后开始呈现持续增长的态势，2009 年以后出现了加速上升趋势；这不但契合了二者在智能手机领域爆发专利诉讼的现实，而且技术联系指数的加速上升领先于专利诉讼的首次爆发，测度和分析特定专利权人技术联系的变化趋势将有助于预警潜在的专利诉讼。

考虑到该研究完成于 2015 年，专利诉讼数据的截止时间选为 2014 年底，并且在 2014 年也没有新增的专利诉讼案件；因此，为对苹果公司和三星电子之间的专利诉讼案件进行持续追踪，依托 PatSnap 专利分析平台，选择美国专利诉讼数据库，将立案时间设为 2014～2019 年底，原告和被告均设为苹果公司和三星电子，检索得到两者之间涉及专利诉讼的专利；在此基础上，逐个统计专利诉讼的立案时间，从而得到苹果公司与三星电子的历年专利诉讼。数据分析表明，两者之间的专利诉讼在 2014～2017 年，每年均有新增专利诉讼案件，分别新增了 6 件、4 件、1 件和 1 件；这说明，苹果公司与三星电子近年来的专利诉讼仍在持续新增。

专利陷阱快速涌现并持续蔓延，导致引发专利诉讼，专利预警是应对这一态势的重要手段。首先，针对目标技术领域开展专利预警，引入专利地图，通过分析专利地图中的空缺点，掌握技术发展趋势和研发机会，开展针对性的专利布局；同时，可分析专利间的复杂技术关系，在研发创新时，绕开竞争对手的专利陷阱。然后，针对技术领域中的特定主体开展专利预警，我们提出了技术联系指数，可对技术联系进行定量测度和趋势分析，若该指数呈现持续快速的上升趋势，这表明未来两个主体之间有可能发生专利诉讼，专利权人可以预警潜在的专利诉讼。综上，我们以专利地图和技术联系为突破口，研究提出了专利地图和技术联系指数的分析工具，从宏观层面和中观层面开展专利预警，以降低专利陷阱和专利诉讼带来的负面影响。

# 第八章　基于专利特征的专利预警

## 8.1　专利特征与专利预警

考虑到上述预警分析尚未利用单个专利包含的个体信息，专利预警难以定位到单个的专利；对此，有必要对专利特征进行分析，探究专利特征与专利诉讼的关系，以提出结构化分析工具开展专利预警。

### 8.1.1　现有专利预警的局限

利用专利地图，对技术领域开展宏观层面专利预警。专利地图有类似地图的指向功能，通过挖掘专利文献中蕴含的大量信息，如法律信息、经济信息、技术信息等，能直观揭示专利之间的复杂联系，反映专利丛林的专利分布。随着专利分析工具的日臻完善，专利地图的分析功能不断增加和完善。运用专利地图分析专利之间存在的复杂技术关系，有利于在技术创新时，绕开竞争对手设置的专利陷阱；通过分析专利地图中的空缺点，掌握技术发展趋势和研发机会，进而开展针对性的专利布局。

利用技术联系，对特定主体开展中观层面专利预警。在对专利地图预警分析的基础上，考虑到专利诉讼是发生于主体之间的，而且深度扩展的技术联系是发生专利诉讼的重要诱因，研究测度技术联系有助于专利主体的预警分析；因此，以专利多级引用为突破口，对专利引用进行深入挖掘，提出测度专利权人间技术联系的定量方法，用于对专利权人间的技术联系进行定量测度和趋势分析。近年来，随着技术联系的日益复杂，可运用以上研究提出的分析方法，针对特定专利权人，对技术联系进行定量测度和趋势分析，如果该指数呈现持续快速上升趋势，表明未来两个专利权人有可能发生专利诉讼；在此基础上，专利权人可以预警潜在的专利诉讼，并采取有效措施应对潜在的专利诉讼，减少专利诉讼对企业产生的负面影响。

研究分别利用专利地图和技术联系进行分析，从宏观层面和中观层面开展专利预警；但没有将专利预警具体到微观层面，对单个专利的研究关注较少，实际是将单个专利视为黑箱，还尚未充分利用单个专利包含的个体信息；在现实中，专利诉讼必须明确到单个专利。因此，有必要尝试利用单个专利包含的个体信息开展研究，其中，专利申请书是最早公开的专利文献，包含大量的专利申请信息；与此同时，专利动态特征在专利生命周期内出现了特征值的变化，可能蕴含与专利诉讼相关的信息，有必要将专利申请特征、专利动态特征与专利诉讼联系起来，研究揭示与专利诉讼密切相关的关键申请特征和动态特征，研究提出基于专利申请特征和专利动态特征的结构化分析工具，用于专利预警以应对专利陷阱。

### 8.1.2　专利特征分析

专利申请书是最早公开的专利文献，在专利申请获得授权之前，就已经按照法定要求对外公开，其中包含单个专利大量的技术信息；专利申请书由扉页、摘要、说明书、权利要求书和附图等部分组成。以华为技术有限公司的发明专利申请 CN200810241871.7 为例，于 2008 年 12 月 25 日提出申请，在 2010 年 6 月 30 日对外公开，其申请书中包括了申请号、申请日、申请人、地址、发明人、专利代理机构、代理人、IPC 分类号、发明名称等(图 8.1)。

(19) 中华人民共和国国家知识产权局

(12) 发明专利申请

(10) 申请公布号 CN 101765168 A
(43) 申请公布日 2010.06.30

(21) 申请号 200810241871.7

(22) 申请日 2008.12.25

(71) 申请人 华为技术有限公司
地址 518129 广东省深圳市龙岗区坂田华为总部办公楼

(72) 发明人 张军平　汪静

(51) Int. Cl.
H04W 36/00 (2009.01)
H04L 29/08 (2006.01)
H04L 12/56 (2006.01)

权利要求书 2 页　说明书 9 页　附图 6 页

(54) 发明名称
地址切换方法和装置

(57) 摘要
本发明实施例公开了一种地址切换方法和装置，其中地址切换方法包括：第一终端采用第一终端标识对应的第一 IP 地址和第二终端通信；所述第一终端将获得的所述第一终端标识对应的其他 IP 地址中至少一个 IP 地址发送给所述第二终端，通过所述第一 IP 地址和所述发送给第二终端的 IP 地址接收所述第二终端发送的报文；所述第一终端进行地址切换，采用所述发送给第二终端的 IP 地址中的第二 IP 地址和所述第二终端通信。本发明实施例提供的技术方案有效减小了终端地址切换过程中的数据包丢失率。

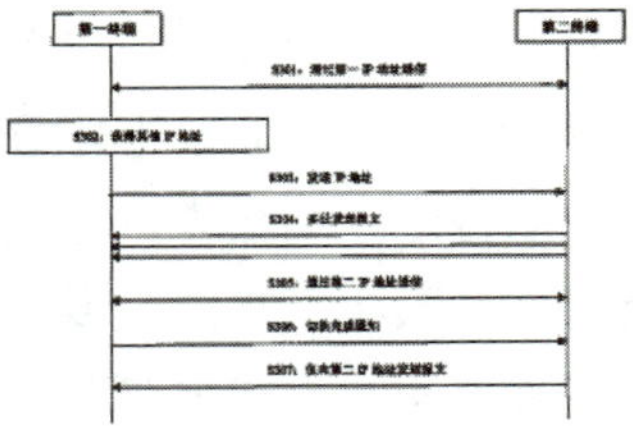

图 8.1　华为公司的专利

在这些信息中，有些内容属于常规性的，例如申请号、申请日、专利名称和地址等字段，不会对专利诉讼的发生产生影响；另一些内容描述了专利保护范围、与其他技术的联系、涉及的技术领域以及利益分配人等，即申请书中的权利要求、引用专利文献、技术领域和发明人等特征字段，则可能与专利诉讼的发生存在关联。因此，研究提取以上内容对应的权利要求数、引用专利数、技术宽度和发明人个数作为专利申请特征。

专利动态特征是从提交专利申请到审批、维持至失效的生命周期内，处于动态演变的特征属性。审批时间指专利申请日至专利授权日的时间跨度，对于不同专利来说，其审批时间不尽相同，且在专利申请获得授权前，仍属于一个动态变量；自申请人提交专利申请文件后，专利管理部门将按照专利新颖性、创造性和实用性等授权标准，对包括权利要求书、说明书等技术内容的申请文件进行初步审查、公开申请以及实质审查等审批步骤，如果对其存在疑问或异议，将延迟审批或退回修改，甚至存在将专利申请文件多次退回申请人进行修改的情况。

专利引用是指专利申请时引用的反映其相关背景技术的专利文献。由于技术进步是累积创新的过程，每一项发明都是建立在前人研究成果的基础上；专利引用体现了专利之间的继承与借鉴，说明专利相互间存在技术联系。一件专利授权后可能被后续专利引用，被引次数即为一件专利被后续专利引用的频次；被引次数反映了被引专利的重要性和基础性，及其对后续发明创造的影响。

在专利有效期内，专利有可能发生专利权转让。专利权转让是指作为让与方的专利权人将其专利的所有权移交给受让方。此外，由于专利保护具有地域性，专利权人为防止其发明创造在国外被侵权，会在多个国家(或地区)继续利用该发明创造申请专利，即形成同族专利。基础专利是同族专利中第一件专利，同族专利中的其他专利是专利权人先后在其他国家(或地区)申请的，与基础专利相同的一系列专利。

### 8.1.3 专利特征与专利诉讼

本书旨在通过提前筛选出易引发诉讼的高风险专利，以专利预警应对潜在的专利诉讼。现实中专利诉讼必须明确到单个专利，因此，随着近年来专利诉讼数据的逐步积累和对外公开，有必要挖掘单个专利包含的个体信息。在此基础上，研究有助于开展针对特定专利的预警工作。为此，以专利申请书这一最早公开的专利文献为突破口，对其中的特征字段进行分析，同时，针对专利生命周期内的动态特征进行分析，揭示涉及诉讼专利的关键申请特征和关键动态特征，有助于提前筛选出易引发诉讼的高风险专利。

建立涉及诉讼专利和未涉及诉讼专利(分别简称为“诉讼专利”和“未诉讼专利”)对照组，定量分析上述两组专利在申请特征上的差异。为此，首先，结合已有的相关文献进行理论分析，提出相应的研究假设；然后，通过描述性统计，研究揭示诉讼专利和未诉讼专利在申请特征上的均值差异是否具有显著性；接着，构建申请特征与专利诉讼的回归模型，实证分析申请特征与专利诉讼的相关性；在此基础上，揭示涉及诉讼专利的关键申请特征，据此可以提前筛选出易引发诉讼的高风险专利。

为实现研究目标，首先，分析从提交专利申请后，所经历专利审批、专利维持、专利失效的生命周期中，研究提取这一过程中呈现特征值变化的专利动态特征；然后，建立诉讼专利和未诉讼专利的对照组，进行描述性统计分析，检验两组专利在动态特征上存在的差异是否具有显著性；最后，构建专利动态特征与专利诉讼的回归模型，基于以上的对照组数据，实证分析动态特征与专利诉讼的相关性，揭示涉及诉讼专利的关键动态特征，据此可提前筛选出易引发诉讼的高风险专利。

## 8.2 基于专利申请特征的专利预警

专利申请书是最早公开的专利文献，包含了大量专利信息；为此，针对专利申请特征开展研究，有助于尽早识别出高风险专利，从而利用最早公开的申请信息开展专利预警。

### 8.2.1 专利的申请特征

1. 研究假设

基于以上分析，将专利申请书中可能与专利诉讼发生存在关联的权利要求数、引用专利数、技术宽度和发明人个数作为专利申请特征引入回归模型，实证分析申请特征与专利诉讼的相关性，研究揭示与专利诉讼密切相关的关键申请特征，分析提出以下研究假设。

专利权利要求(Claim)是确定专利保护范围的主要依据，在专利申请以及后续的专利诉讼中具有关键作用。按照保护范围划分，专利权利要求可以进一步分为独立权利要求(independent claim)和从属权利要求(dependent claim)。其中，独立权利要求是从整体上反映发明创造的技术方案，记载解决其技术问题的必要技术特征，从属权利要求基于独立权利要求或在前的从属权利要求，用附加的技术特征对其引用的权利要求的保护范围做进一步限定(姜丹明，2005)。

根据专利权利要求保护范围的关系，权利要求(A)、独立权利要求(B)和从属权利要求(C)之间是一个大环套小环、环环相套的关系。具体来说，如图8.2所示，独立权利要求比从属权利要求限定的客体的保护范围更宽泛，从属权利要求的保护范围落在所引用的权利要求保护范围之内；这是因为从属权利要求中附加了新的技术特征，限制了前权利要求的保护范围。因此，从属权利要求的保护范围落在独立权利要求的保护范围之内，专利的保护范围主要取决于独立权利要求；独立权利要求数越多，意味着该专利的保护范围越大，增加了该专利被触及的可能性，专利权人也更容易以此发起专利诉讼。

假设H1：独立权利要求数越多，发生专利诉讼的概率越大。

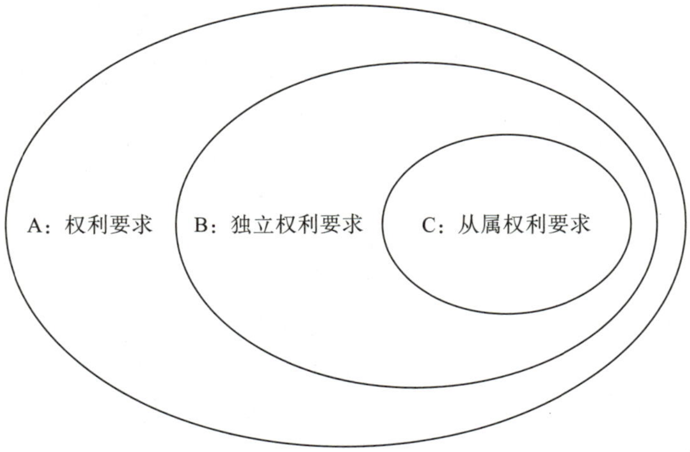


图8.2　权利要求关系示意图

引用专利是指在专利申请书中，引用的能够反映该项技术发明相关背景技术的专利文献。技术进步是累积创新的过程，每一项技术发明都是建立在前人研究成果的基础上；图8.3中，如果B专利的出现，部分建立在包含在A专利中的知识基础上，就称作B专利引用了 A 专利，构成了一个基本的引用过程。专利发明者在进行技术创新时，不可避免地要参考和借鉴已有的相关技术，并在进行专利申请时加以引用；在引用发明创造涉及的背景技术中，必须引证作为该发明进行创造或改进所针对的背景技术，也就是通常所说的记载了发明原型的那件文件。

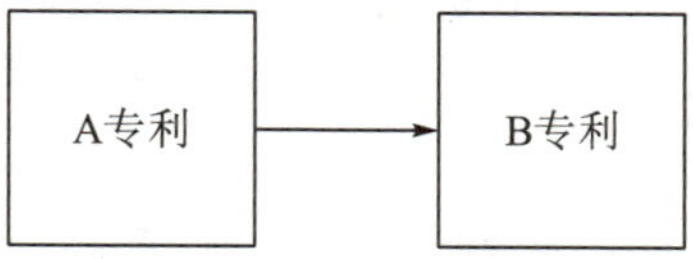


图 8.3　专利的引用

因此，专利引用能够反映专利技术之间的继承、发展和累积，专利申请书中引用的专利与该专利存在技术联系。专利引用反映了专利间的关系，这种关系的存在也说明创新具有渐进性和持续性。由于专利间存在复杂的技术联系和引用关系，形成了相互牵制并紧密关联的技术网络，这致使后续的技术创新实施需要依赖并牵动诸多的其他专利。

目前，有关引用专利数与专利诉讼关系的研究结论并不一致。例如，Cremers(2004)研究发现，引用专利数与专利诉讼概率呈正相关；Lanjouw 和 Schankerman(2001)通过实证研究结果显示，引用专利数、引用非专利数等衡量专利公开程度的变量与专利诉讼行为之间有负相关关系；Harhoff 和 Reitzig(2004)的研究结果表明，引用专利数与专利诉讼行为之间没有显著的相关性。本书认为，引用专利数越多，说明专利之间的技术联系越复杂，极易形成相互牵制并紧密关联的技术关系网络；这导致后续技术创新需要依赖并牵动诸多技术专利，从而引发更多的专利诉讼。

假设 H2：引用专利数越多，发生专利诉讼的概率越大。

技术宽度是指发明创造所涉及的技术领域的范围，在专利申请书中体现为 IPC 的数量。申请人提交专利申请书时，需要说明发明创造所涉及的技术领域范围；随着专利数量的不断增加和技术构成日益复杂化，一件技术专利可能涉及多个技术领域；在专利技术分类中，国际专利分类(IPC)是文献中最常使用的分类标准；因此，专利申请书中会相应提及多个 IPC 分类号，专利的技术宽度不断增加将对专利诉讼的发生产生重要影响。

一方面，技术宽度越大意味着该件专利涉及的技术领域越多，在其中任何一个技术领域都有可能引发专利诉讼，这相应地增加了专利诉讼发生的概率；另一方面，专利覆盖的技术范围越大，说明该技术专利可能的用途越多，因此也越具有价值(Lerner，1994)；价值越大的专利，对后续专利的参考借鉴意义越大，后续专利越有可能触及该专利权。因此，本书认为，技术宽度越大的专利，未来其专利权被其他专利触及的可能性越大，专利权人日后也更容易以此发起专利诉讼。

假设 H3：技术宽度越大，发生专利诉讼的概率越大。

发明人是指对专利技术的发明创造做出创造性贡献的人，无论发明人是否为专利权人，均与该专利存在直接或者间接的利益关系。在发明人是专利权人的情况下，则发明人应享有该专利未来收益的权利，因此，会对该专利是否被侵权将会予以高度关注。发明人个数越多，其中任何一个发明人认为该专利被侵权，都可能发起专利诉讼，这就增加了专利诉讼发生的可能性。此外，发明人个数越多，未来也越可能因利益分配而产生冲突，出现相互之间发起专利诉讼的情况。

在发明人非专利权人的情况下，由于发明人对发明创造做出了创造性贡献，也与该专利存在利益关系。例如，企业和高校作为专利权人持有的专利，如果在未来取得效益，其发明人在个人收入、职务晋升等方面都将得到回报。因此，发明人如果认为该专利被侵权，可能通过提醒和鼓动专利权人，促使专利权人发起专利诉讼，这也极大地增加了专利诉讼发生的概率。基于以上分析，本书认为，发明人个数越多，发生专利诉讼的概率越大。

假设 H4：发明人个数越多，发生专利诉讼的概率越大。

在此研究基础上，提出研究涉及的因变量和自变量，并对相关变量进行解释和定义。其中，因变量为专利诉讼发生与否，取值为 0 或 1，0 表示未发生诉讼，1 表示发生诉讼；自变量为独立权利要求数（独立权利要求的条数）、引用专利数（引用的专利文献数量）、技术宽度（涉及 IPC 小类的数量）和发明人个数（发明人的个数）；通过以上分析可以初步认为，独立权利要求数、引用专利数、技术宽度和发明人个数等自变量与专利诉讼发生与否这一因变量的预期符号均为“+”（表 8.1）。

**表 8.1　变量定义及预期符号**

| 变量类型 | 变量名称 | 变量取值及定义 | 预期符号 |
|---|---|---|---|
| 因变量 | 专利诉讼与否 | 诉讼为 1，未诉讼为 0 | |
| 自变量 | 独立权利要求数 | 独立权利要求的条数 | + |
| | 引用专利数 | 引用的专利文献数量 | + |
| | 技术宽度 | 涉及 IPC 小类的数量 | + |
| | 发明人个数 | 发明人的个数 | + |

*2. 研究方法*

为分析专利申请特征与专利诉讼的相关性，验证以上的研究假设，需要选择合适的回归模型进行统计分析。因变量专利诉讼发生与否是二分类变量，取值为 0 或 1，其中，0 表示未发生专利诉讼，1 表示发生专利诉讼。大量的分析表明，二分类因变量的发生概率与自变量之间不符合直线关系，而是呈现 S 形曲线关系，而且发生概率和自变量关系的 S 形曲线往往符合 Logit 函数关系，因此，可利用二分类 Logistic 回归模型对二分类因变量进行回归分析（张文彤和董伟，2013）；通过大量的分析实践，人们发现二分类 Logistic 回归模型可以很好地满足对二分类数据的建模需求，目前二分类 Logistic 回归模型成为二分类因变量的标准建模方法。

近年来，二分类 Logistic 回归模型被用于对专利领域的二分类因变量进行研究。Fischer 和 Henkel（2012）以专利钓饵并购与否为二分类因变量，以 IPC 分类号、后向引用等为自变量，构建二分类 Logistic 回归模型；陈傲等（2012）采用二分类 Logistic 回归模型，研究发明者合作状况、专利权人特征等对被引专利这个二分类因变量的影响；杨林和杨倩（2012）选取 Logistic 回归模型，分析我国信息技术行业高管团队结构差异性影响企业并购发生的概率与模式；方厚政和刘鹏（2013）研究专利拍卖与否这个二分类因变量与专利属性、拍卖方式等因素的相关性时，采用了二分类 Logistic 回归模型。因此，研究采用二分类 Logistic 回归模型，分析专利申请特征与专利诉讼的相关性。

Logistic 回归模型中的变量 $y$ 是表示专利诉讼发生与否的二分类变量，$y$ 取值为 1（$y_i$=1）表示发生专利诉讼，函数 $P$ 代表专利诉讼发生概率；可能与专利诉讼发生概率相关的申请特征包括独立权利要求数、引用专利数、技术宽度和发明人个数，将以上专利申请特征作为自变量，分别记为 $x_1$、$x_2$、$x_3$、$x_4$，得到估计发生专利诉讼概率的 Logistic 回归模型。

$$\mathrm{P}(y_i=1 \mid x_1, x_2, x_3, x_4)=\frac{1}{1+\exp(-Z)} \tag{8.1}$$

式中，$P(y_i=1 \mid x_1, x_2, x_3, x_4)$ 是专利 $i$ 发生专利诉讼的概率；$Z=\alpha_0+\beta_1x_1+\beta_2x_2+\beta_3x_3+\beta_4x_4$，其中，$\alpha_0$ 为常数项，$\beta_1$、$\beta_2$、$\beta_3$、$\beta_4$ 分别为自变量 $x_1$、$x_2$、$x_3$、$x_4$ 的回归系数。

由于 Logistic 回归模型是基于二分类数据进行分析，因此不但需要诉讼专利数据，还需要与诉讼专利对应的未诉讼专利数据作为对照组；将以上两组专利数据导入二分类 Logistic 回归模型，通过统计分析得到常数项、回归系数并进行显著性检验；在此研究基础上，通过对专利申请特征与专利诉讼的相关性进行统计分析，研究确定与专利诉讼密切相关的关键申请特征。

3. 研究样本

本节选取智能手机产业开展研究。智能手机是指“具有独立操作系统，用户可自行安装第三方服务商提供的程序，以不断扩充手机的功能，还可以通过移动通信网络，实现无线网络接入的一类手机的总称”（田青毅和张小琴，2009）。随着移动多媒体时代的到来、无线通信的兴起以及数字广播的普及，再加上各种新一代高级视频压缩算法的采用，手机已从普通的通话工具逐步向智能化发展，改变了人类生活、工作和交流方式；借助其操作系统和丰富的应用软件，智能手机便成了一台微型计算机。因此，智能手机技术涉及移动通信、电子信息和软件等众多相关领域，是具有典型代表性的技术领域，能够反映当代主流的技术特点。

美国是智能手机专利诉讼的主战场，能够反映近年来智能手机技术领域专利诉讼的情况。中国企业近年来已成为智能手机领域专利诉讼的主要目标，尤其在以美国为主的海外市场，遭遇专利诉讼的数量明显增加，使中国企业国际化经营面临着专利风险（漆苏，2013）；为此，有必要对中国企业进入的海外市场展开研究，美国是智能手机专利诉讼的主战场，华为公司、中兴通讯等在美国市场频繁遭受专利诉讼。

由于进行逻辑回归分析，需要专利的独立权利要求数、引用专利数、技术宽度以及发明人个数等作为数据基础，为此，研究需要获取较为完备的专利诉讼数据。目前，美国的专利诉讼信息对外公开程度较高，而且可以从专利数据库或者公开的网站上，获取研究所需的专利诉讼信息开展统计分析；相比之下，中国的专利诉讼信息公开程度低，仅涉及专利诉讼案件数量、涉及诉讼专利数量等，对单个专利包含的诉讼信息鲜有涉及，因此难以针对单个诉讼专利进行深入分析。

综上所述，选取美国智能手机产业的专利诉讼为研究样本。智能手机涉及移动通信、电子信息和软件等众多相关领域，能够反映当代主流的技术特点，是具有典型代表性的技术领域。近年来，专利权人大量申请和布置智能手机相关专利，导致专利纠纷和专利诉讼在该领域大量涌现，积累了足够的专利诉讼个案，能够获取足够的研究样本；美国是智能手机专利诉讼的主战场，而且诉讼信息对外公开程度高，可从专利数据库或公开网站中获取研究所需的诉讼信息开展统计分析。

智能手机领域的专利诉讼中，以苹果公司与三星电子之间的专利诉讼最具代表性。为了达到获取经济利益和竞争优势，以及打压竞争对手的目的，苹果公司与三星电子从2011年开始相互之间频繁起诉对方侵犯其智能手机专利权，相继在全球多个国家和地区展开了旷日持久的专利战，这对苹果公司和三星电子的业务拓展和企业形象产生了严重干扰。其中，2013年8月，苹果公司起诉三星电子 Galaxy S、Galaxy SII 和 Galaxy Nexus 等产品侵犯多项专利权，导致上述产品在美国市场被禁售(Brien，2013)；这严重干扰了三星电子的手机销售，使其2013年在美国市场的份额被苹果公司反超(Lella，2014)。

本节选用 Thomson Innovation 专利分析平台作为数据来源，对苹果公司和三星电子之间在美国涉及专利诉讼的部分专利进行分析。Thomson Innovation 专利分析平台集成了INPADOC 数据库、DWPI 数据库等多个专利数据库，涵盖全球主要国家(或地区)的专利数据以及相关文献；Thomson Innovation 专利分析平台收录了源自美国联邦地区法院的专利诉讼信息，例如，案件编号、诉讼日期、原告人、被告人和审理法院等详细字段的丰富信息，为研究美国的专利诉讼提供了必要的数据来源。

为此，本节首先，依托 Thomson Innovation 专利分析平台，利用相应的检索词，提取智能手机的专利；然后，将专利诉讼的原告(PF)和被告(DF)分别设为苹果公司和三星电子，同时，将专利诉讼日期(LFD)的截止时间设为2013年12月31日，提取截至2013年底苹果公司起诉三星电子侵权的专利；接着，将专利诉讼原告(PF)和被告(DF)分别设为三星电子和苹果公司，并将专利诉讼日期的截止时间设为2013年12月31日，提取截至2013年底三星电子起诉苹果公司侵权的专利；最后，逐条读取苹果公司和三星电子之间涉及诉讼专利的相关诉讼信息(表8.2)。

表8.2　涉及诉讼的专利

| 原告人 | 专利号 | 专利权人 | 内容 |
|---|---|---|---|
| Apple | USD604305 | Apple | 桌面横纵方格式图标布局及下方多个图标的一栏 Dock 设计 |
| Apple | USD504889 | Apple | 边缘的曲线设计、边缘界限、圆角、正面屏幕的简约美感 |
| Apple | US8046721 | Apple | 通过在解锁图像上执行手势解锁设备 |
| Apple | US7479949 | Apple | 应用程序触发操作命令的触摸屏设备、方法和图形用户界面 |
| Apple | US7912501 | Apple | 音频 I/O 耳机即插即用检测电路 |
| Apple | USD618677 | Apple | 前置扬声器插槽、简单整洁的正面设计和屏幕边界 |
| Apple | USD593087 | Apple | Home 按键、简单整洁的正面设计、圆角和正面的边缘界限 |
| Apple | USD670286 | Apple | 便携式显示装置圆角矩形的外观设计 |
| Samsung | US7706348 | Samsung | CDMA 编码和译码的传输格式化组合的装置和方法 |

表 8.2 分析表明，在苹果公司和三星电子涉及诉讼的专利中，关于人机界面和外观设计的改进型专利众多，以上专利未涉及智能手机的核心技术；例如，苹果公司起诉三星电子的美国专利 USD604305、USD504889、US8046721、US7479949、US7912501、USD618677、USD593087 和 USD670286，其技术内容分别是 ios 图标设计、边缘曲线和圆角设计、滑动解锁、启发式多点触控、耳机拔出插槽的侦测、前置扬声器插槽、Home 键和圆角矩形；三星电子起诉苹果公司的美国专利 US7706348，其技术内容是 CDMA 传输格式组合指标。

### 8.2.2 专利诉讼相关的关键申请特征

1. 数据来源及处理

对于筛选专利所用的检索词，本节采用杨铁军(2012)编写的《产业专利分析报告(第 5 册)》中研究确定的检索词。该报告是专门针对智能手机行业进行的专利分析，提出了智能手机专利数据检索的准确性和完整性的验证方法。以上分析报告首先通过与行业专家座谈、企业调研等活动，了解国内外智能手机的相关技术，对智能手机关键技术进行梳理和分析；然后，进一步将智能手机技术进行分解，确定智能手机专利技术分解表，以及各技术对应的相关检索词。

人机交互技术、应用与服务技术和低功耗设计技术是智能手机的关键技术。将人机交互技术进一步分解为触控技术、感应技术和语音识别技术等，将应用与服务技术进一步分解为视频通话、手机电视、基于位置服务、基于 PUSH 应用、基于 NFC 的应用等，将低功耗设计技术进一步分解为结构设计、操作模式、通信流程、系统进程和应用场景等。该分析报告还进一步提出，应当结合智能手机的这一关键词，对相关专利进行检索。在此基础上，该分析报告总结和提炼了人机交互、应用与服务和低功耗设计等关键技术对应的检索词。

该产业专利分析报告同时指出，应当利用 IPC 分类号(IPC 分类号是目前国际通用的专利文献分类和检索工具，也是为世界各国所必备)，对提取的相关专利进行技术领域的限定；并给出了具体涉及的 IPC 分类号，智能手机关键技术涉及的 IPC 分类号包括，H04Q7/32、H04W88/02、H04W88/04、H04W88/06、H04M1/73、H04W52/02、G06F3/041、G06F3/042、G06F3/043、G06F3/044、G06F3/045、G06F3/046 和 G06F3/047 等。

依托 Thomson Innovation 专利分析平台，首先，选取美国专利数据库(US Grant)，导入标题(TIO)、摘要(ABO)以及上述确定的 IPC 分类号，得到智能手机产业的相关专利；然后，将诉讼日期(LFD)的截止时间设定为 2013 年 12 月 31 日，从上述智能手机的相关专利中提取诉讼专利；通过以上操作步骤，检索得到美国智能手机产业的诉讼专利 251 件，然后读取以上 251 件诉讼专利的申请书，提取其独立权利要求数、引用专利数、技术宽度和发明人个数等专利申请特征，以此作为后续进行描述性统计和逻辑回归分析的基础数据。

在得到美国智能手机领域的诉讼专利数据的基础上，还需要设置对应的未诉讼专利作为研究的对照组，目的是屏蔽除自变量外其他因素的混杂作用，从而控制其他因素作用后自变量的独立作用大小。因此，在选取对照组时，要求两组样本除自变量之外的其他因素尽量相似，以减小其他因素对因变量产生的数据干扰；由于自变量与时间、专利权人有关，为此，针对诉讼专利匹配的未诉讼专利，需要同时满足以下三个条件，即同为智能手机专利、授权年度相同以及专利权人相同。

首先，利用以上确定的检索词和相关领域检索智能手机专利，并从中提取未诉讼专利；然后，针对诉讼专利数据，逐条筛选与其授权年度和专利权人相同的未诉讼专利；最后，从符合条件的未诉讼专利中，按照一对一匹配方法，随机抽取与诉讼专利对应的251件未诉讼专利，然后读取以上251件未诉讼专利的申请书，并对其独立权利要求数、引用专利数、技术宽度和发明人个数等专利申请特征进行逐条统计，以此作为后续分析的基础数据。

基于以上的专利检索和随机抽样，研究建立了诉讼专利和未诉讼专利两个对照组，对照组分别各有251件专利，总计502件专利。首先，将502件专利的独立权利要求数、引用专利数、技术宽度和发明人个数，导入SPSS 18.0软件，然后，针对总体样本进行描述性统计分析，计算总体样本在专利申请特征上的极大值、极小值、均值以及标准差，把握研究样本的总体特征。

表8.3分析表明，总体样本的独立权利要求数均值为3.986，标准差为3.486，引用专利数的均值为36.691，标准差为77.280，技术宽度的均值为36.691，标准差为77.280，发明人个数的均值为2.368，标准差为1.813。独立权利要求数、引用专利数、技术宽度、发明人个数的极大值分别为30、794、16、15；在此基础上，采用均值*t*-检验，考察诉讼专利和未诉讼专利在申请特征上的差异是否具有显著性。

**表8.3 总体样本统计**

| 变量 | 极小值 | 极大值 | 均值 | 标准差 |
|---|---|---|---|---|
| 专利诉讼与否 | 0 | 1 | 0.500 | 0.501 |
| 独立权利要求数 | 0 | 30 | 3.986 | 3.486 |
| 引用专利数 | 1 | 794 | 36.691 | 77.280 |
| 技术宽度 | 1 | 16 | 3.341 | 2.340 |
| 发明人个数 | 1 | 15 | 2.368 | 1.813 |

2. 均值*t*-检验

针对诉讼专利和未诉讼专利两组数据进行均值*t*-检验，以考察两组专利数据在申请特征上的差异是否具有显著性。为此，首先，计算两组专利数据在申请特征上的均值和标准差，以了解两组专利数据的整体状况和分布规律；然后，进行均值*t*-检验，以考察两组专利数据在申请特征上的差异是否具有显著性。

检验结果表明，诉讼专利的独立权利要求数、引用专利数、技术宽度和发明人个数等申请特征的均值高于未诉讼专利，且诉讼专利和未诉讼专利在以上申请特征上的均值差异具有显著性。其中，诉讼专利的独立权利要求数、引用专利数、技术宽度和发明人个数申请特征的均值分别为4.626、64.378、4.371和2.566；未诉讼专利对应均值分别为3.347、9.004、2.311和2.171；诉讼专利和未诉讼专利在以上申请特征上的均值差异具有显著性，且分别在1%、1%、1%和5%的置信水平上显著。在此基础上，将以上专利申请特征引入回归模型，通过构建专利申请特征与专利诉讼的回归模型，分析专利申请特征与专利诉讼的相关性(表 8.4)。

**表 8.4　均值 t-检验**

| 变量 | 诉讼专利(N=251) | | 未诉讼专利(N=251) | | t-检验 |
| --- | --- | --- | --- | --- | --- |
| | 均值 | 标准差 | 均值 | 标准差 | t 值 |
| 独立权利要求数 | 4.626 | 4.159 | 3.347 | 2.495 | −4.177*** |
| 引用专利数 | 64.378 | 101.872 | 9.004 | 7.146 | −8.591*** |
| 技术宽度 | 4.371 | 2.800 | 2.311 | 1.000 | −10.975*** |
| 发明人个数 | 2.566 | 2.163 | 2.171 | 1.353 | −2.449** |

注：*表示在 10%的置信水平上显著，**表示在 5%的置信水平上显著，***表示在 1%的置信水平上显著。

### 3. 多重共线性检验

考虑到多个自变量之间可能会存在多重共线性(Multi collinearity)，即自变量间由于存在高度的相关关系，使模型估计失真。因此，在进行回归分析之前，需要首先对自变量之间是否存在多重共线性进行检验，否则，可能出现“伪回归”现象。例如，变量的显著性检验失去意义、模型的预测功能失效、参数估计量经济含义不合理以及完全共线性下参数估计量不存在、近似共线性下最小二乘法(OLS)估计量非有效等，使构建的回归模型失效。

由于存在多重共线性的变量之间具有高度的相关关系，为此，可以利用相关系数(correlation coefficient，CC)以及容许度(Tolerance，$TOL_i$)、方差膨胀因子(variance inflation factor，VIF)等共线性统计量，检验独立权利要求数、引用专利数、技术宽度和发明人个数等专利申请特征之间的多重共线性。

为计算独立权利要求数、引用专利数、技术宽度和发明人个数等申请特征间的相关系数。首先，将诉讼专利和未诉讼专利的相关数据导入 SPSS 18.0 软件；然后，选择 Pearson 简单相关系数选项，对各自变量之间的相关系数进行计算。

相关系数的分析结果表明，独立权利要求数、引用专利数、技术宽度和发明人个数等申请特征之间的相关系数低于 0.300。其中，引用专利数和技术宽度之间的相关系数最大，为 0.272；独立权利要求数和发明人个数之间的相关系数最小，为 0.038；独立权利要求数和引用专利数、技术宽度之间的相关系数分别是 0.070、0.073；发明人个数和引用专利数、技术宽度之间的相关系数分别是 0.121、0.124。一般认为，相关系数大于 0.750，变量之间可能存在多重共线性影响；因此，可以初步判断上述申请特征之间不存在多重共线性现象(表 8.5)。

**表 8.5　相关系数**

| 变量 | 1 | 2 | 3 | 4 |
| --- | --- | --- | --- | --- |
| 独立权利要求数 | 1.000 | | | |
| 引用专利数 | 0.070 | 1.000 | | |
| 技术宽度 | 0.073 | 0.272 | 1.000 | |
| 发明人个数 | 0.038 | 0.121 | 0.124 | 1.000 |

为了计算独立权利要求数、引用专利数、技术宽度和发明人个数等申请特征的容许度、方差膨胀因子等共线性统计量，以检验以上专利申请特征之间是否存在多重共线性现象，在将相关数据导入 SPSS 18.0 软件的基础上，利用共线性诊断命令进行计算。

检验结果表明，独立权利要求数、引用专利数、技术宽度和发明人个数等申请特征的容许度取值范围均在 0.915～0.991，方差膨胀因子的取值范围均在 1.009～1.093；一般认为，容许度的取值范围小于等于 0.100、方差膨胀因子的取值范围大于等于 10.0，变量之间可能存在多重共线性的影响。因此，独立权利要求数、引用专利数、技术宽度和发明人个数等申请特征之间不存在多重共线性，满足后续进行回归分析的前提条件(表 8.6)。

**表 8.6　共线性统计量**

| 变量 | 非标准化系数 | | 共线性统计量 | |
|---|---|---|---|---|
| | *B* | 标准误差 | $TOL_i$ | VIF |
| 独立权利要求数 | 0.020 | 0.006 | 0.991 | 1.009 |
| 引用专利数 | 0.002 | 0.000 | 0.916 | 1.092 |
| 技术宽度 | 0.077 | 0.009 | 0.915 | 1.093 |
| 发明人个数 | 0.008 | 0.011 | 0.976 | 1.025 |
| 常量 | 0.086 | 0.044 | | |

4. Logistic 回归分析

以专利诉讼发生与否为因变量，以独立权利要求数、引用专利数、技术宽度和发明人个数等申请特征为自变量，在导入相关数据的基础上，利用 SPSS 18.0 软件“分析”菜单的“二元 Logistic 回归”子菜单，构建申请特征与专利诉讼的 Logistic 回归模型，实证分析申请特征与专利诉讼的相关性。

模型整体显著性检验的结果表明，卡方为 281.933，自由度为 4，显著性概率为 0.000，即该回归模型整体在 1%的置信水平上显著，这说明研究构建的申请特征与专利诉讼的 Logistic 回归模型，在统计意义上具有显著性，据此可对模型中的各变量进行参数估计(表 8.7)。

**表 8.7　模型系数的综合检验**

| 变量 | | 卡方 | df | Sig. |
|---|---|---|---|---|
| 步骤 1 | 步骤 | 281.933 | 4 | 0.000 |
| | 块 | 281.933 | 4 | 0.000 |
| | 模型 | 281.933 | 4 | 0.000 |

参数估计的结果表明，独立权利要求数、引用专利数、技术宽度与专利诉讼的发生概率有显著的正向关系；其中，独立权利要求数的回归系数为正值，且在 1%的置信水平上显著($p$=0.010)，研究假设 H1 通过验证，即独立权利要求数越多，发生专利诉讼的概率越大(表 8.8)。

表 8.8　Logistic 回归模型

| 变量 | 回归系数 | 标准差 | Wald 统计量 | 自由度 | 显著性 |
|---|---|---|---|---|---|
| 独立权利要求数 | 0.115*** | 0.045 | 6.647 | 1 | 0.010 |
| 引用专利数 | 0.099*** | 0.016 | 39.961 | 1 | 0.000 |
| 技术宽度 | 0.660*** | 0.092 | 51.474 | 1 | 0.000 |
| 发明人个数 | 0.058 | 0.087 | 0.440 | 1 | 0.507 |
| 常数项 | -4.062*** | 0.438 | 85.923 | 1 | 0.000 |

注：*表示在 10%的置信水平上显著，**表示在 5%的置信水平上显著，***表示在 1%的置信水平上显著。

引用专利数的回归系数为正值，且在 1%的置信水平上显著($p$=0.000)，研究假设 H2 通过了验证，即引用专利数越多，发生专利诉讼的概率越大；技术宽度的回归系数为正值，且在 1%的置信水平上显著($p$=0.000)，研究假设 H3 通过验证，即技术宽度越大，发生专利诉讼的概率越大；发明人个数的回归系数为正值，但是没有通过显著性检验，这说明发明人个数与专利诉讼的发生可能存在正向关系，但在统计上不具有显著性($p$=0.507)，研究假设 H4 未通过验证。

在此基础上，进一步检验模型的拟合优度，以评价模型估计与观测数据的拟合程度。利用 Hosmer-Lemeshow 拟合优度检验(简称 H-L)，对 Logistic 回归模型进行拟合优度检验。Hosmer-Lemeshow 拟合优度检验首先根据模型预测概率的大小，将所有观察单位十等分；然后根据各组因变量的实测值与理论值，计算 Pearson 卡方，将观测概率按其预测概率进行升序排列，第一组包括预测概率最小的那些观测案例，而最后一组包括预测概率最大的那些观测案例；最后，根据自由度为 8(在零假设下，该统计量近似服从自由度为 J-2 的卡方分布，J 通常为 10)的卡方分布，计算其值并对模型进行检验。

Hosmer-Lemeshow 拟合优度检验思路是比较因变量的观测值和模型的预测值，零假设为二者之间不存在显著差异，如果 $P$ 值大于给定的显著性水平(一般包括 1%、5%或 10%，其中，$P$ 值以大于 10%的显著性水平为拟合程度良好)，则接受零假设，说明因变量的观测值和模型的预测值不存在显著性的差异，模型拟合程度良好；反之，如果 $P$ 值小于或等于给定的显著性水平，则拒绝零假设，说明因变量的观测值和模型的预测值存在显著性差异，模型拟合程度欠佳。

为此，利用 SPSS 18.0 软件中“二元 Logistic 回归”选项中的“Hosmer-Lemeshow 拟合度”复选框，进行回归模型的拟合优度检验。Hosmer-Lemeshow 拟合优度检验的结果显示，卡方为 0.070，df 为 8，$P$ 值为 0.161，大于给定的 10%的显著性水平，即接受零假设，统计结果表明，因变量的观测值与模型的预测值之间不存在显著差异，这说明模型估计与研究数据的拟合程度良好；这也说明以上研究构建的回归模型具有良好的预测作用，据此与专利诉讼密切相关的关键申请特征，可以对单个专利未来发生诉讼的概率进行测算和分析，进而可提前筛选出易引发诉讼的高风险专利(表 8.9)。

表 8.9　Hosmoer-Lemeshow 拟合优度检验

| 步骤 | 卡方 | df | $P$ 值 |
|---|---|---|---|
| 1 | 0.070 | 8 | 0.161 |

以上的研究结果表明，静态特征包括独立权利要求数、引用专利数、技术宽度与专利诉讼的发生概率有显著的正向关系，是涉及诉讼专利的关键申请特征；这意味着独立权利要求数多、引用专利数多和技术宽度大的专利，未来容易引发专利诉讼，这为应对快速增长的专利诉讼，必须高度警惕此类高风险专利。因此，在进行专利预警分析时，可将此回归模型，作为定量分析工具，针对目标领域的特定专利，将其独立权利要求数、引用专利数和技术宽度作为关键申请特征引入回归模型，对发生专利诉讼的概率进行评估和测算，从而提前筛选出易引发诉讼的高风险专利。

### 8.2.3　关键申请特征在专利预警的应用

本节以最早公开的专利申请书为研究突破口。首先，对专利申请书的特征字段进行分析，提取其中的独立权利要求数、引用专利数、技术宽度和发明人个数等作为专利申请特征；然后，建立涉及诉讼专利和未涉及诉讼专利的对照组，定量分析两组专利数据在申请特征上的差异；最后，构建专利申请特征与专利诉讼的回归模型，实证分析专利申请特征与专利诉讼之间的相关性；在此基础上，研究揭示涉及诉讼专利的关键申请特征。

研究表明，独立权利要求数、引用专利数、技术宽度与专利诉讼发生概率有显著的正向关系，且在 1%的置信水平上显著，是涉及诉讼专利的关键申请特征；发明人个数的回归系数虽然亦为正值，但未通过显著性检验，在统计上不具有显著性；研究构建的回归模型具有良好的预测作用，可以以此回归模型为定量分析工具，对专利诉讼发生概率进行测算分析；这意味着独立权利要求数多、引用专利数多和技术宽度大的专利，未来容易引发专利诉讼；据此与专利诉讼密切相关的关键特征，可以提前筛选易引发诉讼的高风险专利。

近年来，专利诉讼已发展成为企业重要的竞争工具和牟利手段，应对这一新的竞争态势，中国企业还缺乏经验和策略，亟待开展系统和深入的专利预警。面对日益膨胀、错综复杂的专利文献和统计数据，以最早公开的专利申请书为基础数据来源，有利于针对目标技术领域的特定专利，开展专利预警分析；在进行专利预警分析时，应将相关专利的独立权利要求数、引用专利数以及技术宽度作为关键申请特征引入回归模型，以此评估和预测其在未来发生专利诉讼的概率，从而提前筛选出易引发诉讼的高风险专利，这将为应对潜在的专利诉讼提供必要的管理支持。

## 8.3　基于专利动态特征的专利预警

在上一章中，以专利申请书作为突破口，研究揭示了涉及诉讼专利的关键申请特征，而相对应的专利动态特征在专利的生命周期内，是一直处于动态演变之中。为此，有必要针对专利申请提交后经历专利审批、专利维持、专利失效的生命演进周期，分析提取这一演进过程中呈现特征值变化的专利动态特征，研究揭示与专利诉讼密切相关的关键动态特征，据此及时筛选出易引发专利诉讼的高风险专利，从而对潜在的专利诉讼开展专利预警。

### 8.3.1 专利的动态特征

1. 研究假设

专利生命周期始于专利申请，如果对某件申请存在疑问或异议，将延迟审批或退回修改，专利的审批时间将相应延长，这些专利在未来可能易引发专利诉讼；一件专利在获得授权后，可能会被后续专利引用，被引次数越多说明与后续专利的技术联系越复杂，这可能意味着专利诉讼风险的升高，因此，被引次数也是值得关注的动态变量；在专利的有效期内，专利还可能发生专利权转让的情况，转让次数越多说明与该专利存在利益关系的主体越多，这可能增加发生专利诉讼的可能性；由于专利具有地域性，一项发明可能在多个国家申请专利，从而形成同族专利，同族专利数越多说明专利越有经济价值，这可能与专利诉讼的发生存在某种关联。

基于以上分析，在专利从申请提交后经历的专利审批、专利维持、专利失效的生命周期中，审批时间、被引次数、转让次数和同族专利数是值得关注的动态变量，可能与专利诉讼发生存在相关性。为此，提取审批时间、被引次数、转让次数和同族专利数等动态特征；在此基础上，构建专利动态特征与专利诉讼的回归模型，实证分析专利动态特征与专利诉讼的相关性，研究揭示与专利诉讼密切相关的关键动态特征。

专利申请人为了在可能发生的专利诉讼中处于有利位置，在撰写申请书时，可能存在蓄意扩大专利保护范围的行为，导致出现延迟审批或者多次退回修改的情况。由于申请人可以对不符合法律条款规定的申请文件进行修改，这可能会延长审批时间(黄敏，1997)；申请人可能通过不断修改、增加新的权利要求或技术要素，申请权利要求宽泛的专利，以拓宽其保护范围(Lemley and Shapiro，2005)；申请人还可能策略性地运用晦涩的语言撰写专利申请书，导致审查难度增大、审查时间延长(Xie and Giles，2011)。

综上所述，专利申请的审批时间越长，说明专利管理部门或者第三方对该专利申请文件越存在异议或疑问，甚至可能存在将专利申请文件一次或多次退回申请人进行修改的情况；专利申请的审批时间越短，说明专利管理部门或者第三方对专利申请文件存在的异议或疑问越小。因此，存在疑问或异议越多的专利申请表现为审批时间越长，专利权人未来也更容易以此发起专利诉讼。

假设 H1：审批时间越长，发生专利诉讼的概率越大。

由于技术进步是累积创新的过程，每一项发明创造都建立在前人研究成果的基础上；如果专利 Y 的出现部分地建立在包含于专利 X 中的知识基础上，称作专利 Y 引用专利 X；专利引用体现了专利之间的继承与借鉴，说明相互间存在技术联系；一项专利授权后可能被后续专利引用，被引次数即为一项专利被后续专利引用的频次，其特征值呈现动态变化；被引次数反映了被引专利的重要性和基础性，及其对后续发明创造的影响(图 8.4)。

某项专利的被引次数越多，说明围绕该专利的后续技术创新越多，意味着该专利与后续专利之间的引用关系和技术联系越复杂，易形成相互牵制并紧密关联的技术网络，致使诸多后续技术创新需要依赖并牵动该专利，增加了发生专利诉讼的可能性；尤其在技术构成日益复杂化以及专利数量迅速增加的背景下，专利之间的技术联系愈加复杂，相互之间的牵制性和依赖性更为突出，也易引发更多的专利诉讼；因此本节认为，被引次数越多，未来发生专利诉讼的概率越大。

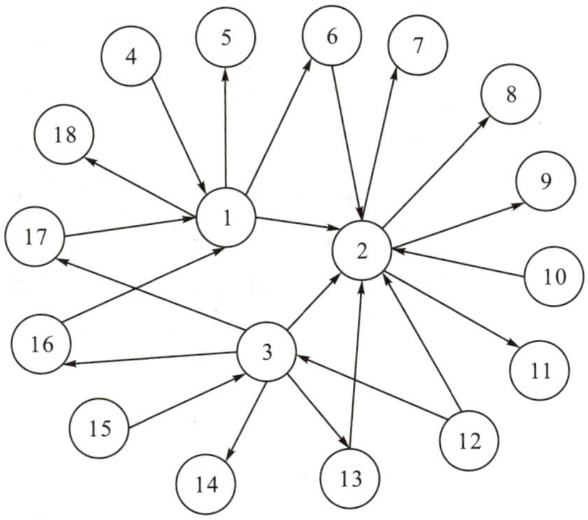


图 8.4　专利技术联系示意图

假设 H2：被引次数越多，发生专利诉讼的概率越大。

在有效期内，专利还可能发生专利权转让的情况。由于专利权人享有该专利未来收益的权利，专利转让次数越多，则与该专利存在利益关系的主体越多；其中任何一位专利权人认为该专利被侵权，都可能以此发起诉讼；此外，专利转让次数越多，历任专利权人之间可能因利益冲突而相互发起诉讼，这也相应增加了专利诉讼发生的概率。

由于专利转让需支付转让费用、评价费用和机构代理费等，因此，受让方愿意支付费用获取专利权，说明对该专利预期的经济价值超过其支付的费用，未来更可能通过发起专利诉讼牟取经济利益。投入巨资于研发的企业更容易成为被诉对象，而购买专利的企业更倾向于提起专利诉讼(Bessen and Meurer，2013)；发生多次诉讼的专利相比仅发生过一次诉讼的专利，本身将会进行更多次的专利交易(Allison et al.，2009)。

假设 H3：转让次数越多，发生专利诉讼的概率越大。

由于同族专利申请和维护需要支付高昂的费用，而对专利经济价值最清楚的是专利权人，专利权人主要通过比较未来收益与申请维护费用的多少来决定是否扩大同族专利；只有当预期收益大于其支付的同族专利的申请及维护费用，在经济上有利可图时，专利权人才会选择继续申请和维护更多的同族专利。

考虑到专利多国申请需要支付的申请和维护费用，同族专利数可以反衬技术发明的重要性和经济价值(李清海等，2009)；专利权人只有在专利预期的经济价值大于其支付的申请和维护等相关费用时，才会考虑不断申请并扩大同族专利的数量。因此，同族专利数量越多说明专利权人预期该专利的经济价值越大，未来越有可能以此发起诉讼，以牟取经济收益和竞争优势；此外，同族专利数量越多的专利，其中任何一个专利出现被侵权或涉及专利诉讼的情况，都可能促使专利权人对其他国家(或地区)的同族专利予以高度警惕，分析其他同族专利是否也存在被侵权的行为，这也增加了专利诉讼发生的可能性；综上所述，同族专利数量越多，该专利未来发生专利诉讼的概率越大。

假设 H4：同族专利数越多，发生专利诉讼的概率越大。

在上述分析的基础上，提出研究涉及的因变量和自变量，并对相关变量进行解释和定义；其中，因变量为专利诉讼发生与否，取值为 0 或 1，其中，0 表示未发生诉讼，1 表示发生诉讼；自变量包括审批时间(专利申请日至专利授权日的时间跨度)、被引次数(专利被引的频次)、转让次数(专利权转让的次数)和同族专利数(同族专利的数量)；经过以上分析，初步认为，审批时间、被引次数、转让次数和同族专利数等自变量与专利诉讼发生与否这一因变量的预期符号均为“+”(表 8.10)。

**表 8.10　变量定义及预期符号**

| 变量类型 | 变量名称 | 变量取值及定义 | 预期符号 |
|---|---|---|---|
| 因变量 | 专利诉讼与否 | 发生诉讼为 1，未发生诉讼为 0 | |
| 自变量 | 审批时间 | 申请日至授权日的时间跨度 | + |
| | 被引次数 | 专利被引的频次 | + |
| | 转让次数 | 专利权转让的次数 | + |
| | 同族专利数 | 同族专利的数量 | + |

为了验证以上的研究假设，首先，将诉讼专利和未诉讼专利作为研究的对照组，对两组专利的动态特征进行统计检验分析；其次，通过描述性统计，分析诉讼专利和未诉讼专利在动态特征上的显著性差异；然后，构建动态特征与专利诉讼的回归模型，实证分析动态特征与专利诉讼的相关性；在此基础上，揭示与专利诉讼密切相关的关键动态特征，据此筛选易引发诉讼的高风险专利。

2. 研究方法

为分析专利动态特征与专利诉讼的相关性，验证以上的研究假设，需要选择合适的回归模型进行统计分析。因变量专利诉讼发生与否是二分类变量，取值为 0 或 1，其中，0 表示未发生专利诉讼，1 表示发生专利诉讼；大量的分析表明，二分类因变量的发生概率与自变量之间不符合直线关系，而是呈现 S 形曲线关系，且发生概率和自变量关系的 S 型曲线往往符合 Logit 函数关系，因此，可利用二分类 Logistic 回归模型对二分类因变量进行回归分析；通过大量的分析实践，人们发现二分类 Logistic 回归模型可以很好地满足对二分类数据的建模需求，目前二分类 Logistic 回归模型成为二分类因变量的标准建模方法。针对因变量专利诉讼发生与否是二分类变量，本书采用二分类 Logistic 回归模型，研究揭示与专利诉讼发生与否这个二分类变量密切相关的专利动态特征。

Logistic 回归模型中的变量 $y$ 是表示专利诉讼发生与否的二分类变量，$y$ 取值为 1 ($y_i$=1) 表示发生专利诉讼，函数 P 代表专利诉讼发生概率；可能与专利诉讼发生概率相关的专利动态特征包括审批时间、被引次数、转让次数和同族专利数，将以上专利动态特征作为自变量，分别记为 $x_1$、$x_2$、$x_3$、$x_4$，得到估计发生专利诉讼概率的 Logistic 回归模型，即

$$P(y_i = 1 | x_1, x_2, x_3, x_4) = \frac{1}{1+\exp(-Z)} \tag{7.2}$$

式中，$P(y_i=1| x_1, x_2, x_3, x_4)$是专利 $i$ 发生专利诉讼的概率；$Z=\alpha_0+\beta_1x_1+\beta_2x_2+\beta_3x_3+\beta_4x_4$，其中，$\alpha_0$为常数项，$\beta_1$、$\beta_2$、$\beta_3$、$\beta_4$分别为自变量 $x_1$、$x_2$、$x_3$、$x_4$ 的回归系数。

由于 Logistic 回归模型是基于二分类数据进行分析，因此不但需要诉讼专利数据，还需要与诉讼专利对应的未诉讼专利数据作为对照组；将以上两组专利数据导入二分类 Logistic 回归模型，通过统计分析得到常数项、回归系数并进行显著性检验；在此研究基础上，通过对专利动态特征与专利诉讼的相关性进行统计分析，研究确定与专利诉讼密切相关的关键动态特征。

3. 研究样本

本节选取智能手机产业开展研究。智能手机技术涉及移动通信、电子信息和软件等众多相关领域，是具有典型代表性的技术领域，能够反映当代主流的技术特点。为进行逻辑回归分析，需提取单个专利的审批时间、被引次数、转让次数和同族专利数等动态特征作为数据基础，为此，研究需获取较为完备的专利诉讼数据。目前，美国的专利诉讼信息对外公开程度较高，而且可从专利数据库或公开网站，获取研究所需的专利诉讼信息开展统计分析；而中国专利诉讼信息公开程度低，仅涉及专利诉讼案件数量、涉及诉讼专利数量等，对单个专利包含的诉讼信息鲜有涉及，因此，难以针对单个诉讼专利进行深入分析。

### 8.3.2　专利诉讼相关的关键动态特征

1. 数据来源及处理

为获取历年来的专利诉讼数据，本节选用 Thomson Innovation 专利分析平台作为数据来源。对于筛选智能手机专利所用的检索词，采用《产业专利分析报告(第 5 册)》中研究确定的检索词。在提出智能手机关键技术及其相应检索词的基础上，应该利用 IPC 分类号，对提取的相关专利进行技术领域的限定。

因此，依托 Thomson Innovation 专利分析平台，首先，选取美国专利数据库，将标题、摘要以及 IPC 分类号设为上述报告确定的，得到智能手机产业的相关技术专利；然后，将诉讼日期的截止时间设定为 2015 年 12 月 31 日，从上述智能手机相关专利中提取涉及诉讼的专利，检索得到美国智能手机产业的诉讼专利 492 件；逐条提取以上 492 件诉讼专利的审批时间、被引次数、转让次数和同族专利数等专利动态特征，作为后续分析的基础数据。

在得到研究样本的诉讼专利数据基础上，还需对应的未诉讼专利作为对照组，目的是屏蔽除自变量之外其他因素的混杂作用，从而控制其他因素作用后自变量的独立作用大小。因此，在选取对照组时，要求两组样本除自变量之外的其他因素尽量相似，以减小其他因素对因变量产生的数据干扰；由于专利动态特征涉及的变量，与时间以及专利权人相关，为此，未诉讼专利需要同时满足以下三个条件，即同为智能手机专利、授权年度相同以及申请人相同。

综上所述，首先，依托 Thomson Innovation 专利分析平台，利用以上分析确定的检索词和相关 IPC 分类号检索智能手机的专利，并从中提取未诉讼专利；然后，针对诉讼专利数据，逐条筛选与其申请年度和专利权人相同的未诉讼专利；最后，从符合条件的未诉讼专利中，按照一对一匹配方法，随机抽取与诉讼专利对应的 492 件未诉讼专利，然后对以上 492 件未诉讼专利的审批时间、被引次数、转让次数和同族专利数等进行逐条统计，以此作为后续进行描述性统计以及逻辑回归分析的基础数据。

基于以上检索和抽样，建立诉讼专利和未诉讼专利两个对照组数据，分别各有 492 件专利，总计 984 件专利。首先，将以上 984 件专利的审批时间、被引次数、转让次数和同族专利数，导入 SPSS 18.0 软件；然后，针对总体样本进行描述性统计分析，计算总体样本在专利动态特征上的极大值、极小值、均值以及标准差，把握研究样本的总体特征。

分析表明，总体样本的审批时间的均值为 2.460，标准差为 1.701；被引次数的均值为 59.203，标准差为 118.324；转让次数的均值为 2.110，标准差为 2.395；同族专利数的均值为 26.338，标准差为 78.861(表 8.11)。在此基础上，采用均值 *t*-检验，考察诉讼专利和未诉讼专利在动态特征上的差异是否具有显著性。

**表 8.11　总体样本统计**

| 变量 | 极小值 | 极大值 | 均值 | 标准差 |
| --- | --- | --- | --- | --- |
| 专利诉讼与否 | 0 | 1 | 0.500 | 0.500 |
| 审批时间 | 0.23 | 11.68 | 2.460 | 1.701 |
| 被引次数 | 0 | 1426 | 59.203 | 118.324 |
| 转让次数 | 0 | 20.00 | 2.110 | 2.395 |
| 同族专利数 | 0 | 1521 | 26.338 | 78.861 |

2. 均值 *t*-检验

针对诉讼专利和未诉讼专利两组数据进行均值 *t*-检验，以考察两组专利数据在动态特征上的差异是否具有显著性。为此，首先，计算两组专利数据在动态特征上的均值和标准差，以了解两组专利数据的整体状况和分布规律；然后，进行均值 *t*-检验，以考察两组专利数据在动态特征上的差异是否具有显著性。

结果表明，诉讼专利的审批时间、被引次数、转让次数和同族专利数等动态特征的均值高于未诉讼专利，且诉讼专利和未诉讼专利在审批时间、被引次数和转让次数上的均值差异具有显著性(表 8.12)。

**表 8.12　均值 *t*-检验**

| 变量 | 诉讼专利(*N*=492) | | 未诉讼专利(*N*=492) | | *t*-检验 |
| --- | --- | --- | --- | --- | --- |
| | 均值 | 标准差 | 均值 | 标准差 | *t* 值 |
| 审批时间 | 3.251 | 1.806 | 1.669 | 1.132 | −8.854*** |
| 被引次数 | 91.358 | 155.016 | 27.049 | 43.905 | −16.460*** |
| 转让次数 | 2.835 | 2.820 | 1.384 | 1.575 | −9.966*** |
| 同族专利数 | 29.425 | 40.305 | 23.252 | 103.957 | −1.228 |

注：*表示在 10%的置信水平上显著，**表示在 5%的置信水平上显著，***表示在 1%的置信水平上显著。

其中，诉讼专利的审批时间、被引次数、转让次数和同族专利数等动态特征的均值分别为 3.251、91.358、2.835 和 29.425，未诉讼专利对应均值分别为 1.669、27.049、1.384 和 23.252；诉讼专利和未诉讼专利在审批时间、被引次数和转让次数上的均值差异具有显著性，且均在 1%的置信水平上显著；在此基础上，进一步将以上专利动态特征引入回归模型，通过构建专利动态特征与专利诉讼的回归模型，分析专利动态特征与专利诉讼的相关性。

3. 多重共线性检验

考虑到多个自变量之间可能存在多重共线性(Multi-collinearity)，即自变量间由于存在高度的相关关系，使模型估计失真；因此，在进行回归分析之前，需要首先对自变量之间是否存在多重共线性进行检验，否则，可能出现“伪回归”现象。例如，变量的显著性检验失去意义、模型的预测功能失效、参数估计量经济含义不合理以及完全共线性下参数估计量不存在、近似共线性下最小二乘法(OLS)估计量非有效等，使构建的回归模型失效。

由于存在多重共线性的变量之间具有高度的相关关系，为此，可以利用相关系数以及容许度(Tolerance，$TOL_i$)、方差膨胀因子(variance inflation factor，VIF)等共线性统计量，来检验审批时间、被引次数、转让次数和同族专利数等专利动态特征之间的多重共线性。

为了计算审批时间、被引次数、转让次数和同族专利数等动态特征之间的相关系数，以检验以上专利动态特征之间是否存在多重共线性，首先，将诉讼专利和未诉讼专利的相关数据导入 SPSS 18.0 软件；然后，选择“双变量相关”命令，并在弹出的对话框中选择“Pearson 简单相关系数”选项，对各自变量之间的相关系数进行计算。

分析结果表明，审批时间、被引次数、转让次数和同族专利数等动态特征之间的相关系数均低于 0.250，其中，被引次数和转让次数之间的相关系数最大，同族专利数和审批时间的相关系数最小；一般认为，相关系数大于 0.750，变量间可能存在多重共线性影响；因此，可初步判断审批时间、被引次数、转让次数和同族专利数等动态特征之间不存在多重共线性现象(表 8.13)。

表 8.13　相关系数

| 变量 | 1 | 2 | 3 | 4 |
|---|---|---|---|---|
| 审批时间 | 1.000 | | | |
| 被引次数 | 0.126 | 1.000 | | |
| 转让次数 | 0.179 | 0.212 | 1.000 | |
| 同族专利数 | −0.004 | 0.035 | −0.021 | 1.000 |

为了计算审批时间、被引次数、转让次数和同族专利数等动态特征的容许度、方差膨胀因子等共线性统计量，以检验以上专利动态特征之间是否存在多重共线性，在将相关数据导入 SPSS 18.0 软件的基础上，利用“分析”菜单的“线性回归”子菜单，选择“统计

量”中的“共线性诊断”命令进行计算。

检验结果表明，审批时间、被引次数、转让次数和同族专利数等动态特征的容许度取值范围均在 0.960～0.998，方差膨胀因子的取值范围均在 1.002～1.074；一般认为，容许度的取值范围小于等于 0.100、方差膨胀因子的取值范围大于等于 10.0，变量之间可能存在多重共线性。因此，审批时间、被引次数、转让次数和同族专利数等动态特征之间不存在多重共线性，满足后续进行回归分析的前提条件(表 8.14)。

**表 8.14　共线性统计量**

| 变量 | 非标准化系数 | | 共线性统计量 | |
|---|---|---|---|---|
| | B | 标准误差 | $TOL_i$ | VIF |
| 审批时间 | 0.120 | 0.008 | 0.946 | 1.057 |
| 被引次数 | 0.001 | 0.000 | 0.960 | 1.042 |
| 转让次数 | 0.040 | 0.006 | 0.931 | 1.074 |
| 同族专利数 | 0.000 | 0.000 | 0.998 | 1.002 |
| 常数项 | 0.069 | 0.026 | | |

4. Logistic 回归分析

以专利诉讼发生与否作为因变量，以审批时间、被引次数、转让次数和同族专利数作为自变量，在导入相关数据的基础上，利用 SPSS 18.0 软件“分析”菜单的“二元 Logistic 回归”子菜单，构建专利动态特征与专利诉讼的 Logistic 回归模型，对专利动态特征和专利诉讼之间的关系进行 Logistic 回归分析。对 Logistic 回归模型进行参数估计之前，需要首先对模型整体的显著性水平进行检验。

表 8.15 中，模型整体显著性检验的结果显示，卡方为 373.299，自由度为 4，显著性概率为 0.000，即表明该回归模型整体在 1%的置信水平上具有显著性，这说明研究构建的动态特征与专利诉讼的 Logistic 回归模型，在统计意义上具有显著性，可进一步对模型中的各变量进行参数估计。

**表 8.15　模型系数的综合检验**

| 变量 | | 卡方 | df | Sig. |
|---|---|---|---|---|
| 步骤 1 | 步骤 | 373.299 | 4 | 0.000 |
| | 块 | 373.299 | 4 | 0.000 |
| | 模型 | 373.299 | 4 | 0.000 |

参数估计结果表明，审批时间、被引次数、转让次数与专利诉讼发生概率有显著的正向关系。其中，审批时间的回归系数为正值，且在 1%的置信水平上显著($p$=0.000)，研究假设 H1 通过验证，即审批时间越长，发生专利诉讼的概率越大；被引次数的回归系数为正值，且在 1%的置信水平上显著($p$=0.000)，研究假设 H2 通过验证，即被引次数越多，发生专利诉讼的概率越大；转让次数的回归系数为正值，且在 1%的置信水平上显著

($p$=0.000)，研究假设 H3 通过验证，即转让次数越多，发生专利诉讼的概率越大；同族专利数的回归系数为正值，但未通过显著性检验，这说明，同族专利数与专利诉讼之间可能存在正向关系，但在统计上不具有显著性($p$=0.507)，研究假设 H4 未通过验证(表 8.16)。

表 8.16　Logistic 回归模型

| 变量 | 回归系数 | 标准差 | Wald 统计量 | 自由度 | 显著性 |
|---|---|---|---|---|---|
| 审批时间 | 0.705*** | 0.059 | 141.675 | 1 | 0.000 |
| 被引次数 | 0.008*** | 0.001 | 35.210 | 1 | 0.000 |
| 转让次数 | 0.221*** | 0.041 | 28.906 | 1 | 0.000 |
| 同族专利数 | 0.001 | 0.001 | 1.871 | 1 | 0.171 |
| 常数项 | −2.510*** | 0.179 | 196.315 | 1 | 0.000 |

注：*表示在 10%的置信水平上显著，**表示在 5%的置信水平上显著，***表示在 1%的置信水平上显著。

为检验模型的拟合优度，评价模型估计与观测数据的拟合程度。通过 Hosmer-Lemeshow 拟合优度检验，检验 Logistic 回归模型的拟合优度。Hosmer-Lemeshow 检验首先利用模型预测概率的大小，将所有观察单位十等分；然后根据各组因变量的实测值与理论值，计算 Pearson 卡方，将观测概率按其预测概率进行升序排列，第一组包括预测概率最小的观测案例，最后一组包括预测概率最大的观测案例；最后，根据自由度为 8(在零假设下，该统计量近似服从自由度为 J-2 的卡方分布，J 通常为 10)的卡方分布，计算其值并对模型进行检验。

Hosmer-Lemeshow 检验思路是比较因变量的观测值和模型的预测值，零假设为二者不存在显著差异，如果 $P$ 值大于给定的显著性水平(一般包括 1%、5%或 10%，其中，$P$ 值以大于 10%的显著性水平为拟合程度良好)，则接受零假设，说明因变量的观测值和模型的预测值不存在显著差异，模型拟合程度良好；反之，如果 $P$ 值小于或等于给定的显著性水平，则拒绝零假设，说明因变量的观测值和模型的预测值存在显著性差异，模型拟合程度欠佳。

为此，利用 Hosmer-Lemeshow 拟合度，检验回归模型的拟合优度。Hosmer-Lemeshow 检验的结果表明，卡方为 8.890，df 为 8，$P$ 值为 0.352，大于给定的 10%的显著性水平，即接受零假设，说明因变量的观测值与模型的预测值之间不存在显著差异，模型估计与研究数据的拟合程度良好；这说明以上研究构建的回归模型具有良好的预测作用，可以此回归模型为定量分析工具，利用研究揭示的与专利诉讼密切相关的关键动态特征，对单个专利未来发生诉讼的概率进行测算分析，进而提前筛选出易引发诉讼的高风险专利(表 8.17)。

表 8.17　Hosmoer-Lemeshow 检验

| 步骤 | 卡方 | df | Sig. |
|---|---|---|---|
| 1 | 8.890 | 8 | 0.352 |

研究表明，审批时间、被引次数、转让次数与专利诉讼发生概率有显著正向关系，且均在 1%的置信水平上显著，是涉及诉讼专利的关键动态特征；同族专利数的回归系数虽然为正值，但未通过显著性检验，在统计上不具有显著性；这意味着审批时间越长、被引次数越多、转让次数越多的专利，未来发生专利诉讼概率越高，为应对快速增长的专利诉讼，必须高度警惕此类高风险专利。在进行专利预警时，通过对单个专利关键动态特征的监测，利用研究构建的回归模型对专利诉讼进行风险估算，将专利预警分析准确定位到单个专利。

### 8.3.3 关键动态特征在专利预警的应用

专利动态特征在其生命周期呈现变化，针对专利申请提交后经历的专利审批、专利维持、专利失效的生命周期。首先，量化分析这一过程中呈现特征值变化的动态特征，提取审批时间、被引次数、转让次数和同族专利数作为动态特征；然后，建立涉及诉讼专利和未涉及诉讼专利的对照组，定量分析两组专利在动态特征上的差异；最后，构建动态特征与专利诉讼的回归模型，实证分析动态特征与专利诉讼的相关性，以揭示涉及诉讼专利的关键动态特征。

研究分析专利申请后经历专利审批、专利维持、专利失效的专利生命周期，挖掘提取这一过程中呈现特征值变化的专利动态特征。专利动态特征不但是可动态监测的专利特征，而且具有在专利生命周期特征值变化的特点。与此同时，专利诉讼也发生在专利生命周期，专利动态特征可能蕴含着与专利诉讼相关的信息；通过对专利包含的动态特征的挖掘提取，为开展专利诉讼的定量分析提供了新的研究视角。

研究建立了专利动态特征与专利诉讼的理论联系，揭示了与专利诉讼密切相关的关键动态特征。通过分析专利生命周期中动态特征与专利诉讼的关联，构建专利动态特征与专利诉讼的回归模型，基于对照组的数据，实证分析专利动态特征与专利诉讼的相关性，研究揭示与专利诉讼显著相关的关键动态特征。近年来随着专利数据库的发展完善，使用者可动态监测关键动态特征的变化。因此，研究专利动态特征与专利诉讼的相关性，揭示关键动态特征为专利诉讼的动态预警提供了理论支持。

研究实现了将专利预警分析准确定位到单个专利，弥补了已有研究针对技术领域展开专利预警的缺陷。已有研究主要基于专利数、增长率、专利分布等外生变量，针对技术领域展开专利预警，尚未充分利用单个专利包含的个体信息，难以定位到单个专利，但现实中的专利诉讼必须明确到单个专利；针对易引发专利诉讼的专利类型及专利特点展开研究，具有重要的理论意义和现实意义；本书基于单个专利包含的动态特征，利用与专利诉讼显著相关的关键动态特征进行预警，这为应对专利诉讼的专利预警提供了有效的分析工具。

利用研究揭示的专利动态特征与专利诉讼相关性，开展动态特征监测和专利预警。近年来，专利诉讼从传统的保护手段演变为新兴的竞争工具，凡事预则立，不预则废，应对这一挑战的重要手段是专利预警。为此，企业可利用二者的相关性，面向与研究开发相关的技术领域，针对其中涉及的专利，动态监测与专利诉讼相关的关键动态特征，利用回归模型进行风险估算，将专利预警定位到单个专利，从而预先筛选出易引发诉讼的高风险专利。

针对易引发诉讼的高风险专利，提前研究和采取预防性的应对策略。中国企业已成为专利诉讼的主要目标，尤其在海外市场，不期而至的专利诉讼严重冲击企业的正常经营；因此，一方面，要高度重视高风险专利，在研究开发的方案制定和实施过程中，有意识规避高风险专利，以减少潜在的专利侵权和专利诉讼；另一方面，预先开展专利布局和应诉准备，以防止出现遭受诉讼时的仓促应对，争取通过交叉许可或庭外和解等方式化解专利诉讼。

# 参 考 文 献


蔡虹, 吴凯, 孙顺成. 2010. 基于专利引用的国际性技术外溢实证研究[J]. 管理科学, 23(1): 18-26.

曹勇, 赵莉. 2013. 专利获取、专利保护、专利商业化与技术创新绩效的作用机制研究[J]. 科研管理, 34(8): 42-52.

陈傲, 柳卸林, 高广宇. 2012. 新兴产业高被引专利的形成特征——以燃料电池为例[J]. 科研管理, 33(11): 9-15.

陈晓萍, 徐淑英, 樊景立. 2008. 组织与管理研究的实证方法[M]. 北京: 北京大学出版社.

杜晓君. 2005. 建立知识产权预警机制[J]. 研究与发展管理, 17(2): 40-46.

杜晓君, 马大明, 张吉. 2010. 基于进化博弈的专利联盟形成研究[J]. 管理科学, 23(2): 38-44.

方厚政, 刘鹏. 2013. 专利拍卖成交率影响因素的实证研究——以中国技术交易所为例[J]. 科学学研究, 31(12): 1835-1840.

房四海, 范为, 曾勇, 等. 2011. 基于连续型实物期权与专利竞赛模型的创业投资策略研究[J]. 管理学报, 8(6): 929-937.

冯永琴, 张米尔. 2011. 基于专利地图的技术标准与技术专利关系研究[J]. 科学学研究, 29(8): 1170-1175.

顾露露, 蔡良, 雷悦. 2017. 家族治理, 所有权变更与企业创新——基于中国家族企业的实证研究[J]. 管理科学, 30(2): 39-53.

管煜武, 单晓光. 2007. 美国亲专利政策与高科技产业竞争力[J]. 科学学研究, 25(4): 654-659.

郭颖, 朱东华, 苏源. 2009. 纳米技术专利的法律状态信息分析[J]. 科学学研究, 27(3): 368-373.

国家发展和改革委员会. 2012. 页岩气发展规划(2011-2015)[R]. 北京: 国家发展和改革委员会.

和育东. 2008. “专利丛林”问题与美国专利政策的转折[J]. 知识产权, 18(1): 92-97.

黄敏. 1997. 专利申请文件的撰写与审查要点[M]. 北京: 专利文献出版社.

姜丹明. 2005. 知识产权法精要与依据指引[M]. 北京: 人民出版社.

蒋志培. 2002. 中国专利诉讼模式(上)[EB/OL]. https: //www.chinacourt.org/article/detail/2002/12/id/ 24760.shtml.

金泳锋, 黄钰. 2013. 专利丛林困境的解决之道[J]. 知识产权, (11): 83-88.

金泳锋, 余翔. 2008. 专利风险的特征及其影响研究[J]. 知识产权, 18(6): 84-88.

赖院根, 朱东华. 2009. 专利预警警情的理论研究[J]. 科学学与科学技术管理, 30(2): 5-9.

赖院根, 汪雪锋, 朱东华. 2009. 专利威胁分析与专利战略选择[J]. 中国科技论坛(4): 119-123.

李春田. 2007. 标准化概论[M]. 北京: 中国人民大学出版社.

李春燕. 2015. 跨国公司高科技产品专利国际化战略实证研究——以通信行业 LTE 技术为例[J]. 科学学研究, 33(1): 62-68.

李建蓉. 2006. 专利文献与信息[M]. 北京: 知识产权出版社.

李黎明, 刘海波. 2015. 专利饱和与产业政策杠杆[J]. 科学学与科学技术管理, 36(1): 115-127.

李明德. 2003. 美国知识产权法[M]. 北京: 法律出版社.

李明星. 2009. 以市场为导向的专利与标准协同发展研究[J]. 科学学与科学技术管理, 30(10): 43-47.

李清海, 钟竞, 吴泗宗. 2009. 规避专利侵权风险的国际化市场选择[J]. 科学学研究, 27(10): 1506-1517.

李玉剑, 宣国良. 2005. 专利联盟与专利使用效率的提高[J]. 科学学研究, 23(4): 513-516.

李正卫, 曹耀艳, 陈铁军. 2009. 影响我国高校专利实施的关键因素: 基于浙江的实证研究[J]. 科学学研究, 27(8): 1185-1190.

梁永霞, 杨中楷, 刘则渊. 2009. 基于 CiteSpace II 的航空航天工程前言研究[J]. 科学学研究, 26(2): 303-312.

梁正, 朱雪祎. 2007. 跨国公司在华专利战略的运用及启示[J]. 中国软科学, (1): 55-61.

林聚任. 2009. 社会网络分析: 理论、方法与应用[M]. 北京: 北京师范大学出版社.

刘林青，谭力文，赵浩兴. 2006. 专利丛林，专利组合和专利联盟——从专利战略到专利群战略[J]. 研究与发展管理, 18(4): 83-89.
刘瑞荣，赖奎魁，林建余. 2018. 诉讼过的专利是有价值的吗?——基于 LED 诉讼专利的引用网络分析[J]. 科学学与科学技术管理, 39(1): 3-16.
刘小玲，谭宗颖. 2013. 基于专利网络的技术演进研究方法探索[J]. 科学学研究, 31(5): 651-656.
路风，慕玲. 2003. 本土创新、能力发展和竞争优势——中国激光视盘播放机工业的发展及其对政府作用的政策含义[J]. 管理世界, (12): 57-82.
马大明，杜晓君，宋宝全，等. 2012. 专利丛林问题研究——产生与发展，经济影响及度量[J]. 产业经济评论, 11(1): 18-34.
毛昊，尹志锋，张锦. 2017. 策略性专利诉讼模式：基于非专利实施体多次诉讼的研究[J]. 中国工业经济(2): 136-153.
孟奇勋，张一凡，范思远. 2016. 主权专利基金：模式，效应及完善路径[J]. 科学学研究, 34(11): 1655-1662.
潘颖，卢章平，黄晋. 2013. 专利侵权诉讼网络在企业市场竞争研究中的应用[J]. 情报杂志, 32(9): 78-83.
七星天公司. [2019-10]. 浅谈美国法院系统(下篇)-专利诉讼法院[EB/OL]. http: //www.qxtip.com/zhongwenmetis/vip_doc/15481374.html.
戚淳. 2008. 论建立专利预警机制的必要性和预警模型的构建[J]. 科学学与科学技术管理, 29(1): 16-20.
漆苏. 2014. 企业国际化经营专利风险因素——基于专利属性的实证研究[J]. 科研管理, 35(11): 139-145.
漆苏. 2013. 企业国际化经营的专利风险识别——基于企业行为的实证研究[J]. 科学学研究, 31(8): 1191-1197.
任声策，宣国良. 2007. 技术标准中的企业专利战略：一个案例分析[J]. 科研管理, 28(1): 53-59.
任声策，宣国良. 2006. 企业专利诉讼行为及其影响机制分析[J]. 知识产权, 16(2): 41-46.
盛达，郑兴，陈伟. 2011. 页岩气开发艰难起步[N]. 人民日报(海外版).
帅传敏，张钰坤. 2013. 中国消费者低碳产品支付意愿的差异分析——基于碳标签的情景实验数据[J]. 中国软科学, (7): 61-70.
谭劲松，林润辉. 2006. TD-SCDMA 与电信行业标准竞争的战略选择[J]. 管理世界, (6): 71-84.
唐春. 2012. 基于区分国内外创新的专利制度设计研究[J]. 科研管理, 33(2): 70-78.
田青毅，张小琴. 2009. 手机：个人移动多媒体[M]. 北京：清华大学出版社.
万小丽. 2014. 专利质量指标中“被引次数”的深度剖析[J]. 情报科学, 32(1): 68-73.
万小丽，朱雪忠. 2009. 国际视野下专利质量指标研究的现状与趋势[J]. 情报杂志, 28(7): 49-54.
王承守，邓颖懋. 2006. 美国专利诉讼攻防策略运用[M]. 北京：北京大学出版社.
王昊，王密平，苏新宁. 2016. 面向本体学习的中文专利术语抽取研究[J]. 情报学报, 35(6): 573-585.
王珊珊，田金信. 2010. 基于专利地图的 R&D 联盟专利战略制定方法研究[J]. 科学学研究, 28(6): 846-852.
魏衍亮. 2003. 专利战问题浅析[J]. 知识产权, 13(6): 27-33.
吴志祥，王昊，王雪颖，等. 2017. 基于奇异值分解的专利术语层次关系解析研究[J]. 情报学报, 36(5): 473-483.
肖沪卫. 2011. 专利地图方法与应用[M]. 上海：上海交通大学出版社.
徐明华，陈锦其. 2007. 专利联盟许可费分配模式研究：一个电路模型[J]. 科研管理, 28(6): 143-148.
许晖，万益迁，裴德贵. 2008. 高新技术企业国际化风险感知与防范研究——以华为公司为例[J]. 管理世界(4): 140-149.
许琦，冯羽静. 2015. 一种基于专利引证密度的专利丛探测方法：专利池中的黑洞效应[J]. 情报杂志, 34(9): 35-39.
薛亮，梅旭荣，王济民，等. 2013. 后金融危机时期中国农业科技发展若干问题的思考——高度重视原始创新，抢占农业科技前沿领域的制高点[J]. 中国农业科学, 46(13): 2808-2820.
薛明皋，王璞珏. 2009. 专利侵权对经济增长影响的实证研究[J]. 科研管理, 30(S1): 190-197.
亚当·杰夫，乔希·勒纳. 2007. 创新及其不满：专利体系对创新与进步的危害及对策[M]. 罗建平，兰花，译.北京：中国人民大学出版社.

亚当·杰夫，乔希·勒纳·罗建平. 2007. 创新及其不满：专利体系对创新与进步的危害及对策[M]. 兰花，译.北京：中国人民大学出版社.
亚当·斯密. 2005. 国民财富的性质和原因的研究[M]. 郭大力，王亚南，译. 上海：商务印书馆: 122.
杨林，杨倩. 2012. 高管团队结构差异性与企业并购关系实证研究[J]. 科研管理, 33(11): 57-67.
杨铁军. 2012. 产业专利分析报告(第5册)[M]. 北京：知识产权出版社, 15-20.
杨中楷，梁永霞，刘倩楠. 2010. 专利引用过程中的知识活动探析[J]. 科研管理, 31(2): 171-177.
余翔，张玉蓉. 2008. 金融专利新战略："专利钓饵"及其防范[J]. 研究与发展管理, 20(3): 100-105.
袁晓东，罗恺. 2014. 我国LED封装技术专利丛林测量实证研究[J]. 科研管理, 35(1): 82-89.
袁晓东，谢伟峰. 2016. 通讯行业专利诉讼倾向研究[J]. 科研管理, 37(5): 70-77.
袁晓东，张军荣，杨健安. 2014. 中国高校专利利用的影响因素研究[J]. 科研管理, 35(4): 76-82.
约翰·斯科特. 2009. 社会网络分析法(第一版) [M]. 刘军，译. 重庆：重庆大学出版社.
张克群，李姗姗，郝娟. 2017. 不同技术发展阶段的专利价值影响因素分析[J]. 科学学与科学技术管理, 38(3): 23-29.
张克群，欧慧玲，袁建中，等. 2015a. 非专利实施实体的专利攻击策略研究[J]. 情报杂志, 34(7): 53-57.
张克群，夏伟伟，袁建中，等. 2015b. 非专利实施实体的定义、形态与特征研究[J]. 科技管理研究(15): 141-146.
张米尔，冯永琴. 2010. 标准联盟的兴起及诱发技术垄断的机制研究[J]. 科学学研究, 28(5): 690-696.
张米尔，国伟，雷震. 2013. 页岩气开发的技术之困：基于大数据的专利分析[M]. 创新与创业管理(第9辑)，清华大学出版社, 12: 90-106.
张米尔，国伟，李海鹏. 2016a. 专利申请与专利诉讼相互作用的实证研究[J]. 科学学研究, 34(5): 684-689.
张米尔，国伟，李海鹏. 2016b. 专利诉讼的网络分析及主体类型研究[J]. 科研管理, 37(6): 127-133.
张米尔，国伟，曲宁. 2018. 面向专利预警的专利申请关键特征研究[J]. 科研管理, 39(1): 135-142.
张米尔，胡素雅，国伟. 2013. 低质量专利的识别方法及应用研究[J]. 科研管理, 34(3): 122-127.
张米尔，李海鹏，国伟. 2018. 基于有效专利的专利丛林测度及演进分析[J]. 科研管理, 39(5): 156-164.
张米尔，李海鹏，国伟. 2019. 国别专利制度下的专利产出和权利人差异研究[J]. 科学学研究, 37(12): 2141-2148.
张米尔，李海鹏，国伟. 2019. 专利国际化的质量指数构建及评价研究[J]. 科研管理, 40(8): 189-197.
张米尔，李坤. 2006. 产业转型中的中国手机企业技术能力成长研究[J]. 管理评论, (8): 45-49.
张米尔，孟珊珊，田影. 2014. 外围专利的测度方法及其应用研究[J]. 科研管理, 35(3): 155-160.
张米尔，张美珍，冯永琴. 2012. 技术标准背景下的专利池演进及专利申请行为[J]. 科研管理, 33(7): 67-73.
张平，马骁. 2005. 标准化与知识产权战略[M]. 北京：知识产权出版社.
张钦红，骆建文. 2009. 上海市专利资助政策对专利申请量的影响作用分析[J]. 科学学研究, 27(5): 682-685.
张文彤，董伟. 2013. SPSS统计分析高级教程(第2版)[M]. 北京：高等教育出版社.
张娴，高利丹，唐川，等. 2007. 专利地图分析方法及应用研究[J]. 情报杂志, 26(11): 22-25.
张永伟. 2011. 页岩气：我国能源发展的新希望[N]. 光明日报.
张勇. 2015. 专利预警——从管控风险到决胜创新[M]. 北京：知识产权出版社.
张玉蓉，袁春生，余翔. 2010. 金融商业方法专利诉讼行为之经验研究[J]. 科研管理, 31(4): 119-126.
赵黎明，高杨，韩宇. 2002. 专利引文分析在知识转移机制研究中的应用[J]. 科学学研究, 20(3): 297-300.
赵小飞. 2011. 专利竞赛与专利信号[J]. 科学学研究, 29(1): 31-36.
郑刚，郭艳婷. 2017. 新型技术追赶与动态能力：家电后发企业多案例研究[J]. 科研管理, 38(7): 62-71.
郑海洋. 2019. 2008～2018年度中国专利无效案件统计分析报告[EB/OL]. http: //unitalen.com/html/report/ 19020470-1.htm,

中国高技术产业发展促进会知识产权战略研究课题组. 2013. 我国进入“专利丛林”时代的若干思考[J]. 科技促进发展, 9(2): 87-91.

中国信息通信研究院知识产权中心. [2018-12-13]. 中美欧非专利实施主体(NPE)诉讼趋势研究[EB/OL]. https: //www.sohu.com/a/281616214_99921288.

中华人民共和国国家质量监督检验检疫总局. 2002. GBT20000.1-2002 标准化工作指南 第 1 部分: 标准化和相关活动的通用词汇[S]. 北京: 中国标准出版社.

朱磊, 朱峰. 2004. 企业危机管理预警系统的构建[J]. 中国软科学, (11): 75-80.

朱星华, 刘彦, 高志前. 2006. 标准化条件下应对专利壁垒的战略对策[J]. 中国软科学, (10): 21-25.

朱雪祎, 梁正, 巩侃宁. 2007. 企业专利钓饵战略: 内涵、构成、发展与启示[J]. 科学学与科学技术管理, (8): 121-125.

朱雪忠, 詹映, 蒋逊明. 2007. 技术标准下的专利池对我国自主创新的影响研究[J]. 科研管理, 28(2): 180-186.

邹才能, 董大忠, 杨桦, 等. 2011. 中国页岩气形成条件及勘探实践[J]. 天然气工业, 31(12): 26-39.

ALLIACENSE. [2020-11-30]. Licensing announcements [EB/OL].

ALLISON J R, LEMELY M A, MOORE K A, et al. 2004. Valuable patents[J]. Georgetown Law Journal, 92(1): 435-450.

ALLISON J R, LEMLEY M A, WALKER J H. 2009. Extreme value or trolls on top? The characteristics of the most litigated patents[J]. University of Pennsylvania Law Review, 158(1): 1-37.

ALLISON J R, TILLER E H. 2003. Business method patent myth[J]. Berkeley Technology Law Journal, 18(4): 987-1084.

ALLRED B B, PARK W G. 2007. Patent rights and innovative activity: Evidence from national and firm-level data[J]. Journal of International Business Studies, 38(6): 878-900.

ARORA A, FOSFURI A. 2003. Licensing the market for technology[J]. Journal of Economic Behavior & Organization, 52(2): 277-295.

ATALLAH G, RODRIGUEZ G. 2006. Indirect patent citations[J]. Scientometrics, 67(3): 437-465.

BÁNYAI D. 2016. Legal responses of the United States of America to patent trolls–A step into the right direction?[R]. Lund University.

BARCENA M. 2013. The end of the imitation age? The effect of Apple Inc. v. Samsung[J]. The Journal of Business, Entrepreneurship & the Law, 6(2): 326-347.

BARKER D G. 2005. Troll or no troll? Policing patent usage with an open post-grant review[J]. Duke Law and Technology Review, 4(1): 1-17.

BEKKERS R, BONGARD R, NUVOLARI A. 2009. Essential patents in industry standards: The case of UMTS[C]. The 6th international conference on Standardization and Innovation in Information Technology (SIIT 2009).

BESSEN J E, MEURER M J. 2013. The patent litigation explosion[J]. Loyola University Chicago Law Journal, 45(2): 401- 479.

BESSEN J, FORD J, MEURER M J. 2011. The private and social costs of patent trolls[J]. Regulation, 34(4): 26-35.

BESSEN J. 2008. The value of US patents by owner and patent characteristics[J]. Research Policy, 37(5): 932-945.

BLANCHARD A. 2007. Understanding and customizing stopword lists for enhanced patent mapping[J]. World Patent Information, 29(4): 308-316.

BLIND K, CREMERS K, MUELLER E. 2009. The influence of strategic patenting on companies' patent portfolios[J]. Research Policy, 38(2): 428-436.

BOEING P, MUELLER E. 2016. Measuring patent quality in cross-country comparison[J]. Economics Letters, 149(12): 145- 147.

BOLDRIN M, LEVINE D K. 2008. Against intellectual monopoly[M]. Cambridge: Cambridge University Press.

BORGSTEDT P, NEYER B, SCHEWE G. 2017. Paving the road to electric vehicles: A patent analysis of the automotive supply industry[J]. Journal of cleaner production, 167(36): 75-87.

BOSETTI R, VEREECK L. 2012. The impact of effective patents on future innovations in nanomedicine[J]. Pharmaceutical Patent Analyst, 1(1): 37-43.

BOWKER K A. 2007. Barnett shale gas production, fort worth basin: issues and discussion[J]. AAPG Bulletin, 91(4): 523-533.

BP. 2012. Statistical review of world energy 2012[R]. London: United Kingdom.

BP. 2013. Statistical review of world energy 2013[R]. London: United Kingdom.

BRIGGS K. 2013. Does patent harmonization impact the decision and volume of high technology trade?[J]. International Review of Economics and Finance, 25(1): 35-51.

BURHAN M, JAIN S K. 2012. Tools for search, analysis and management of patent portfolios[J]. DESIDOC Journal of Library & Information Technology, 32(3): 204-213.

CAFA.[2019-10-09]. Caseload patent infringement[EB/OL]. http: //www.cafc.uscourts.gov/sites/default/files/the-court/ statistics/03-Patent_filings_historical_-_Final.pdf.

CHEN A, CHEN R. 2007. Design patent map: An innovative measure for corporative design strategies[J]. Engineering Management Journal, 19(3): 14-29.

CHENG J, LAN T, LIU S J. 2017. Patent market dynamics: In view of the business model of non-practicing entities[J]. World Patent Information, 48(1): 61-76.

CHIEN C V. 2010. From arms race to marketplace: The new complex patent ecosystem and its implications for the patent system[J]. Hastings Law Journal, 62(2): 297-355.

CHOI C, PARK Y. 2009. Monitoring the organic structure of technology based on the patent development paths[J]. Technological Forecasting & Social Change, 76(6): 754-768.

CHUANG C. 2012. Offensive venue: The curious use of declaratory judgment to forum shop in patent litigation[J]. The George Washington Law Review, 80(4): 1065-1114.

CLARK C, BURNHAM A, HARTO C, et al. 2012. Hydraulic fracturing and shale gas production: technology, impacts, and policy[M]. Argonne National Laboratory: 1-16.

COCKBURN I M, MACGARVIE M J, MUELLER E. 2010. Patent thickets, licensing and innovative performance[J]. Industrial and Corporate Change, 19(3): 899-925.

COHEN L, GURUN U G, KOMINERS S D. 2016. The growing problem of patent trolling[J]. Science, 352(6285): 521-522.

COHEN L, GURUN U G, KOMINERS S D. 2019. Patent trolls: Evidence from targeted firms[J]. Management Science, 65(12): 5461-5486.

CONNOLLY M, VALDERRAMA D. 2005. Implications of intellectual property rights for dynamic gains from trade[J]. American Economic Review, 95(2): 318-322.

CORSI S, VON ZEDTWITZ M. 2016. Reverse innovation: A new world order for global innovation?[J]. Journal of Product Innovation Management, 32(1): 12-28.

COURSEY C C. 2009. Battling the patent troll: Tips for defending patent infringement claims by non-manufacturing patentees[J]. American Journal of Trial Advocacy, 33(2): 237-251.

CRAMPES C, LANGINIER C. 2009. Are intellectual property rights detrimental to innovation?[J]. International Journal of the Economics of Business, 16(3): 249-268.

CREMERS K. 2004. Determinants of patent litigation in Germany[R]. ZEW Discussion Papers.

CURTIS J B. 2002. Fractured shale-gas systems[J]. AAPG Bulletin, 86 (11) : 1921-1938.

DERELI T, DURMUSOGLU A. 2010. Alerting companies through online patent trend analysis[J]. Cybernetics and Systems: An International Journal, 41 (5) : 371-390.

DEWATRIPONT M, LEGROS P. 2013. Essential patents, FRAND royalties and technological standards[J]. The Journal of Industrial Economics, 61 (4) : 913-937.

EGAN E J, TEECE D J. 2015. Untangling the patent thicket literature[R]. Tusher Center for Management of Intellectual capital.

EIA US. 2011. Annual energy outlook 2011 with projections to 2035[R]. Washington DC: Energy Information Administration, United States Department of Energy.

EICHER T, PENALOSA C. 2008. Endogenous strength of intellectual property rights: Implications for economic development and growth[J]. European Economic Review, 52 (2) : 237-258.

ERNST H, CONLEY J, OMLAND N. 2016. How to create commercial value from patents: The role of patent management[J]. R&D Management, 46 (S2) : 677-690.

FELD T. 2016. States hold the sword to force patent trolls back under their bridges[J]. University of Illinois Law Review, 3 (3) : 1123-1155.

FERRILL E D. 2005. Patent investment trusts: Let' s build a pit to catch the patent trolls[J]. North Carolina Journal of Law & Technology, 6 (2) : 367-394.

FISCHER T, HENKEL J. 2012. Patent trolls on markets for technology: An empirical analysis of NPEs' patent acquisitions[J]. Research Policy, 41 (9) : 1519-1533.

FRANZINGER M R. 2003. Latent dangers in a patent pool: The European commission' s approval of the 3G wireless technology licensing agreements[J]. California Law Review, 91 (6) : 1693-1727.

GALLINI N T. 2002. The economics of patents: Lessons from recent US patent reform[J]. Journal of Economic Perspectives, 16 (2) : 131-154.

GANS J S, HSU D H, STERN S. 2008. The impact of uncertain intellectual property rights on the market for ideas: Evidence from patent grant delays[J]. Management Science, 54 (5) : 982-997.

GAO G, MISKA S. 2010. Dynamic buckling and snaking motion of rotating drilling pipe in a horizontal well[J]. SPE Journal, 15 (3) : 867-877.

GIUMMO J. 2001. An empirical examination of patented German inventions using German employee inventor compensation records[EB/OL]. http: //citeseerx.ist.psu.edu/viewdoc/download?8798&rep=rep1&type=pdf.

GIURI P, MARIANI M, BRUSONI S, et al. 2007. Inventors and invention processes in Europe: Results from the PatVal-EU survey[J]. Research policy, 36 (8) : 1107-1127.

GRAEVENITZ G, WAGNER S, HARHOFF D. 2011. How to measure patent thickets-A novel approach[J]. Economics Letters, 111 (1) : 6-9.

GRAEVENITZ G, WAGNER S, HARHOFF D. 2013. Incidence and growth of patent thickets: The impact of technological opportunities and complexity[J]. The Journal of Industrial Economics, 61 (3) : 521-563.

GRAF B H. 2011. Prognosis indeterminable: How patent non-obviousness outcomes depend too much on decision- makers[J]. Cardozo Public Law, Policy, & Ethics Journal, 9 (3) : 567-606.

GRAFF G, ZILBERMAN D. 2001. An intellectual property clearinghouse for agricultural biotechnology[J]. Nature Biotechnology,

19(12): 1179-1180.

HABER S H, WERFEL S H. 2016. Patent trolls as financial intermediaries? Experimental evidence[J]. Economics Letters, 149(12): 64-66.

HALL B H, ZIEDONIS R H. 2001. The patent paradox revisited: An empirical study of patenting in the US semiconductor industry, 1979-1995[J]. RAND Journal of Economics, 32(1): 101-128.

HALL B, JAFFE A B, TRAJTENBERG M. 2001. The nber patent citations data file: Lessons, insights, and methodological tools[EB/OL]. http: //www.nber.org/papers/w8498.2010-08.pdf?new window=1.

HARHOFF D, NARIN F, SCHERER F M, VOPEL K. 1999. Citation frequency and the value of patented inventions[J]. The Review of Economics and Statistics, 81(3): 511-515.

HARHOFF D, REITZIG M. 2004. Determinants of opposition against EPO patent grants-The case of biotechnology and pharmaceutical[J]. International Journal of Industrial Organization, 22(4): 433-480.

HATTORI K. 2006. US patent reform act, outline and commentary[J]. Journal of Information Processing and Management, 48(11): 707-716.

HAUSMAN J, HALL B H, GRILICHES Z. 1984. Econometric models for count data with an application to the patents- R&D relationship[J]. Econometrica, 52(4): 909-938.

HEELEY M B, MATUSIK S F, JAIN N. 2007. Innovation, appropriability, and the underpricing of initial public offerings[J]. Academy of Management Journal, 50(1): 209-225.

HEINECKE G. 2015. Pay the troll toll: The patent troll model is fundamentally at odds with the patent system's goals of innovation and competition[J]. Fordham Law Review, 84(3): 1153-1200.

http://www.alliacense.com/tag/license/.

HU A G Z, JAFFE A B. 2003. Patent citations and international knowledge flow: The cases of Korea and Taiwan[J]. International Journal of Industrial Organization, 21(6): 849-880.

HUANG C. 2017. Recent development of the intellectual property rights system in China and challenges ahead[J]. Management and Organization Review, 13(1): 39-48.

HUNG S W, WANG A P. 2010. Examining the small world phenomenon in the patent citation network: A case study of the radio frequency identification network[J]. Scientometrics, 82(1): 121-134.

IGAMI M. 2017. Estimating the innovators dilemma: Structural analysis of creative destruction in the hard disk drive industry, 1981-1998[J]. Journal of Political Economy, 125(3): 798-847.

ISO. 2004. ISO/IEC GUIDE 2: 2004 Standardization and related activities - General vocabulary [EB/OL]. https://www.iso.org/standard/39976.html.

JAFFE A B, TRAJTENBERG M. 2002. Patents, citations, and innovations: A window on the knowledge economy[M]. Cambridge: MIT Press.

JENKINS C D, BOYER C M. 2008. Coalbed-and shale-gas reservoirs[J]. Journal of Petroleum Technology, 60(2): 92-99.

JENSEN P H, PALANGKARAYA A, WEBSTER E. 2006. Disharmony in international patent office decision[J]. The Federal Circuit Bar Journal, 15(4): 679-704.

JEON H. 2015. Patent infringement, litigation, and settlement[J]. Economic Modelling, 51(12): 99-111.

JEONG Y, LEE K, YOON B, et al. 2015. Development of a patent roadmap through the generative topographic mapping and bass diffusion model[J]. Journal of Engineering and Technology Management, 38(10): 53-70.

JIN B, FENG L, PIAO H J, et al. 2011. Research on information fusion model for patent retrieval[J]. Information Technology Journal, 10(1): 164-167.

JONATHAN M. 2011. Patent inflation[J]. The Yale Law Journal, 9(20): 470-531.

KAUBLE K. 2010. Patenting everything under the sun: Invoking the first amendment to limit the use of gene patents[J]. UCLA Law Review, 58(4): 1123-1174.

KAY L, NEWMAN N, YOUTIE J, et al. 2014. Patent overlay mapping: Visualizing technological distance[J]. Journal of the Association for Information Science and Technology, 65(12): 2432-2443.

KAZUYUKI M. 2008. Licensing or not licensing? An empirical analysis of the strategic use of patents by Japanese firms[J]. Research Policy, 37(10): 1548-1555.

KIM H, SONG J S. 2013. Social network analysis of patent infringement lawsuits[J]. Technological Forecasting and Social Change, 80(5): 944-955.

KIM Y G, SUH J H, PARK S C. 2008. Visualization of patent analysis for emerging technology[J]. Expert System with Applications, 34(3): 1804-1812.

KIM Y K, LEE K, PARK W G, et al. 2012. Appropriate intellectual property protection and economic growth in countries at different levels of development[J]. Research policy, 41(2): 358-375.

KIM Y K, OH J B. 2017. Examination workloads, grant decision bias and examination quality of patent office[J]. Research Policy, 46(5): 1005-1019.

KORTUM S, LERNER J. 1999. What is behind the recent surge in patenting[J]. Research Policy, 28(1): 1-22.

KRAEMER K L, DEDRICK J. 2002. Strategic use of the internet and e-commerce: Cisco systems[J]. The Journal of Strategic Information Systems, 11(1): 5-29.

KUMAR A, ABIRAMI S. 2018. Aspect-based opinion ranking framework for product reviews using a Spearman's rank correlation coefficient method[J]. Information Sciences, 460(9): 23-41.

LAMPE R. 2012. Strategic citation[J]. Review of Economics and Statistics, 94(1): 320-333.

LANJOUW J O, SCHANKERMAN M. 2001. Characteristics of patent litigation: A window on competition[J]. RAND Journal of Economics, 32(1): 129-151.

LAPENNE J. 2010. Patent cooperation treaty[J]. Journal of the Patent & Trademark Office Society, 92(2): 1-26.

LEE C, KANG B, SHIN J. 2015. Novelty-focused patent mapping for technology opportunity analysis[J]. Technological Forecasting and Social Change, 90(1): 355-365.

LEE D N. 2001. R&D investments, information and strategy[J]. Technology Analysis and Strategic Management, 13(2): 325-342.

LEE P C, SU H N, WU F S. 2010. Quantitative mapping of patented technology-The case of electrical conducting polymer nanocomposite[J]. Technological Forecasting and Social Change, 77(3): 466-478.

LEE P C, SU H N. 2014. How to forecast cross-border patent infringement? The case of US international trade[J]. Technological Forecasting and Social Change, 86(7): 125-131.

LEE S, YOON B, PARK Y. 2009. An approach to discovering new technology opportunities: Keyword-based patent map approach[J]. Technovation, 29(6): 481-497.

LELLA A. [2014-02-03]. ComScore reports December 2013 U.S. smartphone subscriber market share [EB/OL]. http://www.comscore.com/Insights/Press-Releases/2014/2/comScore-Reports-Decem ber-2013-US-Smartphone-Subscriber-Market-Share.

LEMLEY M A, FELDMAN R. 2016. Patent licensing, technology transfer and innovation[J]. American Economic Review, 106(5):

188-192.

LEMLEY M A, MOORE K A. 2004. Ending abuse of patent continuations[J]. Boston university law review, 84 (1) : 63-123.

LEMLEY M A, SHAPIRO C. 2005. Probabilistic patents[J]. Journal of Economic Perspectives, 19 (2) : 75-98.

LEMLEY M A, SHAPIRO C. 2006. Patent holdup and royalty stacking[J]. Texas Law Review, 85 (7) : 1991-2049.

LERNER J. 1994. The importance of patent scope: An empirical analysis[J]. The RAND Journal of Economics, 25 (2) : 319-333.

LERNER J. 1995. Patenting in the shadow of competitors[J]. The Journal of Law and Economics, 38 (2) : 463-495.

LEX MACHINA. 2020. Patent litigation report[EB/OL]. https: //pages.lexmachina.com/Patent-Report-2020_LP---Patent-Report-2020.html

LEYDESDORFF L, KOGLER D F, YAN B. 2017. Mapping patent classifications: Portfolio and statistical analysis, and the comparison of strengths and weaknesses[J]. Scientometrics, 112 (3) : 1573-1591.

LI X. 2012. Behind the recent surge of Chinese patenting: An institutional view[J]. Research Policy, 41 (1) : 236-249.

LI Z, ATHERTON M, HARRISON D. 2014. Identifying patent conflicts: TRIZ-led patent mapping[J]. World Patent Information, 39 (12) : 11-23.

LOFTUS D. 2011. International patent protection: Time for a fully EU functioning supra-national patent mechanism[J]. Journal of International Commercial Law and Technology, 6 (3) : 176-186.

LUAN C, LIU Z, WANG X. 2013. Divergence and convergence: Technology-relatedness evolution in solar energy industry[J]. Scientometrics, 97 (2) : 461-475.

LUDMILA S. 2007. Patents and corporate value creation: Theoretical approach[J]. Journal of Intellectual Capital, 8 (3) : 431-443.

LUMAN J F, DODSON C L. 2005. No longer a myth, the emergence of the patent troll: Stifling innovation, increasing litigation, and extorting billions[J]. Intellectual Property Technology Law Journal, 18 (5) : 1-6.

MACDONALD S. 2004. When means become ends: Considering the impact of patent strategy on innovation[J]. Information Economics and Policy, 16 (1) : 135-158.

MAKOVETSKAYA O, BERNADSKY V. 1994. Scientometric indicators for identification of technology system life cycle phase[J]. Scientometrics, 30 (1) : 105-116.

MANN R J, UNDERWEISER M. 2012. A new look at patent quality: Relating patent prosecution to validity[J]. Journal of Empirical Legal Studies, 9 (1) : 1-32.

MATSUMURA N, MATSUO Y, OHSAWA Y, et al. 2002. Discovering emerging topics from WWW[J]. Journal of Contingencies and Crisis Management, 10 (2) : 73-81.

MAURSETH P B, VERSPAGEN B. 2002. Knowledge spillovers in Europe: A patent citation[J]. The Scandinavian Journal of Economics, 104 (4) : 531-545.

MAZZEO M J, ASHTOR J H, ZYONTZ S. 2013. Do NPEs matter? Non-practicing entities and patent litigation outcomes[J]. Journal of Competition Law and Economics, 9 (4) : 879-904.

MEHTA A, RYSMAN M, SIMCOE T. 2010. Identifying the age profile of patent citations: New estimates of knowledge diffusion[J]. Journal of Applied Econometrics, 25 (7) : 1179-1204.

MÉNIERE Y, PARLANE S. 2008. Innovation in the shadow of patent litigation[J]. Review of Industrial Organization, 32 (2) : 95-111.

MEURER M J, BESSEN J E. 2005. Lessons for patent policy from empirical research on patent litigation[J]. Lewis & Clark Law Review, 9 (1) : 1-27.

MEZZANOTTI F. 2015. Roadblock to innovation: The role of patent litigation in corporate R&D[R]. Harvard University

OpenScholar.

MILGRAM S. 1967. The small world problem[J]. Psychology Today, 2 (1) : 60-67.

MONK A H B. 2009. The emerging market for intellectual property: Drivers, restrainers, and implications[J]. Journal of Economic Geography, 9 (4) : 469-491.

MONTGOMERY S L, JARVIE D M, BOWKER K A, et al. 2005. Mississippian barnett shale, fort worth basin, north-central texas: Gas-shale play with multi-trillion cubic foot potential[J]. AAPG Bulletin, 89 (2) : 155-175.

MOORE K A. 2005. Markman eight years later: Is claim construction more predictable?[J]. Lewis and Clark Law Review, 9 (1) : 231-247.

MORGAN LEWIS. [2007-09-27]. Fighting the patent troll[EB/OL]. https://www.morganlewis.com/～/media/files/publication/presentation/speech/fightingpatenttroll_gaybrickhollingshead20070927.ashx.

MOTOHASHI K. 2008. Licensing or not licensing? An empirical analysis of the strategic use of patents by Japanese firms[J]. Research Policy, 37 (9) : 1548-1555.

NAM S, NAM C, KIM S. 2015. The impact of patent litigation on shareholder value in the smartphone industry[J]. Technological Forecasting and Social Change, 95 (6) : 182-190.

NEWMAN M E J. 2002. Spread of epidemic disease on networks[J]. Physics Review, 66 (1) : 1-11.

O'BRIEN C. [2013-08-09]. Apple wins patent ruling against Samsung [EB/OL]. http://articles. latimes.com/2013/aug/09/business/la-fi-apple-legal-cases-20130810.

PAIK Y, ZHU F. 2016. The impact of patent wars on firm strategy: Evidence from the global smartphone industry[J]. Organization Science, 27 (6) : 1397-1416.

PARCHOMOVSKY G, WAGNER R P. 2005. Patent portfolios[J]. University of Pennsylvania Law Review, 154 (1) : 1-77.

PARDEY P, KOO B, DREW J, et al. 2013. The evolving landscape of plant varietal rights in the United States, 1930-2008[J]. Nature Biotechnology, 31 (1) : 25-29.

PEETERS C, DE LA POTTERIE B. 2006. Innovation strategy and the patenting behavior of firms[J]. Journal of Evolutionary Economics, 16 (1-2) : 109-135.

PORTER A L, CUNNINGHAM S W. 2005. Tech mining: Exploiting new technologies for competitive advantage[M]. New York: John Wiley & Sons.

PRICEWATERHOUSE COOPERS. 2018. 2018 patent litigation study[EB/OL]. https: //www.pwc.com/us/en/services/forensics/library/patent-litigation-study.html.

QUILLEN C D, WEBSTER O H, EICHMANN R J. 2002. Continuing patent applications and performance of the US Patent and Trademark Office-Extended[J]. The Federal Circuit Bar Journal, 12 (1) : 35-55.

RAGHU T S, WOO W, MOHAN S B, et al. 2008. Market reaction to patent infringement litigations in the information technology industry[J]. Information Systems Frontiers, 10 (1) : 61-75.

RANI S, SIKKA G. 2012. Recent techniques of clustering of time series data: A survey[J]. International Journal of Computer Applications, 52 (15) : 1-9.

REITZIG M, HENKEL J, HEATH C. 2007. On sharks, trolls, and their patent Prey-unrealistic damage awards and firms' strategies of 'being infringed' [J]. Research Policy, 36 (1) : 134-154.

ROUSSEL N, SHARMA M. 2011. Optimizing fracture spacing and sequencing in horizontal-well fracturing[J]. SPE Production & Operations, 26 (2) : 173-184.

RPX CORPORATION.[2018-1-2]. 2017 in review: A year of transition[EB/OL]. http: //www.rpxcorp.com/intelligence /blog/2017-in-re view-a-year-of-transition/#top.

RYSMAN M, SIMCOE T. 2008. Patents and the performance of voluntary standard setting organizations[J]. Management Science, 54(11): 1920-1934.

SCHLEICH J, WALZ R, RAGWITZ M. 2017. Effects of policies on patenting in wind-power technologies[J]. Energy Policy, 108(9): 684-695.

SCHMALENSEE R. 2009. Standard-setting, innovation specialists and competition policy[J]. The Journal of Industrial Economics, 57(3): 526-552.

SCHNEIDER C. 2008. Fences and competition in patent races[J]. International Journal of Industrial Organization, 26(6): 1348-1364.

SHAPIRO C. 2000. Navigating the patent thicket: Cross licenses, patent pools, and standard setting[J]. Innovation Policy and the Economy, 1: 119-150.

SHAVER L. 2012. Illuminating innovation: From patent racing to patent war[J]. Washington and Lee Law Review, 69(4): 1891-1947.

SIDAK J G. 2007. Holdup, royalty stacking, and the presumption of injunctive relief for patent infringement: A reply to LEMLEY and SHAPIRO[J]. Minnesota Law Review, 92(3): 713-714.

SIEBERT R, VON GRAEVENITZ G. 2010. Jostling for advantage or not: Choosing between patent portfolio races and ex-ante licensing[J]. Journal of Economic Behavior & Organization, 73(2): 225-245.

SIGGELKOW N. 2007. Persuasion with case studies[J]. The Academy of Management Journal, 50(1): 20-24.

SMEETS R. 2014. Does patent litigation reduce corporate R&D? An analysis of US public firms[R]. Social Science Electronic Publishing.

SOMAYA D. 2003. Strategic determinants of decisions not to settle patent litigation[J]. Strategic Management Journal, 24(1): 17-38.

STERNITZKE C, BARTKOWSKI A, SCHRAMM R. 2008. Visualizing patent statistics by means of social network analysis tools[J]. World Patent Information, 30(2): 115-131.

SU H N. 2017. Collaborative and legal dynamics of international R&D-evolving patterns in east Asia[J]. Technological Forecasting and Social Change, 117(4): 217-227.

SUH J H, PARK S C. 2009. Service-oriented technology roadmap (SOTRM) using patent map for R&D strategy of service industry[J]. Expert Systems with Applications, 36(3): 6754-6772.

TRAJTENBERG M, HENDERSON R, JAFFE A. 1997. University versus corporate patents: A window on the basicness of invention[J]. Economics of Innovation and New Technology, 5(1): 19-50.

VON GRAEVENITZ G, WAGNER S, HARHOFF D. 2011. How to measure patent thickets: A novel approach[J]. Economics Letters, 111(1): 6-9.

VON GRAEVENITZ G, WAGNER S, HARHOFF D. 2013. Incidence and growth of patent thickets: The impact of technological opportunities and complexity[J]. The Journal of Industrial Economics, 61(3): 521-563.

VON WARTBURG I, TEICHERT T, ROST K. 2005. Inventive progress measured by multi-stage patent citation analysis[J]. Research Policy, 34(10): 1591-1607.

WAGNER P R, PARCHOMOVSKY G. 2005. Patent portfolios[J]. University of Pennsylvania Law Review, 154(1): 1-78.

WANG A W. 2010. Rise of the patent intermediaries[J]. Berkeley Technology Law Journal, 25(1): 159-200.

WEATHERALL K, WEBSTER E. 2014. Patent enforcement: A review of the literature[J]. Journal of Economic Surveys, 28(2):

312-343.

WEN X. 2019. Technology foresight research of industrial robot based on patent analysis[J]. Journal of Data Analysis and Information Processing, 7 (2) : 74-90.

WIPO. [2003-11 -07]. Patent map with exercises [EB/OL]. https://www.wipo.int/meetings/zh/doc _details.jsp?doc_id=19674.

WIPO. [2020-04-07]. China becomes top filer of international patents in 2019 amid robust growth for WIPO's IP services, treaties and finances [EB/OL]. https://www.wipo.int/pressroom/en/articles/ 2020/article_0005.html.

WU Y, ZHU Q, ZHU B. 2018. Decoupling analysis of world economic growth and $CO_2$ emissions: A study comparing developed and developing countries[J]. Journal of Cleaner Production, 190 (7) : 94-103.

XIE Y, GILES D E. 2011. A survival analysis of the approval of US patent applications[J]. Applied Economics, 43 (11) : 1375-1384.

YANG L, MASKUS K E. 2009. Intellectual property rights, technology transfer and exports in developing countries[J]. Journal of Development Economics, 90 (2) : 231-236.

YOON B U, YOON C B, PARK Y T. 2002. On the development and application of a self-organizing feature map-based patent map[J]. R&D Management, 32 (4) : 291-300.

YOON B, PARK Y. 2004. A text-mining-based patent network: Analytical tool for high-technology trend[J]. Journal of High Technology Management Research, 15 (1) : 37-50.

ZHA X J, CHEN M H. 2010. Study on early warning of competitive technical intelligence based on the patent map[J]. Journal of Computers, 5 (2) : 274-281.

ZHANG M, GUO W, LEI Z. 2014. Patent analysis of shale gas technology in China and implications for its exploitation[J]. Energy Technology, 2 (12) : 1040-1045.

ZHANG M, LI H, GUO W. 2017. Measurement method and application study on technological linkage oriented to patent early-warning[J]. Journal of Economics, Business and Management, 5 (8) : 298-303.

ZIEDONIS R H. 2004. Don' t fence me in: Fragmented markets for technology and the patent acquisition strategies of firms[J]. Management Science, 50 (6) : 804-820.

# 彩 图 版

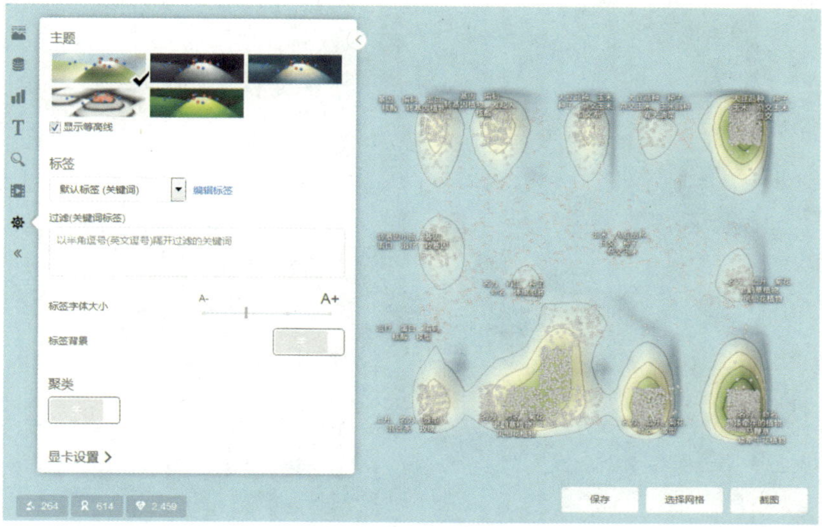


图 2.1 PatSnap 操作页面

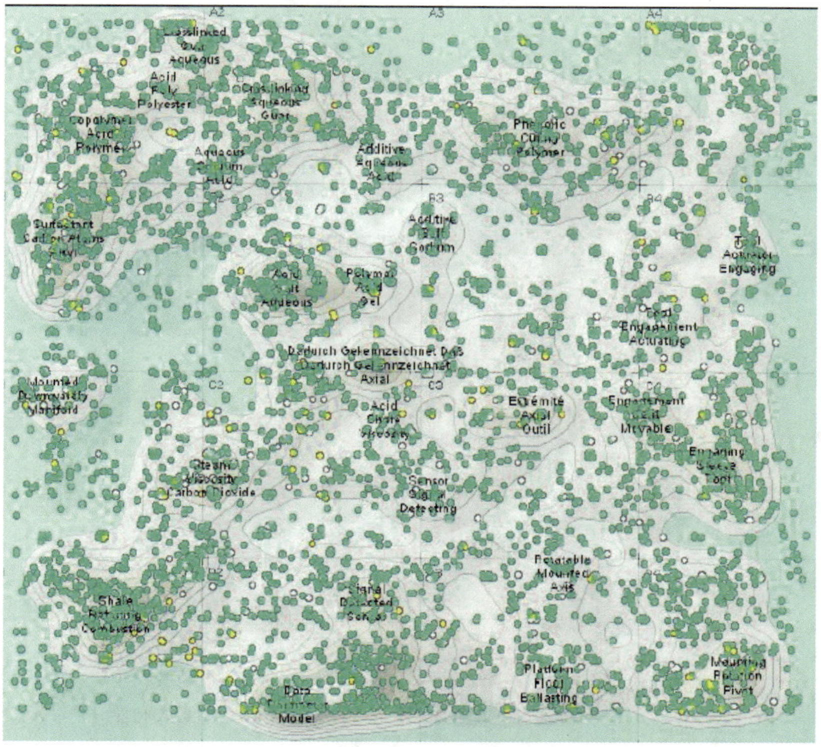


图 3.3 美国页岩气专利地图

注：Thomson Innovation 目前还没有汉化，考虑到专利地图是利用专利大数据，经过复杂计算后自动生成的，因此采用了生成的英文版专利地图，以下同。

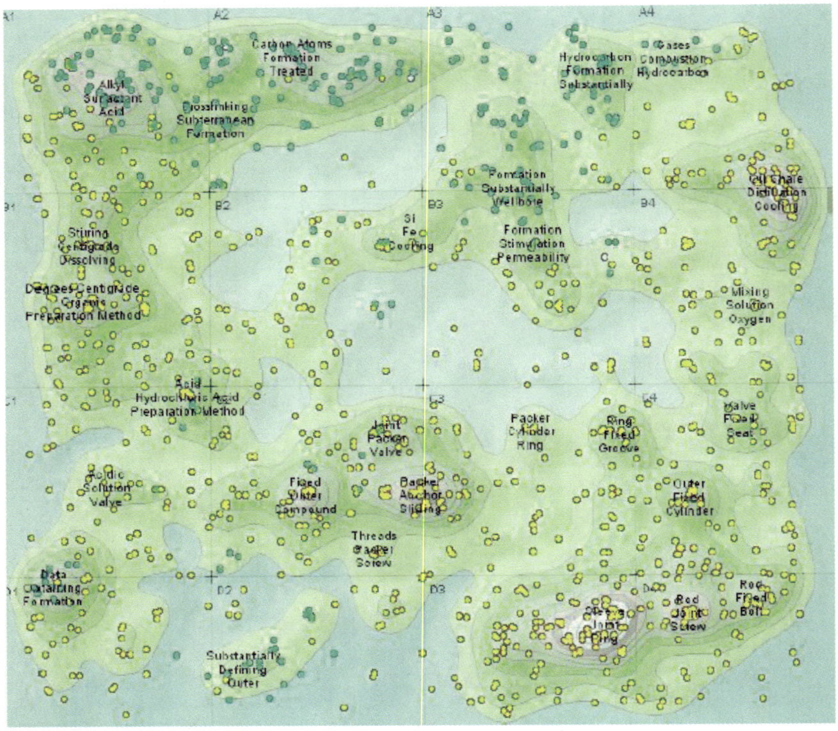


图 3.5　中国页岩气专利地图

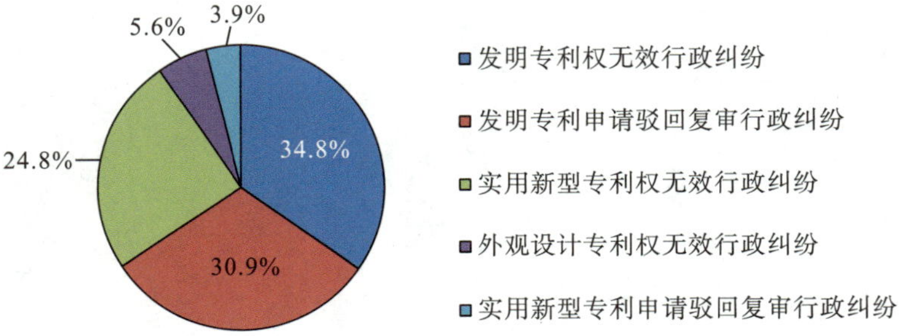


图 5.3　行政确权类案件

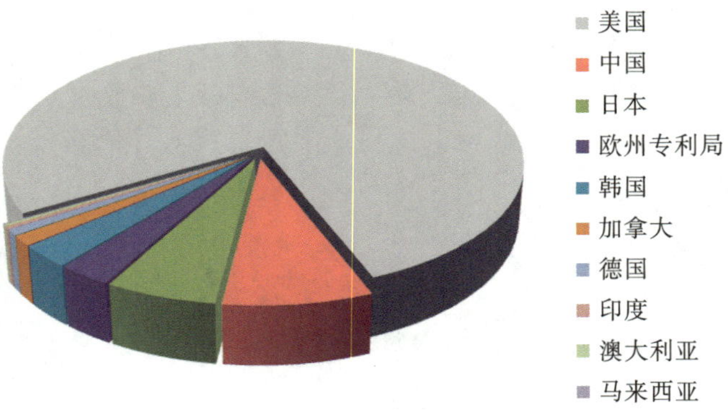


图 6.17　IBM 专利国家/地区分布

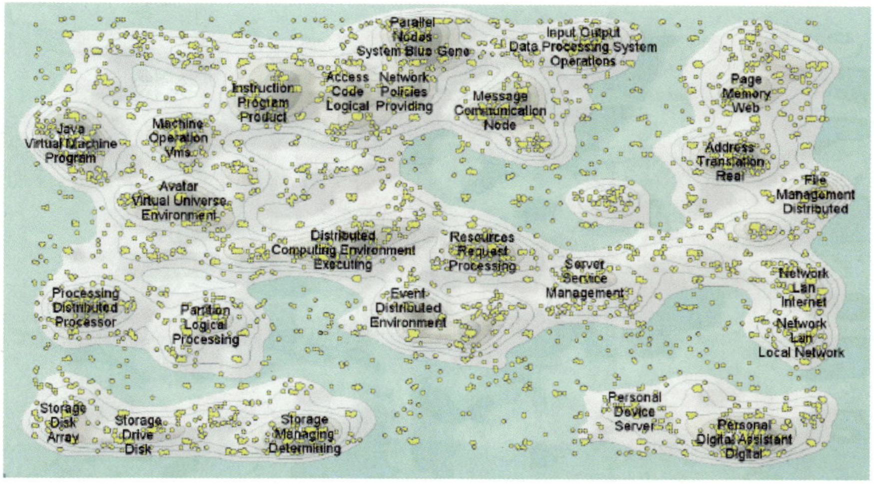


图 6.19 IBM 专利地图(截至 2014 年 3 月底)

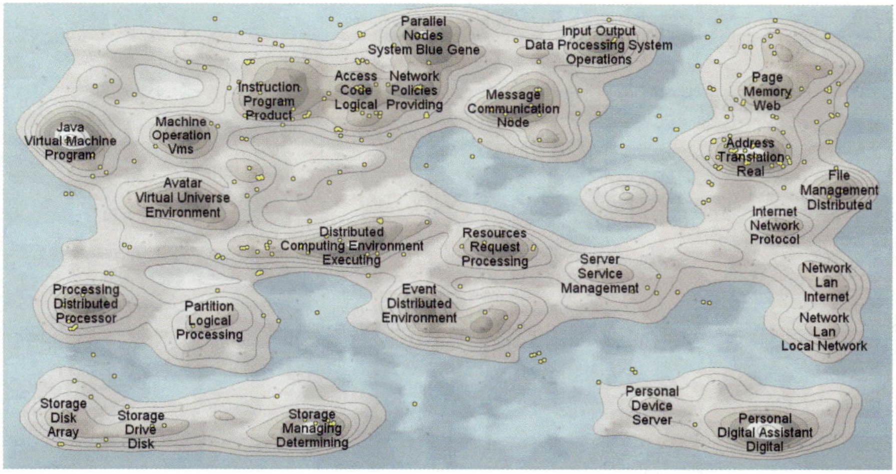


图 6.21 中兴专利国家/地区分布

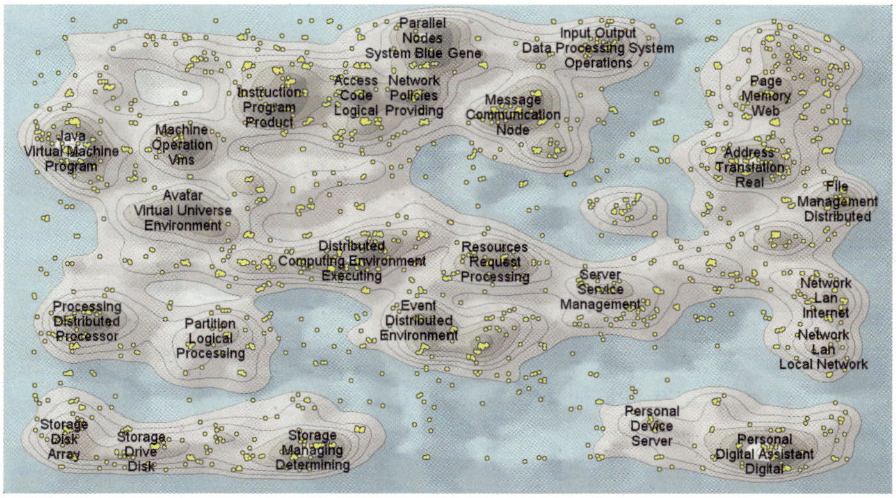


图 6.23 中兴云计算专利地图

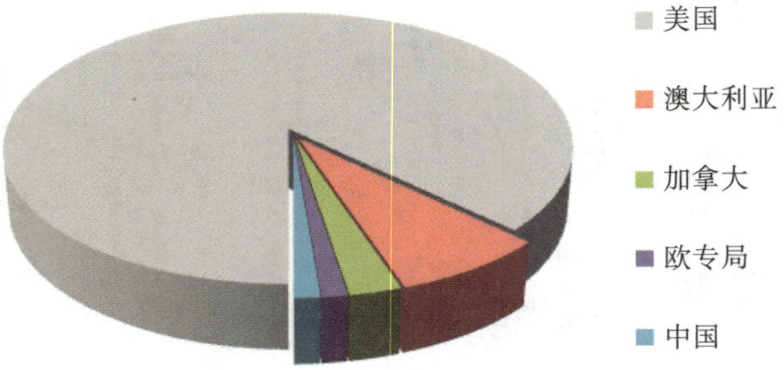


图 6.25　康孚公司专利国家/地区分布

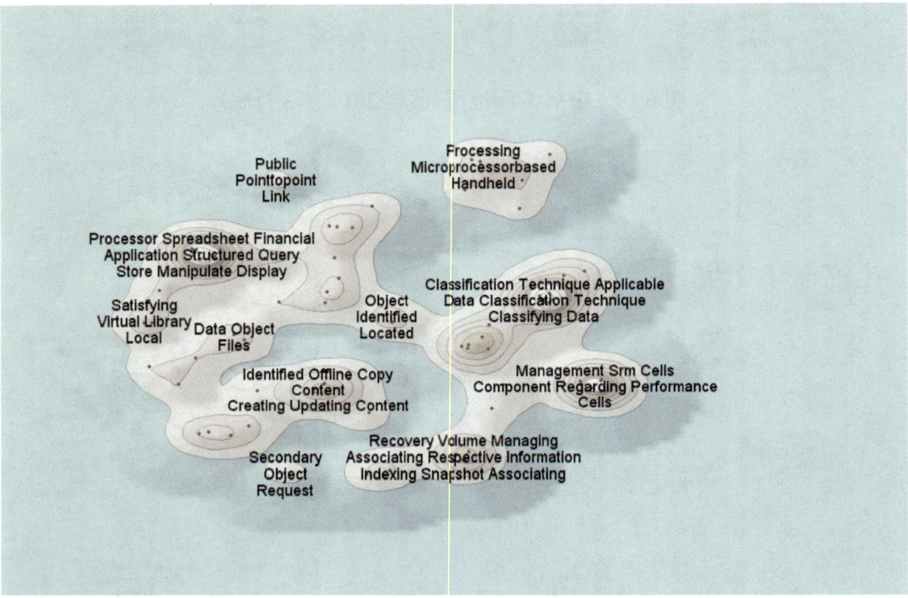


图 6.27　康孚云计算专利地图

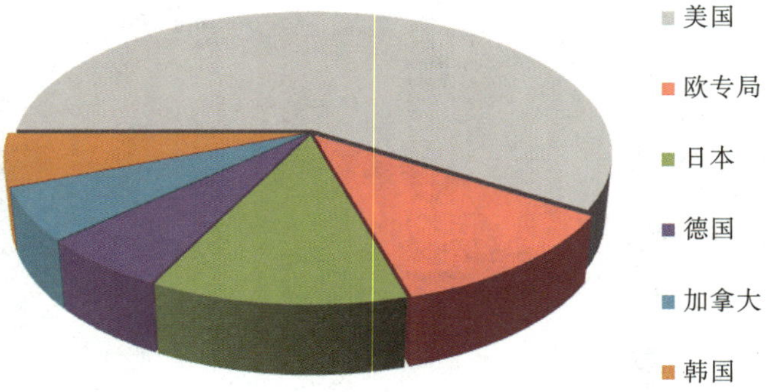


图 6.29　Round Rock Research LLC 专利国家/地区分布

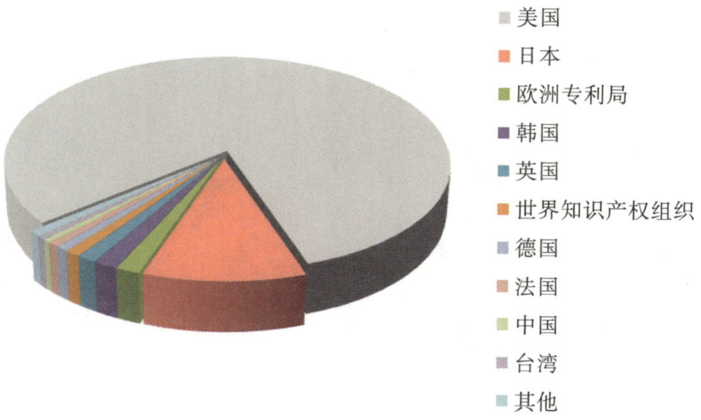


图 7.3　美国授权专利优先权国分布

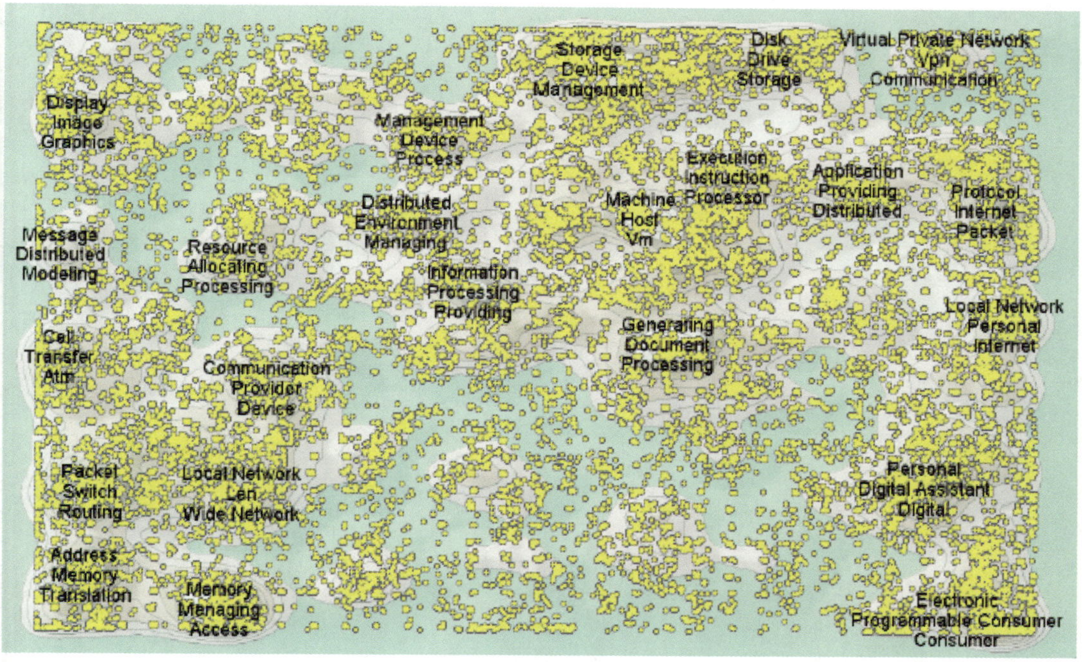


图 7.4　美国云计算专利地图(截至 2014 年 3 月底)